鹅掌楸属树种
杂交育种与利用（第2版）

王章荣 等 编著

U0215463

中国林业出版社

内 容 简 介

本书遵循理论与实践、科研成果与推广应用、常规育种技术与新技术运用相结合的原则，全面系统地介绍了鹅掌楸属树种杂交育种进程、进展及杂种利用现状与前景。内容分上篇、下篇两部分，共20章；上篇：杂交育种理论与杂交技术，下篇：杂交种繁殖与推广利用。具体内容包括：①杂交育种在林木育种中的作用、地位与林木杂交种的命名；②杂交亲本树种分类学、生物学等背景情况及其分析；③杂交可配性测试与亲本树种的杂交交配系统分析；④杂交技术与杂种真实性检测；⑤杂交胚胎学；⑥杂种表现与杂种优势机理；⑦杂种优良家系与无性系测定选择；⑧优良杂交组合制种、杂种的扦插繁殖、嫁接繁殖及体胚育苗繁殖；⑨杂种的木材特性、加工性能与用途；杂种的园林绿化应用；杂种的工业人工林营造；鹅掌楸属树种杂交育种策略及杂种命名。本书可供广大林业工作者及林木良种基地人员、专业研究人员、林业院校师生参考。

图书在版编目（CIP）数据

鹅掌楸属树种杂交育种与利用 / 王章荣等编著.-2版.—北京:中国林业出版社,2016.3
ISBN 978-7-5038-8427-6

Ⅰ.①鹅⋯ Ⅱ.①王⋯ Ⅲ.①鹅掌楸属－杂交育种 Ⅳ.①S792.210.4
中国版本图书馆CIP数据核字(2016)第036418号

出　　版　中国林业出版社（100009 北京市西城区德胜门内大街刘海胡同 7 号）
　　　　　网址：www.lycb.forestry.gov.cn　　电话：(010) 83143575
发　　行　中国林业出版社
印　　刷　北京卡乐富印刷有限公司
版　　次　2016 年 7 月第 2 版
印　　次　2016 年 7 月第 1 次
开　　本　787mm×960mm　1/16
印　　张　16.5
字　　数　308 千字
定　　价　79.00 元

1 杂交亲本树种

马褂木天然林大树（边黎明 提供）

马褂木种源试验林

北美鹅掌楸天然林大树（边黎明 提供）

南京明孝陵园引种的北美鹅掌楸，是叶培忠
教授首次开展鹅掌楸杂交育种的亲本树

2 杂交与测定

搭架上树，人工杂交

树上杂交授粉（李火根　提供）

杂交子代苗期测定

7年生的杂交马褂木无性系测定林

杂交种与亲本种对比试验林（两边为杂交马褂木，中间一行为杂交亲本马褂木）

 杂交马褂木推广应用

（1）园林绿化

杂交马褂木用于城镇主干道绿化

杂交马褂木用于城镇街道绿化

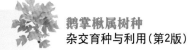

杂交马褂木用于居民小区道路绿化

杂交马褂木用于居民小区房前屋后绿化

杂交马褂木用于机关大院、学校校园绿化

（2）成片造林

杂交马褂木大面积成片人工林

6 年生杂交马褂木人工林

杂交马褂木造林密度对比试验林

杂交马褂木成熟人工林

1963 年首次杂交育成的杂交马褂木（胸径
97.80m，树高 20m 多）

谨以此书

献给我国著名树木遗传育种学家叶培忠教授

序 一

　　我喜欢鹅掌楸。我喜欢它高大通直的树干和浓荫蔽日的宽冠，我也喜欢它独特的鹅掌形或马褂形的叶形。但由于我主要在北方工作，无缘把它作为我的研究对象。早知道南京林业大学的叶培忠先生从事鹅掌楸属树种的育种工作，我一直关注着这方面的研究进展。从文献资料中看到，叶先生和他的弟子们在鹅掌楸的育种工作中取得了很好的成果，育成了速生优异的杂交种，并已顺利地向适生地区推广，我感到欣慰。

　　最近我趁到南京林业大学开会之际，在美丽的南京林业大学校园中散步，看到杂交马褂木整齐排列、高大挺拔，非常欣赏。可以想象它在适生地区大面积推广后会取得很好的效果。杂交鹅掌楸不仅观赏效果好，防护效果肯定也不错，可以部分地替代法桐（悬铃木）作为行道树和景观树。难能可贵的是它的干材粗大通直，材质也很好，可作为速生用材树种来栽培。如果把它这几方面的特点结合起来培育，是可以得到综合效益的。

　　我本人对鹅掌楸的知识是很有限的，但该书作者王章荣教授可能出于尊老的原因诚邀我为此书作序。我感到为难，但又盛情难却，草写了几句，权当我作为一个杂交鹅掌楸的热心捧场人吧！

沈国舫

2015年9月7日

序　二

　　走进南京林业大学校园，首先映入眼帘的是校园内那高大挺拔、郁郁葱葱的杂交马褂木行道树。这是当代著名的林木遗传育种学家叶培忠老先生利用人工杂交育成的新树种。20 世纪 60 年代初期，叶老开始进行马褂木与北美鹅掌楸的种间杂交试验。70 年代中后期，叶老带领他的弟子们开展了较大规模的杂交制种，并把杂交种安排到各地试种。后来，经过南京林业大学遗传育种等学科师生的长期坚持，协同努力，现在杂交马褂木已推广栽种到我国大江南北，并深受人们的喜爱。

　　杂交马褂木不仅叶形奇特、花朵艳丽，是园林绿化的优美树种，而且该树种的木材性能也十分优良。经过我们课题组的测试结果，木材基本密度为 $0.42 \sim 0.45 \mathrm{g/cm^3}$，综合纤维素含量约 86%，木材纤维平均长度 $1489.5\mu\mathrm{m}$，成熟材纤维长稳定在 $1600 \sim 1700\mu\mathrm{m}$。木材的导管直径很小，平均 $47\mu\mathrm{m}$；导管数 66 个/$\mathrm{mm^2}$，导管分子长 $647\mu\mathrm{m}$。木材结构致密，色浅，从杂交马褂木的材性看，它不仅适用于家具用材、装饰用材、胶合板用材，还是一种优良的制浆造纸用材。杂交马褂木树形高大、主干通直圆满、出材率高，也是我国建设国家储备林资源营造工业用材林的优良新树种。

　　《鹅掌楸属树种杂交育种与利用》（第 2 版）一书，全面总结介绍了鹅掌楸属树种杂交育种研究进展、杂交马褂木繁殖方法、栽培技术及其未来推广应用前景。该书的出版对鹅掌楸属树种杂交育种和推广应用有很好的促进作用，也是对已故遗传育种老前辈叶培忠先生奋斗一生的事业永不忘却的纪念。

張齐生

2015·10·23

前　言

（第 2 版）

　　自 2005 年《鹅掌楸属树种杂交育种与利用》出版后又经过了 10 年。这 10 年间，鹅掌楸属树种的杂交育种研究与杂交种推广利用有了很大发展。随着杂交亲本的扩大、杂交组合的增多、杂交子代测定的深入、分子监测技术的运用，在杂种优势机理的揭示方面积累了新的资料。在杂种推广应用方面由园林绿化应用，发展到山地规模化造林；由个别研究部门少量育苗，发展成生产单位产业化苗木培育。所有这些都为本书的再版积累了丰富的资料和创造了条件。

　　在第 2 版中，新增加了鹅掌楸属树种传粉生物学与交配中的性选择、鹅掌楸属种间杂种优势的遗传学分析、鹅掌楸属树种杂交授粉与优良组合制种及其杂种家系苗期测定、鹅掌楸属树种种子播种育苗、杂交马褂木扦插育苗、杂交马褂木嫁接育苗、杂交马褂木体细胞胚胎发生与体胚苗培育、杂交马褂木的城镇园林绿化应用、杂交马褂木的工业用材林栽培 9 章内容。同时，对第 1 版中的"杂交马褂木的无性繁殖"一章做了删除，其余各章内容在第 2 版中，各作者也进行了相应的修改与补充。

　　《鹅掌楸属树种杂交育种与利用》第 2 版内容分上篇和下篇，共 20 章。基本上形成了鹅掌楸属树种杂交育种的知识体系。参加本书编写的作者与所承担的编写章节内容分工如下：

　　王章荣：第 1 章、第 2 章、第 3 章、第 12 章、第 14 章、第 15 章、第 16 章、第 18 章、第 19 章、第 20 章；图片。

　　尹增芳：第 4 章。

　　李周岐：第 5 章、第 7 章、第 8 章。

　　李火根：第 6 章、第 11 章、第 13 章。

　　季孔庶：第 9 章、第 10 章（王章荣在第 1 版内容基础上做了修改补充）

　　施季森、陈金慧：第 17 章。

　　鹅掌楸属树种杂交育种的研究与杂交马褂木的推广利用仍在发展过程中。

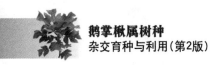
无论是杂交亲本遗传基础的拓宽实现新的种质创新方面，还是杂交种家系与无性系推广应用中的适地适树工作都需进一步深入研究与发展。因此，本书的内容仍有待进一步发展、丰富、提高与完善。本书稿件完成后，分别送请北京林业大学教授、森林培育学及生态学专家沈国舫院士和南京林业大学教授、木材加工与人造板工艺学专家张齐生院士审阅和撰写序言，两位院士热忱地接受了邀请。他们对叶培忠教授及他的弟子们长期坚持开展的鹅掌楸属杂交育种取得的成果给予一致的肯定，并对杂交马褂木的推广利用方向提出了中肯的建议，同时一致认为杂交马褂木的推广利用具有广阔的前景。在这里，作者对两位教授的热情鼓励与指导表示衷心感谢。另外，本学科长江学者尹佟明教授对本书的出版经费给予了慷慨资助，在此也表示衷心感谢。由于作者编写水平有限，错误在所难免，恳请读者批评指正。

王章荣

2015 年 8 月于南京林业大学

前　言

（第 1 版）

　　自 1963 年叶培忠教授首次开始鹅掌楸属（*Liriodendron*）种间杂交试验至今已有 40 余年了。鹅掌楸属种间杂交育种经历了杂交可配性探索与杂种初期观察、杂种区域试种与适应性和生长表现测试、杂种优势机理与杂交胚胎学基础研究以及杂种优良家系和无性系选育推广与杂种木材材性、胶合板性能测试等几个不同发展阶段。目前，杂交马褂木优良家系和无性系推广工作正在进行中。在 40 多年的发展历程中，经南京林业大学森林资源与环境学院、木材工业学院多学科师生的共同努力，已积累了大量有关鹅掌楸属种间杂交育种与杂种开发利用的数据和科研资料，为本书的撰写、出版提供了良好条件。为了总结林木杂交育种的经验，丰富林木遗传育种学教学内容；为了让更多的人了解鹅掌楸属杂交育种的进展情况，引起他们对杂交马褂木推广利用的兴趣，以促进该项事业的进一步发展，特组织撰写出版本书。

　　本书共 12 章，撰写本书的作者是直接参与该项研究工作的教师和博士。其中王章荣负责第 1 章、第 2 章、第 3 章、第 11 章、第 12 章；尹增芳负责第 4 章；李周岐负责第 5 章、第 6 章、第 9 章；季孔庶负责第 7 章、第 8 章、第 10 章。全书由王章荣统一编辑定稿，李周岐协助统稿。彩版图片除署名外，均由王章荣摄影、提供。

　　本书的出版，首先要感谢已故的叶培忠教授，是他创建了鹅掌楸属种间杂交育种事业，并为后来的研究工作奠定了基础，谨以此书献给尊敬的老师，以此作为纪念。在南京林业大学各级领导和科技处的关怀下，经过南京林业大学林木遗传育种教研组全体教师和研究生的共同努力，鹅掌楸属树种杂交育种能坚持至今，并获得一定的发展。在樊汝汶教授的率领下，南京林业大学植物学教研组开展了鹅掌楸属树种杂交胚胎学的系统研究，积累了大量资料，也促进了本课题研究工作的进一步发展。南京林业大学树木园和实习林场为建立杂种对比试验林提供了条件，对杂交马褂木的推广做出了贡献。在南京林业大学木

材工业学院张齐生院士、潘彪副教授大力支持和协作下，完成了杂交马褂木的木材材性和胶合板性能测试工作。在本人主持该项研究及培养研究生期间，南京农业大学周燮教授、中国科学院上海植物生理研究所许大全研究员给予了大力的帮助和支持；山东天达生物制药股份有限公司张世家董事长在研究经费上给予了慷慨支持。没有上述各方面的工作基础及他们的大力支持和帮助，这本书的出版将是不可能的。在此，向他们致以诚挚的谢意！在资料收集方面冯丁老师给予了很大帮助，在文字和图片处理方面惠利省同学也付出了很多心血，在此一并表示谢意！

同时，感谢杂交马褂木繁育推广示范南方点——浙江省江山市绿业园艺有限公司和杂交马褂木繁育推广示范北方点——山东省汇友园林有限公司对本书出版的大力支持！

鹅掌楸属树种杂交育种研究仍在发展过程中，因此，本书的许多方面还需进一步完善。由于我们的水平有限，难免会有不妥之处，恳请读者批评指正。

王章荣

2004 年 9 月于南京林业大学

目　录

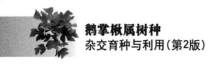

下篇　杂交种繁殖与推广利用

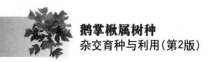

上 篇

杂交育种理论与杂交技术

第1章

林木杂交育种及其
杂种优势利用与杂交种命名

　　选择与杂交(交配)是林木育种最有效的基本手段。林木育种工作的开始阶段是选择与引种手段的运用。因为森林树种在世界各地的分布是不均衡的，而且存在着丰富的变异(包括种间和种内变异)。丰富本地树种资源和利用这些变异最廉价、有效的手段就是引种与选择。随着育种进程的推进、育种资源的收集和丰富、树种生物学特性的了解和掌握、育种知识和经验的积累与增多，就必须运用杂交手段进一步开展人工创造变异的工作。同时，随着人类社会的进步、生产的发展和需求的提高，某些树种，首先是具有较高经济价值的树种，例如，咖啡、橡胶、苹果、梨等，除了运用选择、引种手段外已开始了运用杂交手段，开展杂交育种。随着现代遗传学理论的不断发展，人工创造变异的育种新技术也不断出现，但至今最有效最可靠的育种方法仍是杂交育种。据统计，1949—1979 年的 30 年间，我国 25 种主要农作物共育成新品种 2729 个，其中 1349 个为杂交育成，占育成新品种总数的 49%（张爱民，1994）。在木本植物中，果树、橡胶的许多新品种是杂交育成的，用材树种的杨树许多栽培优良无性系也是通过杂交育成的。杂交育种已成为林木改良工作中最有效的基本手段和主要方法。

1.1　林木杂交育种的地位和作用

　　如上所述，在林木改良事业中，杂交育种的作用非常明显，主要体现在以下几方面：

　　首先，通过杂交手段组合性状和创造变异，获得杂种优势，创造出新的树种、品种或类型。通过人工杂交已创造出了许多新树种和杂种无性系，并在林

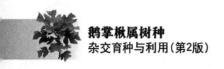

业生产上发挥着重要作用。这里举几个突出的例子。

在阔叶树种杂交育种中，杨属（*Populus*）和桉属（*Eucalyptus*）杂交育种的成就最突出，杂种优势利用的成果也最明显。许多欧美杨杂种、美洲黑杨和欧洲黑杨杂种在解决木材短缺方面发挥了重要作用。同样，许多桉树杂种无性系在纸浆工业用材林栽培中充当了重要角色，也是杂种优势利用成绩非常明显例子。

在针叶树种杂交育种中，落叶松属（*Larix*）和松属（*Pinus*）杂交育种的成就最为突出，杂种优势利用的效果最为明显。欧洲落叶松（*L. decidua*）与日本落叶松（*L. kaempferi*）的杂种、日本落叶松与兴安落叶松（*L. gmelinii*）的杂种优势明显，杂种优势利用也是众所周知的。在松树杂种优势利用中，刚松（*P. rigida*）与火炬松（*P. taeda*）的杂种在韩国的造林中得到了广泛的应用。湿地松（*P. elliottii*）与洪都拉斯加勒比松（*P. caribaea* var. *hondurensis*）的杂种已在澳大利亚和中国得到广泛的利用。

还有许多其他用材树种、特用经济树种及花卉树种的杂交育种和杂种优势利用也都取得了显著的进展。例如，用材树种柳属（*Salix*）、榆属（*Ulmus*）、桦木属（*Betula*）、桤木属（*Alnus*）、鹅掌楸属（*Liriodendron*）、泡桐属（*Paulownia*）、楸树属（*Catalpa*）、悬铃木属（*Platanus*）、云杉属（*Picea*）、冷杉属（*Abies*）及落羽杉属（*Taxodium*）等。特用经济树种的橡胶树属（*Hevea*）、咖啡属（*Coffea*）、可可属（*Theobroma*）、油桐属（*Aleurites*）、栗属（*Castanea*）、核桃属（*Juglans*）、金合欢属（*Acacia*）等以及花卉观赏树种的山茶属（*Camalia*）等树种在人工杂交育种方面也取得了显著的成绩。

另外，禾本科的竹亚科的撑篙竹（*Bambusa pervariabilis*）等竹种的杂交育种和杂种优势利用也取得良好的效果。

其次，杂交不仅是创造林木新品种的主要手段，而且也是科学研究的重要方法。例如，通过杂交的手段可以验证自然界中渐渗杂交及其天然杂交种的真实性和种间基因流动动态；揭示树种间的亲缘关系，为确定树种系统进化提供科学依据。同时，通过杂交揭示树种性状遗传变异规律，获取遗传参数为科学制定林木育种策略提供理论依据。通过杂交建立研究群体，为开展谱系分析、遗传连锁图谱构建创造基础条件。所以，杂交工作无论在实际应用上还是在理论研究上都具有特别重要的意义。

随着林木培育集约程度的提高、林木改良进程和林木良种基地建设的深入，一些高经济价值树种的改良工作除充分运用选择、引种等方法外，杂交手段的运用将越来越显得重要。我国林木改良工作经过30多年的全面开展，已取得了长足的进步，收集保存了一批育种资源，建立了一批育种园、试验林和良种繁育基地；掌握了树种生物学特性及一些主要性状遗传变异规律，从而为进一步开展杂交育种工作创造了有利条件，奠定了良好基础。但由于杂交工作技术要求较高，工作条件较艰苦，加上经费上困难、人才使用等多方面原因，我国多数针叶树种的改良工作显得有些滞后。追究其原因，从改良技术上讲主要是杂交手段运用得不够，或是没有及时地由选择育种、引种阶段向杂交育种阶段发展。而近些年来我国阔叶树的改良工作发展较快，除了树种特性不同和经济条件有别外，是与充分运用杂交手段分不开的。选择和杂交，再加上无性繁殖手段的配套运用是创造林木新品种的最重要的基本模式。在林木改良中必须认真掌握，并充分发挥其作用。

1.2 杂种优势的机理

1.2.1 杂种优势的概念

杂交在生物进化上有着重要的意义。按照 G. L. Stebbins 的说法，广义的理解，杂交就是遗传组成不同的两个个体之间的交配。狭义的杂交含义就是存在生育隔离的异种个体之间的交配。对于森林树木来说，杂交主要是指树种之间或是种内不同地理小种之间和优树（plus tree）之间的交配。杂种就是杂交所产生的杂交子代（后代）。杂种在体积、产量、生活力、适应性、繁殖力等方面优越于亲本的现象称为杂种优势（heterosis）。该现象经常出现于两品种、种或更高一级分类单位的植物间的 F_1 杂种中（Shull，1948）。而杂种优势程度常随两亲本遗传差异的增大而提高。杂种优势这一术语由 Shull（1914，1948）首先提出并作了讨论。Stern（1948）扩大了杂种优势的概念，他认为杂种优势有正的杂种优势，也有负的杂种优势（即杂种劣势）。瑞典育种学家 J. Mac Key（1974）对杂种优势作了进一步划分（表 1-1）。

表 1-1　杂种优势概念的详细分类

1. 按方向
　　（1）正的杂种优势；（2）负的杂种优势
2. 按功能
　　（1）旺盛的杂种优势；（2）适应的杂种优势；（3）选择的杂种优势；（4）繁殖的杂种优势
3. 按有性过程的遗传传递情况
　　（1）不稳定的杂种优势：① 不稳定杂合性的杂种优势；② 异核体杂种优势
　　（2）稳定的杂种优势：① 稳定的杂合性杂种优势；② 纯合性杂种优势

　　注：有累加效应的等位基因位点的真正纯合性有助于测定杂种优势表型的反应，但不应理解为就是杂种优势的遗传机制。

由表 1-1 可知，杂种优势是复杂的，表 1-1 中所列出几个方面内容包括在广义的杂种优势的概念之中。作为林木育种工作者所关心的是狭义的杂种优势，即杂种与亲本相比在营养体生长量、结实丰产性、品质、适应性和抗逆性等重要性状方面具有明显的优越性。在杂种优势的评价和利用过程中，根据育种目标，只能抓住主要目标性状来评价遗传型，因为同一个基因型甚至可以表现为对这个性状来说是正的繁茂杂种优势，而对另一个性状来说则表现为负的杂种优势。适应的、选择的和繁殖的杂种优势的概念是作为一个整体，评价个体表型的反应，而不是评价单个性状。在人工控制的栽培条件下，竞争被缓和了，对旺盛的营养体生长和品质具有更高的要求。育种工作者与进化论者不同，对于超越亲本的杂种更感兴趣，考虑如何创造选育出超越双亲的品种是育种者所追求的目标。

1.2.2 杂种优势的机理

关于杂种优势的遗传机理问题，许多学者根据自己的研究成果从不同的角度提出许多假说。经典的有显性假说(dominance hypothesis)、超显性假说(overdominance hypothesis)。随着科学的进步和研究的不断深入，根据生理生化和分子水平研究的成果进一步指出杂种优势的遗传原理在功能上表现为基因的刺激、抑制、互补和协调，杂种优势与结构基因和调节基因有关，并与细胞核—细胞质互作有关，而且也受整个遗传系统的制约。J. Mac Key(1974)根据上述情况对杂种优势从遗传原因角度又进行了划分(表 1-2)。J. Mac Key 认为杂种优势可能是由等位基因、非等位基因、原生质以及母体的互作所控制，这种互作可以具有遮盖、抑制、刺激、互补及剂量上调节的各种功能。杂种优势的情况确实比较复杂，它可能与结构基因和调节基因有关，或与细胞核—细胞质互作有关，而且受整个遗传系统(基因背景)的影响。对于一个基因型而言，杂种优势可以表现在许多方面，但首先是在某种环境条件下杂种常常表现出具有更大的自动调节能力，这种反应在某种恶劣的条件下显得更为优势。

表 1-2 依调节系统的杂种优势的分类

---

1. 染色体组的杂种优势
   (1) 非等位基因的杂种优势：①超亲杂种优势；②重组杂种优势；③上位性杂种优势
   (2) 等位基因的杂种优势：①显性杂种优势；②超显性杂种优势
2. 原生质杂种优势
3. 非遗传的母体杂种优势

1.2.3 杂种优势的度量

根据前苏联 1975 年第 1 期《农业生物学》和《数量遗传学》(盛志廉，陈瑶生，1999)的论述，将杂种优势的主要统计方法介绍如下：对于某个数量性状而言，两个亲本群体杂交产生 F_1 代群体均值 M_{F_1} 超过两亲本均值 $\overline{X}_1$ 的部分称为杂种优势 H。即：

$$H = M_{F_1} - \frac{1}{2}(M_{P_1} + M_{P_2})$$

杂种优势也可用百分率表示，称为杂种优势率 $H\%$，即杂种优势占亲本群体均值的百分比。即：

$$H\% = H / \left[\frac{1}{2}(M_{P_1} + M_{P_2}) \right] \times 100\%$$
$$= 2H / (M_{P_1} + M_{P_2}) \times 100\%$$

杂种优势的度量，除上述两亲本均值为基础外，也可以按母本群体或父本群体均值为基础进行比较。即：

$$H\% = (M_{F_1} - M_{P_1}) / M_{P_1} \times 100\%$$
$$或 \quad H\% = (M_{F_1} - M_{P_2}) / M_{P_2} \times 100\%$$

上述公式应用时根据具体情况灵活运用。例如，当前广泛栽培的属于杂交母本树种(或种源)时，杂种优势度量可以按母本群体为基础进行统计比较；如果父本、母本树种均为当前推广栽培种，则可用双亲群体均值或用较优的那个亲本群体均值为基础作统计比较。完整的杂种优势应在杂交试验中设计正交群、反交群和两亲本的自由授粉对照群。因此，由正交测得出的杂种优势可称为正交杂种优势；由反交测得的杂种优势可称为反交杂种优势。此外，试验群的样本应适当的大，符合试验和统计学的要求。同时必须明确，上述计算用的群体均值是特定性状的取值，因此测得的杂种优势是特定性状的杂种优势。

1.3 林木杂种优势的利用

1.3.1 做好林木杂交育种工作的前提条件

有效地开展林木杂交育种工作，首先必须要有一个目标，并做好以下几点：
①根据树种亲缘关系和进化关系进行初步分析，预估杂交可配性和杂交成功的把握性。
②了解和掌握杂交对象(树种、种源或无性系)的生物学特性和经济性状，

以便确定具体的改良目标和制订具体的杂交计划。

③杂交亲本材料的收集和保存。这是做好杂交育种工作的最重要的前提条件，也是育种资源建设的基础工作。

④具体杂交技术的掌握和运用。如花粉收集、保存，花粉生命力测定，花期调整，非目的花粉隔离，授粉技术和可授期掌握等。

⑤杂种苗木培育和鉴别。通过杂交获得杂交种子是走向杂交成功的重要一步。杂种苗木的培育一定要十分认真和细心，并认真观察。从形态上、解剖上、生理生化特性上及分子水平上研究、分析与亲本种的区别，发现它的优点和利用价值。

⑥杂交新品种(树种、无性系)的鉴定与推广。杂种苗木通过鉴别与评价，发现有明显的杂种优势表现，有推广利用潜力，这时就应有计划地组织多点栽培试验，进一步了解掌握其表现特点，对有明显利用价值的杂种申请鉴定与申报新品种保护，并采用有效措施加速繁殖与推广。

1.3.2 林木杂交可配性的基本规则

杂交育种是一项科学性和技术性很强的工作。为了做好该项工作必须避免盲目性，提高预见性，有计划、有目的地进行，特别是对杂交可配性和杂交结果应有一个基本估计。根据现有科学知识和过去的实践经验，就杂交可配性方面有以下几条规则：

①一般来说在分类系统和种系演化上亲缘关系越相近则越容易杂交交配成功。例如，在杨属、松属这样一些大的属中，同一派(组)的种间容易杂交成功，而不同派(组)的种间杂交不容易成功。

②同一属的两个种虽然自然分布区相隔遥远，但亲缘关系相近也往往容易杂交成功，而且常表现出杂交种有较强的杂种优势。例如，杨属黑杨派中的欧洲黑杨与美洲黑杨杂交、鹅掌楸属中的中国马褂木与北美鹅掌楸杂交、落叶松属中的欧洲落叶松与日本落叶松杂交等，这些种间杂交的交配亲和性都很好，并具有明显的杂种优势。

③同一属的种分布在同一地区，占据有相同的生态生境条件，那么这样的种间杂交常不容易成功，必有交配障碍存在，不然它们早已合并为同一个物种了。例如，美国东南部同地分布的湿地松、火炬松、长叶松等，虽分布区重叠、花期相遇，但仍保持着各个种的特征特性。上述的基本规则还是很初步的，大量树种的杂交交配性有待我们去试验、去了解、去掌握。

1.3.3 林木杂交亲本选择

林木杂交亲本选择包括杂交组合选择和杂交母树选择两部分。前者指以什么树种作杂交亲本，后者指在杂交父、母本树种确定后，具体选用什么年龄、什么地点的植株？这植株的株形怎样、有多少花朵、预期什么时间开花等，这些在母树选择时都必须考虑。如何正确选择亲本，这里提出几条原则：

（1）根据育种目标选择亲本

杂交育种要制订育种计划，确定育种目标，亲本选择要根据育种目标进行。是以速生为目标，还是解决抗病问题；育成的杂交种是用于园林观赏，还是用于某种工业原料林培育等，这些都必须认真考虑。例如，美国的板栗杂交育种，就选择具抗栗疫病的中国板栗为亲本，获得了抗病的杂种。再如，韩国在刚松与火炬松杂交育种中，选用较速生的火炬松为回交亲本，提高了杂种的速生性。

（2）根据性状互补选择亲本

作为杂交亲本在某些重要性状上需具有明显的优越性，而父母本之间在重要的性状上具有互补性，避免在重要性状上具有共同的不良性状。例如，速生性与抗病性的互补，速生性与耐寒性的互补等。

（3）根据性状遗传能力选择亲本

一些重要树种都进行过子代遗传测定，掌握了某些重要性状的遗传力信息，在杂交亲本选择中应充分利用这些有用的信息。亲本中目标性状的遗传力较高，在杂交后代中得到表现的可能性较大。同时要注意父、母本之间性状遗传的优势与显隐性关系。这在杂交子代性状分析时一定要注意，并有计划地逐步实现杂交育种目标。

（4）根据杂交后代拟推广栽培地区的生态条件选择亲本

亲本的生态型不同，杂交后代适应的范围就可能较广。若计划杂交后代在较北的地区推广，那么就应选择纬度较高或海拔较高产地的亲本来杂交。若选用两个低纬度产地的亲本杂交，则难于达到此目的。关于杂交父、母本具体植株的选择问题，既要考虑杂交育种目标的要求，又要考虑实施杂交技术上的需要。杂交育种的实施，往往是在林木改良进程中实现的。因此应充分利用前期育种的成果、育种的资源。如优树收集区、育种园或种子园，种源试验林或子代测定林等，这些都是开展杂交育种的良好基地。各种试验林取得的遗传信息及各种生物学特性观测成果都是制订杂交育种计划的依据。只有充分利用林木改良前期成果，并尽可能地与引种、种源试验或子代测定结合起来，杂交育种工作才能取得事半功倍的效果。

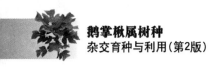

1.3.4　杂交可控设备条件的建设和运用

在野外树上杂交受外界自然条件严重影响,如下雨、刮风、降温等,不仅影响授粉工作的进行而且也影响母株的开花。因此,为了杂交工作的顺利实施,应尽可能利用现代设备、塑料大棚等开展室内杂交。特别对于那些最优良的亲本材料,更有必要改善杂交工作条件,利用现代化设备,开展室内杂交,以保证此项工作的成功。

1.3.5　杂种利用的途径

通过杂交证明杂种具有明显的优势和利用价值,那么就可利用杂交手段生产杂种应用于生产。杂种利用的途径与方法应根据树种的生物学特性、无性繁殖能力及杂交亲本重要性状配合力等表现情况而定。

1.3.5.1　建立杂交种子园

亲本的重要性状配合力高,花期同步性好,自由授粉的母树杂种率高;或母本树种便于去雄或存在雄性不育,或是雌雄异株树种,配置授粉株方便。在上述情况下可建立无性系杂交种子园或实生杂交种子园。而且,如果亲本重要性状的特殊配合力高,还可建立双无性系杂交种子园。如果树种的种子小,结果量大,人工授粉方便,或是目前未找到雄性不育亲本,自由传粉杂交种子出现率低,则可建立室内人工授粉的杂交种子园。通过人工控制授粉,生产 F_1 代杂种。

1.3.5.2　杂种无性系利用

无性繁殖能力强、无性繁殖方便,而且无性繁殖产生的非遗传效应不明显的树种,优良组合家系或是优良家系中的优良单株都可采用无性繁殖的方法繁殖成无性系,并经过无性系测定选出优良无性系应用于生产。无性繁殖不仅能利用加性效应,而且能利用非加性效应。杨树杂交育种的成效非常显著就是最好的例子。优良组合的体胚发生试管苗繁殖或是优良无性系的组织培养的配套使用,可使杂种利用的效果更好。

1.3.5.3　 F_2 代杂种的利用

实践证明,鹅掌楸、落叶松及松树的 F_2 代杂种都表现出有明显的杂种优势,具有利用价值。 F_2 代植株间可能分化大些,在苗木培育和造林密度上应有所考虑,在这个过程中逐步淘汰一些差的植株。 F_1 代多个优良组合试验林通过去劣疏伐等措施,可以培养成生产 F_2 代的杂种种子园。从鹅掌楸属种间的 F_2 代杂种表现来看,利用 F_1 代优良个体作亲本,生产 F_2 代杂种是有利用前景的。

1.3.5.4 回交代杂种的利用

由于林木世代长，要等到 F_1 代植株度过童期，达到性成熟开花期，才有可能实现回交育种工作。因而林木杂交育种中回交育种及回交代杂种的利用是不多的。据我们鹅掌楸杂交交配系统初步试验结果及韩国在刚松×火炬松 F_1 代杂种与亲本种火炬松的回交试验证明，回交代杂种的利用是很有潜力的。

1.3.5.5 多代杂交与杂种利用

林木育种世代长，需长期持续工作和多代人的不懈努力，坚持有计划有目的地多世代杂交改良，有可能取得更加显著的效果。

1.4 杂交种的命名

林木杂交种的命名应遵循《国际植物命名法规》和《国际栽培植物命名法规》的相关命名法规的规定来进行。《国际植物命名法规》导言中指出："植物学需要一个被所有国家的植物学家使用的、精确而简单的命名系统，一方面处理用于表示分类群或单位等级的术语，另一方面应用于植物各分类群的学名(scientific name)"。

同时指出：《国际栽培植物命名法规》(International code of nomenclature for cultivated plants)是在国际栽培植物命名委员会的授权下制定的。该法规用来处理农业、林业和园艺上特殊植物名称的使用和构成。这里与杂交种命名直接相关的几点规则介绍如下：

①杂交用乘号(×)表示。乘号用于参与杂交的分类单位之间("杂交公式")。母本在前，父本在后，父母本也可用♂/♀来表明。

例如，*Liriodendron chinense* Sarg. ×*L. tulipifera* L. ; *Liriodendron tulipifera* L. × *L. chinense* Sarg. 。

②杂交属名，两属间杂交的杂交属名是两个亲本属名合并为一个单独的简化表达式(称为"简式")。该词由一个属名的前部或全部与另一个属名的后部或全部(但两者不能均为全部)，以及一个可有可无的连接元音构成。

例如，×*Agropogon*(= *Agrostis* × *Polypogon*)。

③《国际植物命名法规》第二部分，规则中规定"杂交分类群(nothotaxa 或 hybrid taxa)的主要等级为杂交属(nothogenus)和杂交种(nothospecies)。这两个等级同于一般的属和种。种名是属名后加上一个种加词所构成的双名组合(binary combination)。"

例如，亚美马褂木(*Liriodendron sino-americanum* P. C. Yieh ex Shang et Z. R. Wang)

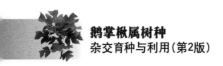
④由植物体的任何部分经无性繁殖成的无性系可以形成品种加以命名。

例如，*Salix alba* 'Lievelde'、*Salix matsudana* 'Tortuosa'。

⑤过去栽培植物品种命名中应用双引号和缩写"cv."、"var."，不能用于区别品种加词的名称中，应予以改正。

例如，*Pinus sylvestris* 'Repens'，不能写成 *Pinus sylvestris* Repens 、*Pinus sylvestris* var. *repens* 或者 *Pinus sylvestris* cv. 'Repens'。

⑥ 发表新的种或种下等级的杂交分类群名称时，作者应提供所有可用到的有关比该杂交分类群等级低的该名称模式的已知或假定的亲本的分类身份的信息。因此，为了合格发表，杂交属或属下等级的杂交类群的名称必须有效发表，并带有其亲本属或属的次级划分的说明。

发表新种或新种下分类群的名称时，可通过引证一号标本来实现。具有用拉丁加词的杂种或种下杂交分类群的名称，其合格发表必须遵守适用于同等级的非杂交分类群名称的相同规则。

林木杂交是林木改良的重要方法，林木杂交育种是林木改良的重要组成部分。随着育种进程的推进，一些重要树种集约栽培程度的提高，杂交育种显得更加迫切，更加重要。在理论上通过杂交可以揭示物种间亲缘关系，了解进化进程，探求遗传规律。在实践上，通过杂交可以组合有利基因，获得杂种优势，创造新品种用于生产。引起杂种优势的机理是复杂的，可能与结构基因和调节基因有关，与细胞核—细胞质互作有关，受整个遗传系统的影响，表现为基因的刺激、抑制、互补及协调等。杂交育种要取得满意的效果，必须目的明确，制订出科学的计划，在理论上和材料上做好准备，科学地确定杂交组合和选好杂交母树。在实施中认真细致，做好档案记录。一旦获得杂种就要分析和评价，确定利用价值，并采用各种有效方法繁殖和应用于生产。林木杂交也是非常有趣、非常有益的探索课题，很值得去试验，去探索。林木杂交种的命名必须遵循《国际植物命名法规》和《国际栽培植物命名法规》的相关命名法规的规定。

参 考 文 献

ANATOLY P T *et al*. 苏联温带地区的杨树育种. 见：林业部科技情报中心编. 国际林联第十九届世界大会论文集[J]. 北京：中国林业出版社，1991，124 – 129.

巴岩磊，郭建忠，陆中元，等. 钻天榆和新疆白榆杂种种子园[M]. 见：沈熙环. 种子园优质高产技术. 北京：中国林业出版社，1994.

陈天华. 林木杂交育种研究的发展[J]. 林业科技开发，1998，(4)：3 – 5.

陈天华，彭方仁，王章荣，等. 世界林木遗传改良研究述评[J]. 南京林业大学学报，1995，19(2)：79 – 85.

陈天华，徐进，赖焕林，等. 南京地区黑松与马尾松的自然杂交研究[J]. 南京林业大学学报，1994，18(4)：6 – 11.

崔永志，陆文达，杨书文，等. 由材质测定浅析落叶松杂种优势[J]. 东北林业大学学报(育种专刊)，1991，62 – 67.

董天慈. 小叶杨与胡杨亚属间有性杂交[J]. 遗传，1980，2：25 – 28.

高新一. 杨树杂交育种的遗传规律及新品系介绍[J]. 林业科技通讯，1991，(8)：19 – 22.

广东省林科所营林研究室育种组. 竹子有性杂交研究初报[J]. 广东林业科技通讯，1975，1 – 8.

胡建广，杨金水，陈金婷. 作物杂种优势的遗传学基础[J]. 遗传，1999，21(2)：47 – 50.

KEY J M. 杂种优势的遗传学与进化原理. 作物杂种优势与数量遗传[M]. 重庆：中国科技文献出版社重庆分社，1979，16 – 25.

赖焕林，王章荣，陈天华. 林木群体交配系统研究进展[J]. 世界林业研究，1997，(5)：10 – 15.

李竞雄. 中国大百科全书：生物学卷·遗传学分册. 杂种优势[M]. 北京：中国大百科全书出版社，1983，230 – 234.

李善文，张志毅，何承忠，等. 中国杨树杂交育种研究进展[J]. 世界林业研究，2004，17(2)：37 – 41.

李天权，朱之悌. 白杨派内杂交难易程度及杂交方式的研究[J]. 北京林业大学学报，1989，11(3)：54 – 59.

李文钿，朱彤. 胡杨与小叶杨远缘杂交不亲和的障碍[J]. 林业科学，1986，22：1 – 9.

李希才，姚君，王维臣，等. 杂种二代落叶松增产能力的研究[J]. 林业科技通讯，1995，2：21 – 22.

李晓储，许德钰，黄利斌，等. 杉木地理种源间杂交试验[J]. 江苏林业科技，1991，(1)：1 – 6，10.

李周岐，王章荣. 鹅掌楸属种间杂交可配性与杂种优势的早期表现[J]. 南京林业大学学报，2001，25(2)：34 – 38.

李周岐，王章荣. 林木杂交育种研究新进展[J]. 西北林学院学报，2001，16 (4)：93 – 94.

林惠斌，朱之悌. 毛白杨杂交育种战略的研究[J]. 北京林业大学学报，1988，10 (3)：97 – 101.

林建丽，朱正歌，高建伟. 植物杂种优势研究进展[J]. 华北农学报，2009，24 (增刊)：46 – 56.

马常耕. 从世界杨树杂交育种的发展和成就看我国杨树育种研究[J]. 世界林业研究，1994 (3)：23 – 30.

马常耕. 国际林木抗病育种的基本经验[J]. 世界林业研究，1995，(4)：13 – 21.

马常耕. 国外针叶树种间杂交研究进展[J]. 世界林业研究，1997，(3)：9 – 22.

马常耕. 世界加速林木育种轮回研究的现状[J]. 世界林业研究，1996，(6)：15 – 23.

马常耕. 我国杨树杂交种的现状与发展对策[J]. 林业科学，1995，31 (1)：60 – 66.

南京林产工业学院林学系树木育种教研组. 树木杂交育种[M]. 北京：农业出版社，1973.

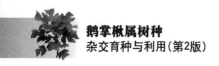

南京林产工业学院林学系树木育种教研组. 亚美杂种马褂木的育成[J]. 林业科技通讯, 1973, (12): 10-11.

南京林产工业学院. 树木遗传育种学[M]. 北京: 科学出版社, 1980.

潘本立, 艾正明, 韩承伟, 等. 落叶松立木杂交方法及杂种优势的研究[J]. 林业科学, 1981, (3): 325-330.

庞金瑄. 榆树杂交育种研究报告[J]. 山东林业科技, 1984, 53 (4): 1-12.

齐明, 骆文坚, 何贵平. 林木重要性状的杂种优势和遗传方式以及杂优预测的可能性[J]. 世界林业研究, 2010, 23(2): 75-80.

乔纳森, 赖特 W. 森林遗传学[M]. 郭锡昌, 等译. 北京: 中国林业出版社, 1981.

盛志廉, 陈瑶生. 数量遗传学[M]. 北京: 科学出版社, 1999.

史旦宾斯 G L. 植物的变异和进化[M]. 复旦大学遗传学研究所, 译. 上海: 上海科学技术出版社, 1963.

涂忠虞. 柳树育种与栽培[M]. 南京: 江苏科学技术出版社, 1982.

王景章, 丛培艳. 落叶松杂交育种及 F_1 代性状遗传[J]. 林业科学, 1980, (1): 49-52.

王明庥. 林木遗传育种学[M]. 北京: 中国林业出版社, 2001.

王明庥. 林木育种学概论[M]. 北京: 中国林业出版社, 1989.

王明庥, 黄敏仁, 邬荣领, 等. 美洲黑杨×小叶杨杂交育种研究. 见: 涂忠虞, 黄敏仁. 阔叶林遗传改良[M]. 北京: 科学技术文献出版社, 1991, 83-92.

王琦, 王豁然. 巨桉遗传改良研究进展[J]. 世界林业研究, 1996, (3): 18-23.

王章荣. 鹅掌楸属(*Liriodendron*)杂交育种回顾与展望[J]. 南京林业大学学报, 2003, 27 (3): 76-78.

王章荣. 鹅掌楸属杂交育种成就与育种策略[J]. 林业科技开发, 2008, 22(5): 1-4.

王章荣. 中国马褂木遗传资源的保存与杂交育种前景[J]. 林业科技通讯, 1997, (9): 8-10.

吴晓林. 用分子标记预测植物和动物杂种优势的研究[J]. 湖南: 湖南农业大学, 2000, 130.

吴仲贤, 李明定. 一个新的数量遗传参数——杂种遗传力[J]. 自然杂志, 1989, 12 (9): 695-696.

西蒙兹 N W. 作物改良原理[M]. 莫惠栋, 主译. 南京: 江苏科学技术出版社, 1983.

向其柏, 王章荣. 杂交马褂木的新名称——亚美马褂木[J]. 南京林业大学学报, 2012, 36 (2): 1-2.

徐炳声, 顾德兴, 等. 杂交在进化中的作用及杂种的识别和分类处理[J]. 武汉植物学报, 1986, 4 (4): 385-397.

杨诺西, 等. 植物育种的杂种优势[M]. 北京农业大学农学系, 译. 北京: 农业出版社, 1981.

杨书文, 鞠永贵, 张世英, 等. 落叶松杂种优势的研究[J]. 东北林业大学学报, 1985, (1): 30-36.

叶金山, 王章荣. 杂种马褂木杂种优势的遗传分析[J]. 林业科学, 2002, 38(4): 67-71.

伊利沃特 F C. 植物育种和细胞遗传学[M]. 奚元龄，等译. 北京：科学出版社，1964.

张爱民. 植物育种亲本选配的理论和方法[M]. 北京：农业出版社，1994.

朱军，季道藩，许馥华. 作物品种间杂种优势遗传分析的新方法[J]. 遗传学报，1993，20（3）：263－271.

佐贝尔 B J，等. 实用林木改良[M]. 王章荣，等译. 哈尔滨：东北林业大学出版社，1990，16－25.

ADAMS W T. Verifying controlled crosses in conifer tree-improvement programs [J]. Silvae Genetica, 1988, 37(3－4): 147－152.

BALTUNIS B S, GREEWOOD M S, EYSYEINSSON T. Hybrid vigor in *Larix*: Growth of intra-and inter-specific hybrids of *Larix decidua*, *L. laricina*, and *L. kaempferi* after 5－years[J]. Silvae Genetica, 1998, 47(5－6): 288－293.

BARTON N H, HEWITT G M. Adaptation, speciation and hybridzones[J]. Nature, 1989, 341(12): 497－503.

BLADA I. Analysis of genetic variation in a *Pinus strobus* × *Pinus griffithii* F_1 hybrid population [J]. Silvae Genetica, 1992, 41(4－5): 282－289.

BOBOLA M S. Hybridization between *Picea rubens* and *Picea mariana*: differences observed between montane and coastal island populations. Can. J. For. Res. , 1996, 26: 444－452.

BOBOLA M S. Using nuclear and organelle DNA markers to discriminate among *Picea rubens*, *Picea mariana* and their hybrids[J]. Can. J. For. Res. , 1996, 26: 433－443.

BOLSTAD S B. Performance of inter-and intraprovenance crosses of Jack pine in Central Wisconsin [J]. Silvae Genetica, 1991, 40(3－4): 124－130.

CRITCHFIELD W B. Crossability and relationships of the closed-cone pines[J]. Silvae Genetica, 1967, 16(3): 89－97.

DAVID A J. Inheritance of mitochondrial DNA in interspecific crosses of *Picea glauca* and *Picea omorika*[J]. Can. J. For. Res. , 1996, 26: 428－432.

DIETERS M J. Genetic parameters for F_1 hybrids of *Pinus caribaea* var. *hondurensis* with both *Pinus oocarpa* and *Pinus tecunumanii*[J]. Can. J. For. Res. , 1997, 27: 1024－1031.

DUNLAP J M. Genetic variation and productivity of *Populus trichocarpa* and its hybrids. Ⅶ. Two－year survival and growth of native black cottonwood clones from four river valleys in Washington [J]. Can. J. For. Res. , 1994, 24: 1539－1550.

ERNST S G. Genetic variation and control of intraspecific crossability in blue and engelmann spruce [J]. Silvae Genetica, 1988, 37 (3－4): 112－118.

FERET P P, MAYES R A, TWORKOSKI Th J, and KREH R E. Chromatographic analysis of *Pinus rigida* × *taeda* hybrids and their parents[J]. Silvae Genetica, 1980, 29: 155－157.

FERNANDEZ, De La, REGUERA, P A. Putative hybridization between *P. caribea* Morelet and *P. oocarpa* Schiede: a canonical approach[J]. Silvae Genetica, 1988, 37(3－4): 88－93.

FOWLER D P. Population improvement and hybridization[J]. Unasylva, 1978, 30(119－120):

21 – 26.

GARRETT P W. Species hybridization in the genus *Pinus* forest service, U. S. department of agriculture, northeastern forest experiment station[J]. Forest Service Research, 1979, Paper NE – 436: 17.

GREENAWAY W *et al*. Composition of bud exudates of *Populus × Interamericana* clones as a guide to clonal identification[J]. Silvae Genetic, 1989, 38(1): 28 – 32.

GRIFFIN A R. Genetic variation in growth of outcrossed, selfed and open-pollinated progenies of *Eucalyptus regnans* and some implications for breeding strategy[J]. Silvae Genetica, 1988, 37(3 – 4): 124 – 131.

GWUZE D P, DUNGEY H S, DIETERS M J *et al*. Interspecific pine hybrids I. Genetic parameter estimates in Australia[J]. Forest Genetics, 2000, 7(1): 9 – 18.

HUSSENDORFER E. Identification of Natural Hybrids *Juglans × intermedia* Carr. Using isoenzyme gene markers[J]. Silvae Genetica, 1999, 48(1): 50 – 52.

HYUN S K. Interspecific hybridization in pines with the special reference to *Pinus rigida × taeda*, [J]. Silvae Genetica, 1976, 25(5 – 6): 188 – 191.

HYUN S K. The expression of heterosis of tmproyed hybrid poplars in Korea being influenced by the site and the cultural method[J]. Proceedings, Joint IUFRO Meeting, S02. 04. 1 – 3, Stockholm, 1974, Session Ⅲ.

JAFARI, MOFIDABADI A, MODIR – RAHMATI A R and TAYESOLI A. Application of ovary and ovule culture in *Populus alba* L. × *P. euphratica* Oliv. hybridization[J]. Silvae Genetica, 1998, 47(5 – 6): 332 – 334.

KIELLANDER C L. Some examples of hybrid vigour in *Larix*[J]. Proceeding, Joint IUFRO Meeting, Stoekholm, 1974, 207 – 214.

KING J N. Selection of wood density and diameter in controlled crosses of coastal douglas-fir[J]. Silvae Genetica, 1988, 37(3 – 4): 152 – 157.

KORMUTAK A B, VOOKOVA A, GAJDOSOUA and SALAJ J. Hybridological Relationships between *Pinus nigra* Arn. , *Pinus thunbergii* Parl. and *Pinus tabulaeformis* Carriere[J]. Silvae Genetica, 1992, 41(4 – 5): 228 – 234.

KOROL L, MADMONY A, RIOY Y and SCHLLER G. *Pinus halepensis × Pinus brutia* subsp. *Brutia* hybrids? Identification using morphological and biochemical traits[J]. Silvae Genetica, 1995, 44(4): 186 – 190.

KRAUS J F, POWER H R, *et al*. Infection of Shortleaf × Loblolly pine hybrids inoculated with *Cronartium quercuum* f. sp. *echinatae* and *C. quercuum* f. sp. *fusiforme*[J]. Phytopathology, 1982, 72(4): 431 – 433.

LA FARGE T. A progeny test of (*Shortleaf × Loblolly*) × *Loblolly* hybrids to produce rapid-growing hybrids resestant to fusiform rust[J]. Silvae Genetica, 1980, 29(5 – 6): 197 – 200.

LA FARGE T and KRAUS J F. A progeny test of (*Loblolly × Shortleaf*) × *Loblolly* hybrids to produce rapid-growing hybrids resistant to fusiform rust[J]. Silvae Genetica, 1980, 29: 197 - 201.

MARTIN B. The benefits of hybridization. How do you breed for them? Breeding tropical trees: structure and genetic improvement strategies in clonal and seedling forestry[J]. proc. IUFRO Conference, Pattaya, Thailand, November, 1988, 79 - 92.

MEJNARTOWICZ J. Evidence for long-term heterosis phenomenon in the *Alnus incana × glutinosa* F_1 hybrids[J]. Silvae Genetica, 1999, 48(2): 100 - 103.

MERGEN F. Growth of hybrid Fir trees inconnecticut[J]. Silvae Genetica, 1988, 37(3 - 4): 118 - 124.

MITTEMPERGHER L and LA PORTA N. Hybridization studies in the Eurasian species of Elm(*Ulmus* spp.) [J]. Silvae Genetica, 1991, 40(5 - 6): 237 - 243.

MORRIS R W, CRITCHFIELD W B and FOWLER D P. The putative amstian × red pine hybid: a test of paternity based on allelic variation at emzyme-specifying loci[J]. Silvae Genetica, 1980, 29: 93 - 100.

MOSSELER A. Sex expression and sex ratios in intra-and interspecific hybid families of *Salix* L. [J]. Silvae Genetica, 1989, 38(1): 12 - 17.

NIKLES D G and ROBINSON M J. The development of *Pinus* hybrids for operational use in queensland. proceedings of a conference on breeding tropical trees: population structure and genetic improvement strategies in clonal and seedling forestry [J]. Pattaya, Thailand, 1989, 172 - 282.

NILSSON D B. Heterosis in an intraspecific hybridization experiment in Norway spruce (*Picea abies*)[J]. Proceeding, Joint IUFRO Meeting, Stockholm, 1974, 197 - 206.

PEGG R E, NIKLES D G and HAIJIA L. Eucalypt hybrid performance in the dongmen project, People's Republic of China. Proceedings of a conference on breeding tropical trees: Population structure and genetic improvement strategies in clonal and seedling forestry[J]. Pattaya, Thailand, 1989, 416 - 417.

PRUS-GLOWACKI W. Serological investigation of *Alnus incana × glutinosa* hybrids and their parental species[J]. Silvae Genetica, 1992, 42(2): 65 - 70.

RAJORA O P, ZSUFF A L. 杨属种间杂交亲和力与分类学关系[J]. 苏晓华, 译. 林业科技通讯, 1987, (5): 31 - 32.

REDDY K V. Breeding Strategies for Coppice Production in a *Eucalyptus grandis* base population with four generation of selection[J]. Silvae Genetica, 1989, 38(3 - 4): 148 - 151.

RIESEBERG L H and CARNEY S E. Plant hybridization[J]. New Phytol, 1998, 140, 599 - 624.

SANTAMOUR F S. Interspecific hybridization in *Liquidambar*[J]. Forest Science, 1972, 18(1): 23 - 26.

SANTAMOUR F S. Interspecific hybridization in *Platanus*[J]. Forest Science, 1972, 18(3): 236 - 239.

SCHMITT D M and SNYDER E B. Nanrism and fusiform rust resistance in slash × shortleaf pine hy-

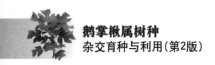

brids[J]. Forest Science, 1971, 17(3): 276 – 278.

SHULL G H. Duplicate genes for capsule form in Bursa bursa Bastoris[J]. J. Ind. Abst. Vererb, 1914, 12: 97 – 149.

SHULL G H. What is "heterosis"? [M]. Genetics, Brooklyn, New York, 1964, 33: 439 – 446.

SIN – KYU HYUN. Interspecific hybridization in pines with special reference to *P. rigida* × *taeda* Silvae[J]. Genetica, 1976, 25(5 – 6): 188 – 191.

SIN – KYU HYUN. The expression of heterosis of improved hydrid poplars in Korea being influenced by the site and the cultural method[J]. Proceeding, Joint IUFRO Meeting, Stockholm, 1974, 167 – 196.

SLUDER E R. Fusiform rust in crosses among Resistant and Susceptible loblolly and Slash pines [J]. Southern Journal of Applied Foresty, 1989, 13(4): 174 – 177.

SLUDER E R. Results at age 15 years from a half-diallel cross among 10 Loblolly pines selected for resistance to fusiform rust (*Cronartium quercuum* f. sp. *fusiforme*) [J]. Silvae Genetic, 1993, 223 – 230.

SLUDER E R. Shortleaf × Loblolly pine hybrids do well in central georia[J]. Georgia Forest Research Paper, 1970, 1 – 4.

STAFLEU F A, *et al.* International code of botanical nomenclature[J]. Assoc. for Plant Tax. , 1978, Vol. 97.

VAN BUIJTENEN J P. Application of interspecific hybridization in forest tree breeding[J]. Silvae Genetica, 1969, 18(5 – 6): 196 – 200.

WANG X R, SZMIDT A E, LEWANDOWSKI A and WANG Z R. Evolutionary analysis of *Pinus densata* Masters, a putative tertiary hybrid[J]. Theory Application Genetics, 1990, 80: 635 – 640.

WOESSNER R A. Crossing among loblolly pines indigenous to different areas as means of genetic inprovement. Silvae Genetica, 1972, 21(1 – 2): 35 – 39.

WRIGHT J W. Hybidization between species and races[J]. Unasylua, 1964, 18(2 – 3): 73 – 74.

ZHANG T, COPES D L, ZHAO S and HUANG L. Genetic analysis on the hybrid origin of *Populus tomentosa* Carr[J]. Silvae Genetica, 1995, 44(4): 165 – 173.

第2章

鹅掌楸属树种的
分类、分布及原产地状况

　　在林木杂交育种中，掌握杂交亲本种的背景资料，包括分类、分布及生物学特性等，对避免杂交工作的盲目性、分析杂交成功的可能性及杂交育种前景的预测有着重要的意义。本章的主要内容是介绍鹅掌楸属树种的分类、分布及其原产地气候、土壤、植被等概况，马褂木的濒危与北美鹅掌楸的引种以及杂交新种的发展情况等。

2.1　鹅掌楸属树种的分类

　　鹅掌楸属属木兰科（Magnoliaceae）树种。木兰科树种属古老树种。据化石记录，自白垩纪以来，木兰科的许多种广泛发生于北半球，如亚洲、欧洲、北美洲等地。该科最早的化石记录为中国东北延吉地区早白垩世大拉子组的喙柱始木兰 *Archimagnolia rostrato-stylosa* Tao et Zhang。据推测木兰科的起源时间不迟于早白垩世 Aptian-Albian 期；起源地点可能是东亚，后来经过欧洲进入北美洲，再从北美洲迁移到达南美洲；在地质历史时期，该科中木兰属的出现比鹅掌楸属早，从而支持根据形态学与分子系统学研究得出的木兰属较鹅掌楸属原始的结论（Zhang Guangfu，2001）。

　　木兰科约有15属246种。我国有11属约99种（刘玉壶 等，1995）。木兰科分为2个亚科，即木兰亚科（Subfam Magnolioideae）和鹅掌楸亚科（Subfam Liriodendroideae）。它们的主要区别见表2-1。

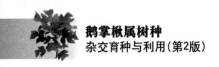
表 2-1　木兰亚科与鹅掌楸亚科特征区别

亚科名称	叶	花	果
木兰亚科	叶全缘；先端尖，稀凹缺而呈 2 裂	花药药室内向或侧向开裂	聚合蓇葖果，开裂，种皮似假种皮，与内果皮分离
鹅掌楸亚科	叶通常 4~6 裂，先端平截或成宽凹缺	花药药室外向开裂	由带翅小坚果构成聚合果，不开裂，种皮附着于内果皮

　　鹅掌楸亚科只有 1 属 2 种。在新生代有 10 余种，到第四纪冰期大部分绝灭，仅残存有分布在中国的马褂木（鹅掌楸）和分布在北美洲的北美鹅掌楸 2 个种[*]。1963 年，南京林学院（现为南京林业大学，下同）著名林木育种学家叶培忠教授利用中国的马褂木与北美鹅掌楸开展种间人工杂交，创造了一个新树种——杂交马褂木（现正式命名为亚美马褂木）。它们的主要区别见表 2-2。

表 2-2　鹅掌楸属树种的区别

树种名称	枝与树皮	叶	花	果
马褂木	小枝灰色或灰褐色；树皮灰色，色泽浅，裂纹不明显	马褂形，一般 3 裂，基部 1 对侧裂片，前端 1 裂片较长	花被片绿色，有黄色纵条纹，长 2~4cm	翅状小坚果先端钝或钝尖
北美鹅掌楸	小枝褐色或紫褐色；树皮棕褐色或暗绿色，纵裂，裂纹明显	鹅掌形，一般 5 裂，基部 2 对侧裂片，前端 1 裂片较短	花被片绿黄色，基部内面有橙黄色蜜腺，长 4~6cm	翅状小坚果先端尖
杂交马褂木	小枝紫色或紫褐色或青灰色；树皮基本类同于北美鹅掌楸	基本形为马褂形，3~5 裂，具父母本中间性状，叶形变异大	花被片橙黄色或橘红色，花色艳丽，蜜腺发达，长3.5~5.5cm	翅状小坚果先端钝尖

　　马褂木、北美鹅掌楸及杂交马褂木的形态特征分述如下。

2.1.1　马褂木 *Liriodendron chinense* Sarg.

　　落叶乔木，树高可达40m，胸径可达1m以上。树皮灰色、黑灰色，大树树皮呈交叉浅纵裂。小枝灰色或灰褐色。叶具长柄，叶片马褂形，两边各具 1 裂

---

　　[*]　根据郑万钧主编，《中国树木志》第一卷，鹅掌楸属 *Liriodendron* L. 中关于种的叙述：1. 鹅掌楸 马褂木 *Liriodendron chinense* Sarg.，2. 北美鹅掌楸 *Liriodendron tulipifera* L.。本书延用叶培忠教授的一贯称谓，将分布于中国的种称为马褂木 *Liriodendron chinense* Sarg.，将分布于北美洲的种称为北美鹅掌楸 *Liriodendron tulipifera* L.，将杂交种统称为杂交马褂木 *Liriodendron chinense* Sarg. × *Liriodendron tulipifera* L. 或称为亚美马褂木 *Liriodendron sino-americanum* P. C. Yieh ex Shang et Z. R. Wang。

片，中央 1 裂片先端平截或浅宽凹缺，叶背面密被乳头状突起的白粉点。花两性，黄绿色，单生枝顶，与叶同放或稍后开放；花被片 9，外轮萼片 3 片，绿色，向外开展；内 2 轮花瓣 6 片，直立，具浅黄色纵条纹；雄蕊多数分离，花药长 1~1.6cm，花丝长 5~6mm；离心皮雌蕊多数，覆瓦状密生于纺锤形的花托上，胚珠 2。聚合果纺锤状，长 7~9cm，由许多具翅小坚果组成，成熟时自花托飞落（图 2-1）。花期 5 月；果期 10 月。

图 2-1　马褂木

1. 花枝　2. 雄蕊背腹面　3. 聚合果　4. 翅状小坚果

（引自《中国树木志》）

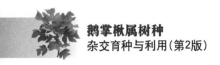

2.1.2 北美鹅掌楸 *Liriodendron tulipifera* **L.**

落叶乔木,树高可达60m,胸径可达3.5m。树皮深褐色,深纵裂。小枝紫褐色或褐色,常具白粉。叶片多为5裂,鹅掌状,有长柄。花杯状,花被片9,外3片萼片绿色,向外开展;内2轮花瓣6片,绿黄色,直立,中下部有橙黄色或橙红色色带,含蜜腺;花药长1.5~2.5cm;花丝长1.0~1.5cm;雌蕊群黄绿色。聚合果长约7cm,翅状小坚果长约5mm,先端尖(图2-2)。花期5月;果期10月。

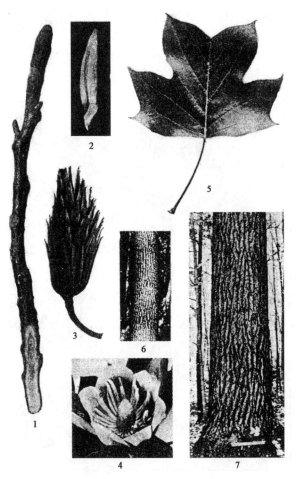

图2-2 北美鹅掌楸

1. 小枝 2. 翅状小坚果 3. 聚合果 4. 花 5. 叶 6. 幼龄树皮 7. 老龄树皮

(引自 Hardin *et al.*，2001)

2.1.3 杂交马褂木 *Liriodendron chinense*（Hemsl.）Sarg. ×*L. tulipifera* L.

杂交马褂木是 1963 年由南京林学院叶培忠教授首次采用人工杂交方法育成，他将分布在亚洲的中国马褂木（*Liriodendron chinense*）与分布在北美洲的北美鹅掌楸（*Liriodendron tulipifera*），于 1963 年 5 月 13 日通过人工授粉杂交，当年 10 月 29 日收到了首批杂交种子，培育出杂交种苗（F_1）。同批杂交种苗栽种在浙江省富阳县（今杭州市富阳区）中国林业科学研究院亚热带林业研究所办公大楼前，有的树高已达 30m 以上，胸径约 1m。2013 年，南京林业大学向其柏教授和王章荣教授根据《国际植物命名法规》对杂种名称的命名规则，对该杂交种的名称进行了新的订正，其新名称为亚美马褂木（*Liriodendron sion – americanum* P. C. Yieh ex Shang et Z. R. Wang）（见第 20 章 20.4）。

2.2 鹅掌楸属树种的分布

2.2.1 马褂木的分布

马褂木主要分布于我国长江流域各省（自治区、直辖市）（图 2-3）。其中有

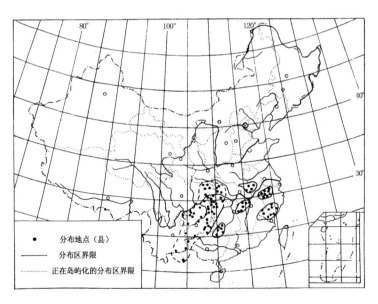

图 2-3 马褂木分布示意

（引自郝日明，1995）

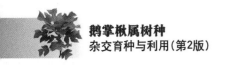

福建的武夷山、柘荣、古田;浙江的临安、安吉、松阳、遂昌、丽水、庆元、龙泉、文成、泰顺、江山;江西的庐山、宜丰、铅山、安福、井冈山;安徽的霍山、舒城、岳西、潜山、黄山、歙县、休宁;湖北的谷城、房县、保康、神农架、巴东、兴山、恩施、建始、利川、鹤峰、宜昌;湖南的石门、大庸、桑植、龙山、永顺、花垣、沅陵、凤凰、新宁、城步;四川的万源、泸州、叙永、古蔺、筠连、宜宾、峨眉;重庆的万州、涪陵、江津、南川、酉阳、秀山;贵州的习水、正安、绥阳、息烽、印江、松桃、黎平、荔波、黄平、剑河、普安;广西的资源、兴安、灌阳、龙胜、临桂、大苗山;云南的大关、彝良、金平、麻栗坡、富宁;陕西的南郑、镇巴、岚皋、镇坪。分布区的经纬度处于北纬22°~33°,东经103°~120°之间。垂直分布于海拔700~1900m的山区。分布区东部的浙江,在该省庆元县的百祖山、龙泉县的凤阳山、遂昌松阳的九龙山、临安的龙塘山、安吉的龙王山均有天然分布。遂昌松阳九龙山有树龄130年以上的大树,树高达35m,胸径达75cm。在福建与江西的武夷山、江西的庐山、安徽的黄山和大别山以及分布区西部四川及云贵高原武陵山、大娄山、苗岭等山区都有马褂木的天然分布。

2.2.2 北美鹅掌楸的分布

北美鹅掌楸分布于美国的整个东部,北起新英格兰州南部,西经密歇根州南部,南至路易斯安那州,然后向东分布至佛罗里达州的中北部(图2-4)。俄亥俄河流域及北卡罗来纳州、田纳西州、肯塔基州及弗吉尼亚州西部山区一带生长量最大。75%的资源集中分布于阿拉巴契亚山区及宾夕法尼亚至佐治亚州地区。水平分布范围在北纬27°~42°,西经77°~94°;垂直分布300m以下,在阿巴拉契亚山脉南部可分布到海拔1370m。加拿大的安大略省也有北美鹅掌楸分布。

2.3 鹅掌楸属树种的原产地概况

2.3.1 马褂木的原产地概况

(1)气候条件

马褂木分布于亚热带气候区。年平均气温10~18℃,最低气温-14~4℃,7月平均气温27~28℃,年降水量800~2300mm,相对湿度75%~85%,年霜日最多地区降霜日42d,下雪最多地区年平均下雪21d。马褂木分布区的气候特点是雨量较充沛,相对湿度较大,冬季较寒冷,而夏季较温暖凉爽。

(2)地形与土壤

马褂木一般分布生长于海拔700~1900m山区的沟谷地带及山坡的下部。林

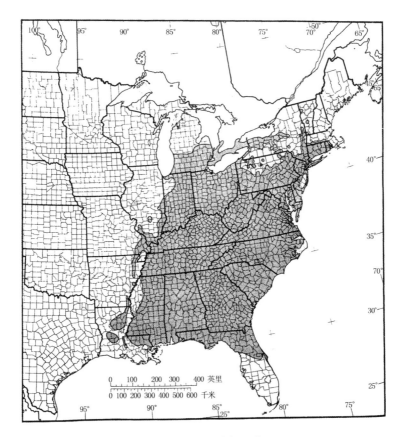

图 2-4　北美鹅掌楸分布

（引自 Russell M Burns *et al.*，1990）

地土壤由多种母岩风化发育成的山地黄壤、山地红壤、山地黄棕壤。土壤一般比较肥沃、湿润，排水良好，pH4.5～6.5，酸性至微酸性。

（3）植被情况

马褂木一般散生于常绿或落叶的阔叶林中，在有些分布区为林分中的优势种，处于林分的上层。根据方炎明教授的调查，组成马褂木群落的树种常属下列科属：常绿的有青冈栎属（*Cycolobalanopsis*）、茶属（*Camellia*）、木姜子属（*Litsea*）、榧属（*Torreya*）、红豆杉属（*Taxus*）；落叶的有枫香属（*Liquidambar*）、槭树属（*Acer*）、楝木属（*Cornus*）、木兰属（*Magnolia*）、山胡椒属（*Lindera*）、朴树属（*Celtis*）以及胡桃科（Juglandaceae）和蔷薇科（Rosaceae）等的树种；在海拔较高的分布区有铁杉、黄山松等树种。例如，分布在浙江天目山区龙王山的马褂木组成林分群落的伴生树种有枫香（*Liquidambar formosana*）、青钱柳（*Cyclorya paliurus*）、华东野核桃（*Juglans cathayensis*）、小叶白辛树（*Pterostyrax corymbo-*

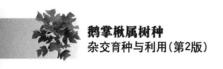
sus)、建始槭(*Acer henryi*)、浙江柿(*Diospyros glaucifolia*)、豹皮樟(*Litsea coreana* var. *sinensis*)、榧树(*Torreya grandis*)、香槐(*Cladrastis wilsonii*)等。

2.3.2　北美鹅掌楸原产地概况

（1）气候条件

北美鹅掌楸分布区很广，因而生长于多种气候条件下。美国北部分布区的新英格兰州南部1月平均气温－7~2℃，而南部分布区的佛罗里达州中部几乎是不降霜，1月平均气温1~16℃。北部分布区7月平均气温6~20℃，而南部分布区的7月平均气温6~27℃。年降水量由760mm至阿巴拉契亚山南部一些地区的2030mm以上。无霜期150~310d。

（2）地形与土壤

北美鹅掌楸在河川沿岸的冲积土、山谷地与山坡下部的堆积坡地和排水良好的砾质土壤上生长最好。土壤的物理性状比化学性质对北美鹅掌楸生长的影响更重要。

（3）森林类型与植被种类

北美鹅掌楸主要有4种森林群落类型：北美鹅掌楸纯林，北美鹅掌楸—加拿大铁杉，北美鹅掌楸—美国白栎—美国红栎，美国枫香—北美鹅掌楸。在地势较低的地段和沿海平原排水良好的土壤上，北美鹅掌楸与美国枫香(*Liquidambar styraciflua*)、落羽杉(*Taxodium distichum*)、栎类(*Quercus* spp.)、红槭(*Acer rubrum*)及火炬松(*Pinus taeda*)混生。在山麓地带，伴生树种有栎类、美国枫香、美国蓝果树(*Nyssa syluatica*)、红槭、火炬松、短叶松(*Pinus echinata*)、弗吉尼亚松(*P. virginiana*)及山核桃类(*Carya* spp.)等。

在阿巴拉契亚山脉的低海拔地带，北美鹅掌楸与刺槐(*Robinia pseudoacacia*)、北美乔松(*Pinus strobus*)、加拿大铁杉(*Tsuga canadensis*)、美国白栎(*Quercus alba*)、黑胡桃(*Juglans nigra*)、甜桦(*Betula lenta*)、美国椴(*Tilia amercana*)等树种伴生。在较高海拔地带，伴生树种有美国红栎(*Quercus rubra*)、美国白蜡(*Fraxinus americana*)、脂松(*Pinus serotina*)、尖叶玉兰(*Magnolia acuminata*)、美国七叶树(*Aesculus octandra*)、美国山毛榉(*Fagus grandifolia*)、糖槭(*Acer saccharum*)、加拿大黄桦(*Betula alleghaniensis*)等。在北部和中北部非山区地带的伴生树种有美国白栎、黑栎(*Quercus velutina*)、红栎、糖槭、美国枫香、山核桃等。北美鹅掌楸纯林在自然分布区内出现的比例极少，只有在美国东部立地条件非常优越的情况下存在，在阿巴拉契亚山南部可以发现有北美鹅掌楸纯林。

2.4 马褂木的濒危状况、北美鹅掌楸的引种及杂交马褂木的推广应用情况

2.4.1 马褂木的濒危状况

目前，马褂木自然分布范围广，但分布特点已发展成岛状星散分布形式（郝日明 等，1995；贺善安 等，1996）。其种群规模小，正在被分割、孤立和隔离，基因流动受阻，遗传多样性降低；传粉授粉条件差，有胚饱满种子比例很低；天然更新的条件也极差，因而处于濒危状态。关于马褂木的濒危原因有许多研究者作了分析。贺善安等从生态学角度进行分析，认为马褂木正处于一种非适宜的生境中，这种非适宜生境导致了该物种趋向濒危。因此，其生境对于该物种来说是"濒危生境"（贺善安 等，1996）。樊汝汶、方炎明通过传粉、授粉试验及胚胎学研究结果，认为马褂木有效结实率低可能是授粉不足、花粉限制的结果（樊汝汶 等，1992；方炎明 等，1994）。黄双全等通过对马褂木自然居群授粉情况观察和花部数量变异与结实率的分析，认为资源配置限制了它的结实率（黄双全 等，1998）。秦慧贞等对马褂木雌配子体发育进行了观察，发现胚囊存在败育，因此认为生殖障碍是致濒的原因之一（秦慧贞 等，1996）。朱晓琴等对马褂木群体遗传结构等位酶分析结果，认为其居群内的近交衰退和遗传漂变是种内分化的重要原因之一（朱晓琴 等，1997）。综上所说，形成马褂木目前这种濒危状态的原因是复杂的。归纳起来有以下几个方面：首先是地史的变迁。在新生代原来广泛分布的一个树种，但到了第四纪冰川时期绝大部分被灭绝了，仅在长江以南山区局部天然"避难所"特定环境中被残存下来。第二，这些残存种群在漫长的历史长河中其森林生态系统也会发生改变。如树种组成、林分结构等都会发生改变，从而影响到天然更新。当然在这历史进程中，气候、土壤等条件也会发生改变，这对其更新也会产生影响。第三，树种本身的生物学特性。该树种属虫媒传粉树种。开花期雨水多，有时还会遇上低温，影响昆虫的传粉活动。而且植株花朵的花瓣还未张开，雌蕊就进入授粉的可授期。同时，在雌、雄配子发育过程中及受精过程中还发现存有败育现象。上述这些情况都会影响它的繁育。第四，人为影响也是重要因素之一（郝日明 等，1995），如砍伐利用，毁林开荒等。第五，目前该树种的天然群体种子发芽率极低，一般都在5%以下，有的甚至还不到1%。这种情况的直接原因是与种群规模过小、授粉条件差密切相关。贵州省黎平县东风林场和浙江省安吉县龙山林场，他们从当地的马褂木天然林中采种育苗并营造了人工母树林。最近几年生产了不少种

子，种子发芽率与天然群体相比有了极明显的提高，一般都在 10% 左右，好的年份能达 10% 以上。鉴于该树种的严重濒危状态，必须采取有效的保护措施。我们认为可以采用以下途径进行保护：

① 结合营建母树林进行迁地保护。选在结实的好年份采种、育苗，建立实生母树林。或在准备好砧木的条件下，采集接穗嫁接，建立嫁接母树林。这样把种子繁育与种质资源保护结合起来。

② 结合改良工作进行迁地保护。有计划地采集多个天然群体的种质资源（种子或穗条）建立母树林；或从多个天然群体中选择较优良单株采集穗条嫁接，建立种子园；或是选择收集一定数量的北美鹅掌楸优良单株穗条嫁接，建立种间杂交种子园。这样把树种改良与种质资源保护结合起来。

③ 采用促进天然更新辅助措施进行就地保护。目前，有些天然群体分布区的所在地已建立了自然保护区或建立了林场，已经处于就地保护之中。但是由于群体的植株数量少，而且林分植被密度大，地被物厚，在这种条件下天然更新是困难的。如果在母树树冠下方或周围，在种子散落前进行局部除草和地被物清理，促进种子落地；如发现马褂木小树，适当采取措施使能见到阳光。这类措施的采用，不仅保护了母树，而且促进了母树的繁衍。

④ 引入新的种质，促使基因交流与重组，探索树种演化。选择马褂木的天然群体，在群体中栽种一定数量的北美鹅掌楸或杂交马褂木，观察引入树种的生长、与之基因交流以及后代表现情况，从而探索人工促进树种进化进程与效果。当然，做好这项工作需要资金和人力的投入，需要林业主管部门、林业生产单位或民营企业及相关科技人员的协作和支持，需要有计划、有组织地开展进行。这是一项艰苦长效的事业，需要有人开拓，有人继承，一代一代坚持做下去，总能取得较好的结果。

2.4.2　北美鹅掌楸的引种情况

20 世纪 30 年代，我国南京、杭州、青岛、庐山、昆明等地有了北美鹅掌楸的少量引种，现在南京明孝陵和中国科学院昆明植物研究所树木园内有早期引种的大树。20 世纪 90 年代，中国林业科学研究院（以下简称为中国林科院）的顾万春研究员引进了北美鹅掌楸 5 个种源的种子，组织四川、湖北、湖南、江西、福建等有关单位，开展了北美鹅掌楸在我国的种源试验。目前这批种源生长表现良好，已开花结实。进入 21 世纪，随着国家的改革开放和城乡园林绿化事业的发展，该树种的引种工作普遍受到了重视，前些年北美鹅掌楸都有引种，2002 年就引进种子 2000kg 以上，估计可培育苗木 2000 万株。北美鹅掌楸的批量引进，丰富了我国鹅掌楸属树种的资源，为今后进一步发展鹅掌楸属杂交育种创造了良好条件。

2.4.3　杂交马褂木试种区域及其表现

现在，杂交马褂木试种的范围已很广，如昆明、西安、北京、青岛、大连、郑州、济南以及长江流域各省（自治区、直辖市）均有栽种，并已长成大树，能正常开花结实。杂交马褂木表现出良好的杂种生长优势和较强的适应能力。特别适合于在土层深厚、排水良好的坡地栽种，而且生长特别迅速。F_1 代杂种有一定结实能力。F_2 代仍有一定生长优势与推广利用价值，但植株间分化较大。杂交马褂木的繁殖有多条途径，可通过优良杂交组合（家系）人工制种，生产杂交种子播种育苗繁殖；或采用优良杂交组合未成熟胚的培养，通过体细胞发生试管苗繁殖；也可以通过常规的嫁接繁殖或扦插繁殖。

杂交马褂木叶形奇特，花色艳丽，适应性强，病虫害少，是优良的园林观赏树种和庭院栽培树种。同时，树体高大，主干圆满通直，木材结构细致均匀，色浅，易干燥易加工，纤维较长，是优良的制浆造纸、人造板及家具用材树种。适用于山地、丘陵成片造林，也是营建工业原料林的优良树种，具有良好的推广前景和利用价值。

杂交马褂木在长江中下游各省种植较多，其中有江苏、浙江、福建、江西、安徽、山东、湖南、湖北等省。最北试种到北京，最西试种到西安。上述试种地区都有开花结果的成年大树。据当地报道生长和适应表现良好（表2-3）。

表 2-3　杂交马褂木生长表现

试种地点	年龄	树高（m）	胸径（cm）	资料出处
湖北武汉	12	11.50	15.50	武惠贞《湖北林业科技》1990
湖南汉寿	10	16.04	25.50	赵书喜《湖南林业科技》1989
江苏句容	15	17.22	20.19	张武兆等《林业科技开发》1997
南京（南京林业大学树木园）	20	19.17	25.70	本组试验林测定数据

最近十来年，湖南、湖北、广西、福建、安徽、江西、浙江等省（自治区）低山丘陵山区，杂交马褂木的成片造林有较大发展。生长迅速，长势良好，例如，湖北省天德林业发展有限公司在荆门市京山县曹武镇、杨集镇等乡镇低山丘陵营造亚美马褂木林近 $334hm^2$。2008 年冬季栽植的杂交马褂木林于 2012 年秋天调查测定平均胸径达 11.16cm，平均树高约 9.5m。因此，杂交马褂木在江南低山丘陵地区作为工业用材树种栽培利用是有很大潜力的。

木兰科的鹅掌楸属（*Liriodendron*）现存 2 个种，分布于我国的马褂木，其学

名为 *L. chinense* Sarg.，英文名 Chinese tuliptree；分布于北美洲的北美鹅掌楸，其学名为 *L. tulipifera* L.，英文名 Yellow poplar 或 Tuliptree。马褂木分布于长江流域以南海拔 700~1900m 的阔叶林中，分布区域虽大，但种群很小，成岛状分布，种群间彼此隔离，处于濒危状态。北美鹅掌楸分布于美国东部和加拿大南部，从平原到山区成连续性分布，遗传资源十分丰富。上述 2 个树种都存在十分丰富的种内遗传多样性，特别是北美鹅掌楸较马褂木的遗传多样性更丰富。这 2 个种为同属的洲际分布的姊妹树种，虽然地理间隔遥远，种间存有很大差异，但种间的亲缘关系较近。这就为 2 个树种间的杂交育种提供了可靠的分类学、生物学及遗传学基础。

我国于 20 世纪 30 年代，在南京、青岛、杭州、昆明及庐山等地引进了少量的北美鹅掌楸，为后来开展的杂交工作提供了可能。1963 年，南京林学院的叶培忠教授，利用引种在南京明孝陵园内北美鹅掌楸的花粉与马褂木进行杂交，并获得了杂种，创造了一个人工杂交的新树种——亚美马褂木(*Liriodendron sino-americanum* P. C. Yieh ex Shang et Z. R. Wang)。亚美马褂木表现出明显的生长优势，目前正在适宜的地区推广栽培。

参 考 文 献

樊汝汶，叶建国，尹增芳，等. 鹅掌楸种子和胚胎发育的研究[J]. 植物学报，1992，34(6)：437 – 442.

方炎明. 中国鹅掌楸的地理分布与空间格局[J]. 南京林业大学学报，1994，18(2)：13 – 18.

方炎明，尤录祥，樊汝汶. 中国鹅掌楸自然群体与人工群体的生育力[J]. 植物资源与环境，1994，3(3)：9 – 13.

方炎明，章忠正，王文军. 浙江龙王山和九龙山鹅掌楸群落研究[J]. 浙江林学院学报，1996，13(3)：286 – 292.

傅大立. 玉兰属的研究[J]. 武汉植物学研究，2001，19(3)：191 – 198.

傅立国. 中国植物红皮书(第一册)［M］. 北京：科学出版社，1992.

郝日明，贺善安，汤诗杰，等. 鹅掌楸在中国的自然分布及其特点[J]. 植物资源与环境，1995，4(1)：1 – 6.

贺善安，郝日明. 中国鹅掌楸自然种群动态及其致危生境的研究[J]. 植物生态学报，1999，23(1)：87 – 95.

贺善安，郝日明，汤诗杰. 鹅掌楸致濒的生态因素研究[J]. 植物资源与环境，1996，5(1)：1 – 8.

黄双全，郭友好，陈家宽. 濒危植物鹅掌楸的授粉率及花粉管生长[J]. 植物分类学报，1998，36(4)：310 – 316.

黄双全，郭友好，吴艳，等. 鹅掌楸的花部数量变异与结实率[J]. 植物学报，1998，40(1)：22 – 27.

李石生，谭宁华，周俊，等. 木兰科植物鹅掌楸和合果木的化学成分及其分类意义[J]. 云南
　　植物研究，2001，23(1)：115 – 120.

刘玉壶，夏念和，杨惠秋. 木兰科(MAGNOLIACEAE)的起源、进化和地理分布[J]. 热带亚
　　热带植物学报，1995，3(4)：1 – 12.

刘玉壶，周仁章，曾庆文. 木兰科植物及其珍稀濒危种类的迁地保护[J]. 热带亚热带植物学
　　报，1997，5(2)：1 – 12.

潘志刚，游应天. 中国主要外来树种引种栽培[M]. 北京：北京科学技术出版社，1994.

秦慧贞，李碧媛. 鹅掌楸雌配子体败育对生殖的影响[J]. 植物资源与环境，1996，(3)：
　　1 – 5.

王献溥，蒋高明. 中国木兰科植物受威胁的状况及其保护措施[J]. 植物资源与环境，2001，
　　10(4)：43 – 47.

王章荣. 鹅掌楸属(Liriodendron)杂交育种回顾与展望[J]. 南京林业大学学报，2003，27
　　(3)：76 – 78.

王章荣. 中国马褂木遗传资源的保存与杂交育种前景[J]. 林业科技通讯，1997，(9)：
　　8 – 10.

韦仲新，吴征镒. 鹅掌楸属花粉的超微结构研究及系统学意义[J]. 云南植物学报，1993，15
　　(2)：163 – 166.

叶桂艳. 中国木兰科树种[M]. 北京：中国农业出版社，1996.

郑万钧. 中国树木志(第一卷) [M]. 北京：中国林业出版社，1983.

中国树木志编委会. 中国主要树种造林技术[M]. 北京：农业出版社，1978.

周坚，樊汝汝. 鹅掌楸属两种植物花粉品质和花粉管生长的研究[J]. 林业科学，1994，30
　　(5)：405 – 411.

朱晓琴，贺善安，姚青菊，等. 鹅掌楸居群遗传结构及其保护对策[J]. 植物资源与环境，
　　1997，6(4)：7 – 14.

朱晓琴，马建霞，姚青菊，等. 鹅掌楸(Liriodendron chinense)遗传及多样性的等位酶论证
　　[J]. 植物资源与环境，1995，5(3)：9 – 14.

HARDIN J W，LEOPOLD D J，WHITE F M. Textbook of Dendrology[M]. Boston Burr Ridge：
　　McGraw Hill，New York，2001.

PARKS C R and WENDEL J F. Molecular divergence between Asia and North American species of
　　Liriodendron (Magnoliaceae) with implication for interpretation of fossil floras[J]. Amer J Bot，
　　1990，77(10)：1243 – 1256.

RUSSELL M B，BARBARA H，HONKALA. Silvics of North America[M]. Volume 2. Agriculture
　　Handbook No. 654. USDA Forest Service，1990.

ZHANG G F. Fossil records of Magnoliaceae[J]. Acta Palacontologica Sinica，2001，C40(4)：
　　433 – 442.

第 3 章

鹅掌楸属树种的种群遗传多样性与地理变异

　　一个树种分布在广大地域，由于突变、隔离及自然选择等原因，分化并产生了种内有差异的地理生态种群。种内不同种群之间的差异是普遍存在的。这种差异表现在形态解剖、生长发育、适应性与抗性、生理生化特性等方面。例如，马褂木的西南部种源与东部种源相比，发叶早，落叶迟，生长期较长，生长量较大。这种与地理分布区域生态条件相联系的变异，称为地理变异（geographic variation）。一个树种分布区的不同地域由于地理生态环境条件的不同，林木种群所经受的选择压不同。在此过程中，不同地域的林木种群之间的基因频率就会发生变化，造成树种内部的变异。森林树木种内的变异是多层次的。根据大量研究结果表明，其中地理种源变异和林分内个体变异最为重要。

　　林木种内地理变异有连续性变异与非连续性变异之分。一般来说，树种分布区内的气候条件随着地理经纬度改变而逐渐缓慢地成梯度变化，可能形成树种内的连续性变异。Huxeley（1938）采用 cline 这个术语来描述，称为渐变群变异。若树种分布区内具有明显的山脉、海岛等割裂的生态环境条件，有可能形成不连续的变异，这种变异又称为生态型变异。林木种内的生态型是一个种群对一定生境条件遗传反应的产物。不同的地理生态种群，栽培在相同条件下，林分生产力和适应性都会表现出显著的差异。了解种内群体变异水平是非常重要的。杂交育种工作者不仅要了解林木的个体变异，选择好作为杂交亲本的杂交母树，而且应该掌握群体变异的水平，在优良群体中选择优良杂交母树。所以，一个成功的树木改良计划，很大程度上取决于是否掌握这方面的知识。

3.1 马褂木的种群遗传多样性与地理变异

3.1.1 马褂木分布区的特点

马褂木群体变异方面的研究开展比较迟，一直到 20 世纪 80 年代后期才开展了一些研究。从马褂木分布区特点来看，分布区的地域范围大，现存群体个体株数少，而群体之间处于互相隔离状态，彼此间缺乏基因交流。这些特点有可能存在显著的群体水平的变异。

3.1.2 马褂木种群的遗传多样性

朱晓琴等对马褂木群体的遗传多样性进行了等位酶分析。他们第一次实验选取浙江庆元、江西铜鼓、湖南龙山、贵州松桃及云南金平 5 个群体，用子代苗叶片为材料，对 GDH、PER、ADH、CAT、PPO 及 IDH 6 种等位酶系统分析。研究结果表明群体间遗传分化较大，西部群体的遗传多样性大于东部群体，而且，群体内基因多样性占总变异的 86%，群体间基因多样性占 14%，群体内的基因多样性大于群体间。朱晓琴等又进行第二次实验。第二次实验除上述的 5 个群体外，增加了浙江安吉、安徽舒城、江西庐山、重庆酉阳及广西资源 5 个群体共 10 个群体。仍以叶片为材料，分析了 10 种酶系统。这里引用他们的研究结果，具体资料见表 3-1 和表 3-2。

表 3-1 马褂木居群中 16 个等位酶位点的遗传变异

地点	每个位点上等位基因的平均数 (A)	多态位点百分率(%) (P)*	观察杂合性 (H_0)	期望杂合性 (He)	固定系数 (F)
江西铜鼓	2.2(0.3)	68.8	0.301(0.078)	0.359(0.060)	−0.082
江西庐山	1.5(0.2)	43.8	0.250(0.096)	0.214(0.060)	0.356
浙江庆元	2.4(0.3)	62.5	0.309(0.073)	0.339(0.061)	−0.003
浙江安吉	1.9(0.3)	56.3	0.247(0.085)	0.228(0.056)	0.254
安徽舒城	1.7(0.2)	37.5	0.127(0.069)	0.193(0.059)	−0.216
湖南龙山	2.4(0.3)	56.3	0.236(0.063)	0.308(0.062)	−0.183
重庆酉阳	1.7(0.2)	56.3	0.315(0.315)	0.262(0.056)	0.370
贵州松桃	2.5(0.3)	62.5	0.204(0.052)	0.323(0.067)	0.301
云南金平	2.2(0.3)	75.0	0.287(0.064)	0.364(0.059)	−0.106

（续）

地点	每个位点上等位基因的平均数（A）	多态位点百分率（%）（P）*	观察杂合性（H_0）	期望杂合性（He）	固定系数（F）
广西资源**	2.4（0.3）	68.8	0.302（0.076）	0.370（0.069）	−0.109
$\overline{X}_1$	1.9	53.8	0.247	0.236	0.062
$\overline{X}_2$	2.2	62.5	0.261	0.283	−0.055
种内平均	2.1	58.9	0.258	0.265	−0.002

注：*当一位点上最常见的等位基因的频率不超过95%时，该位点被认为是多态。**中部猫儿山"岛"；$\overline{X}_1$：东部亚区平均值；$\overline{X}_2$：西部亚区平均值。括号内数字为标准误。（引自朱晓琴，1995）

表3-2　马褂木种内群体间遗传分化

群体组合	总基因多样性（H_t）	群体内基因（H_s）	群体间基因多样性（H_{st}）	群体基因分化指数（G_{st}）
种 内	0.373	0.296	0.077	0.206
东部亚区	0.324	0.267	0.057	0.176
西部亚区	0.380	0.325	0.055	0.145

（引自朱晓琴等，1995，1997）

研究结果表明，马褂木种内存在较高的遗传多样性，种内遗传变异的6%～20%来源于群体间，4%～79%的变异来源于群体内。同时，东部分布亚区的遗传多样性水平低于西部亚区，而且东部群体存在纯合子过量状况（朱晓琴 等，1995，1997）。

近些年来，罗光佐（2000）、李建民（2002）、刘丹（2006）、陈龙（2008）、惠利省（2010）、李康琴（2013）等人，以马褂木种源试验林植株或以天然群体植株为材料，从DNA分子水平利用RAPD或SSR分析技术，对马褂木种群的遗传多样性和遗传分化进行检测，结果表明马褂木种内具有丰富的遗传多样性，群体间存在严重分化，约10%～20%的变异存在于群体间，80%～90%的变异存在于群体内。

同时，惠利省、李康琴利用cp-DNA分析技术，对马褂木系统地理学进行研究，他们根据cp-DNA单倍型分布格局，初步推测马褂木在中国的西南云南、贵州、四川山地有个冰期避难所，东部武夷山也可能是个避难所。

3.1.3　马褂木的地理变异

1990年，李斌、顾万春等在世界银行贷款项目阔叶树丰产推广技术研究中安排了马褂木的地理种源研究。他们采集了云南、四川、贵州、湖南、湖北、江西、安徽、浙江等地的 15 个种源种子，另加 5 个北美鹅掌楸种源及 3 个杂交马褂木无性系，分别在四川邛崃、湖北京山、湖南桃源、江西分宜和福建邵武布置了田间试验。试验结果表明马褂木生长性状在种源间存在极显著的差异，种源与地点间存在明显的交互作用。通过 7 年生时的测定评选，初步评选出贵州黎平、四川叙永 2 个优良种源，其遗传增益为 8%~11%。而杂交马褂木生长具有明显的优势，生长量显著地超过了马褂木和北美鹅掌楸（李斌，顾万春 等，2001a）。木材基本密度和纤维长度在马褂木种源间也存在明显差异。7 年生的种源试验林测定结果表明，木材基本密度变幅 0.306~0.429g/cm^3，纤维长度变幅 1.498~1.697mm。而杂交马褂木木材基本密度和纤维长度平均值较高，木材基本密度在 0.400g/cm^3 以上，纤维长度在 1.600mm 以上（李斌，顾万春 等，2001b）。由于马褂木种源的遗传效应和适应能力的差异，各种源在各试验点的表现有所不同。从四川、湖北试验点初步看出，以长江中、上游的当地种源为好（干少雄 等，2001；董纯 等，1999）。在福建试验点以贵州、浙江种源表现较好（李建民，2001）。郝日明、刘友良等收集了云南、广西、贵州、湖南、江西、浙江 6 个省（自治区）的 7 个种源，于 1994 年在江苏南京进行种源试验。试验初步表明，在南京地区以西南及南部地区的种源表现较好（郝日明，刘友良，1997，2000）。周琦等（2014）对 13 个种源连续 8 年观察结果认为，我国中西部的贵州、重庆、湖北及东部浙江松阳的种源在南京地区的生长和适应性表现较好。

3.2 北美鹅掌楸的种群遗传多样性与地理变异

3.2.1 北美鹅掌楸分布的特点

北美鹅掌楸分布区很大，南起从美国的佛罗里达州一直分布到美国的北部，直到加拿大南部的安大略省，横跨 15 个纬度（从北纬 27°~42°），成连续性分布，是组成美国东部阔叶林的主要成分，遗传资源丰富，不存在濒危情况。

3.2.2 北美鹅掌楸种群的遗传多样性

Parks 等（1994）对北美鹅掌楸种群变异水平进行了详细地研究。他们于 1983—1988 年的 6 年期间在该树种全分布区的东部、中部和南部共收集到 50 个群体的种子样品进行等位酶分析，并筛选出 23 个等位酶变异位点。研究结果表明，北美鹅掌楸与一般异交树种相比，种内遗传多样性的水平是比较高的。按

参试群体的总平均而言,等位基因平均数 $A = 1.80$,多态位点百分率 $P = 56.3\%$,平均期望杂合度 $H = 0.21$。遗传型比例在多数群体中是符合哈迪—万因伯格(Hardy-Weinberg)定律的。根据形态观察和等位酶资料,将50个群体归类为7个类群:

① 东北区类群(纽约州及宾夕法尼亚州);

② 阿巴拉契亚山区类群(弗吉尼亚州、北卡罗来纳州、南卡罗来纳州及佐治亚州);

③ 东南丘陵台地类群(弗吉尼亚州、北卡罗来纳州及南卡罗来纳州的一部分);

④ 大西洋沿海平原类群(北卡罗来纳州和南卡罗来纳州的一部分);

⑤ 墨西哥湾中部沿海平原类群(阿拉巴马州、佐治亚州及佛罗里达州西部的一部分);

⑥ 墨西哥湾西部沿海平原类群(密西西比州和路易斯安那州);

⑦ 佛罗里达州半岛类群。

上述7个类群中,属于阿拉巴契亚山区的有3个类群;属于东南沿海地区的有3个类群;还有佛罗里达州半岛1个群体。北美鹅掌楸种内变异非常丰富,其中东部山区和东北部的类群遗传多样性最为丰富,而群体间的变异较小,东部山区由北向南存在渐变群变异及生态群变异。等位酶分析具体参数见表3-3。由表3-3数据可以看出,连续性分布大的山区种群具有最高的变异性,但群体之间的差异较小,因而带来 G_{st} 值低达0.09。沿海平原群体之间存在一定的遗传距离,这些群体的多型性变异水平较低和群体内期望杂合度较小,而群体间的差异要比山区群体的大1倍($G_{st} = 0.19$)。佛罗里达的3个群体与沿海平原的群体的变异量较相近,但群体之间的变异量稍大些($G_{st} = 0.22$)。

表3-3 北美鹅掌楸类群及其遗传变异性统计量

种源归类	位点数	种群数	A	P	H_{obs}	H_{exp}	H_t	G_{st}	F	I
全分布区	20	50	1.80	58.28	0.192	0.214	0.310	0.211	+0.10	0.93 (0.62~0.99)
山地,全部	20	28	1.86	61.03	0.202	0.230	0.291	0.094	+0.12	0.95 (0.88~0.99)
东北高山	15	4	1.75	56.52	0.200	0.248	0.401	0.071	+0.19	0.95 (0.91~0.97)
阿巴拉契山	19	12	1.82	60.15	0.206	0.236	0.302	0.063	+0.13	0.96 (0.93~0.99)

（续）

种源归类	位点数	种群数	A	P	H_{obs}	H_{exp}	H_t	G_{st}	F	I
大西洋山麓	19	12	1.92	63.41	0.199	0.219	0.298	0.116	+0.09	0.95 (0.89~0.99)
沿海平原，全部	20	18	1.66	49.28	0.183	0.195	0.275	0.188	+0.06	0.93 (0.83~0.98)
大西洋沿海平原	20	9	1.66	47.83	0.205	0.208	0.276	0.145	+0.01	0.93 (0.86~0.97)
墨西哥湾中部沿海平原	18	5	1.80	55.65	0.170	0.199	0.298	0.150	+0.15	0.94 (0.89~0.98)
墨西哥湾西部沿海平原	15	4	1.50	44.57	0.148	0.163	0.275	0.096	+0.09	0.96 (0.94~0.98)
佛罗里达半岛，全部	14	3	1.67	49.28	0.146	0.171	0.360	0.222	+0.15	0.91 (0.87~0.96)
佛罗里达半岛中部（种群 FL-88L-1）	10	1	1.61	43.48	0.190	0.175	—	—	-0.90	—
佛罗里达半岛，山地避难所（∗种群 FL-88L-2）	16	1	2.09	69.57	0.196	0.237			+0.17	

注：A 指全部种群平均的每个位点等位基因的平均数；P 指每个种群多态位点的百分数(99% 的标准)；H_{obs} 和 H_{exp} 分别表示观察的和期望的种群杂合度的平均值；H_t 和 G_{st} 分别表示种群总的杂合度和基因分化系数(Nei，1987)；F 指群间基因位点固定指数平均值；I 指种群间遗传相似系数(Nei，1972)。∗佛罗里达山地避难所种群 FL-88L-2 未包括在总体中。

（引自 C. R. Parks *et al.*，1994）

从果长和叶形的形态性状来看存在很大的变异。北卡罗来纳州和佐治亚州一带聚合果较长，平均为 6.5 cm；而佛罗里达州的只有 5.0 cm。叶形变异也非常大，特别是沿海平原地区。分布在排水良好的山区的种群，叶形比较典型，在沿海平原的湿润地区分布的种群叶形浅裂多。

C. R. Parks *et al.* (1990) 通过对北美鹅掌楸群体的 cp-DNA 分析结果，发现 61 个广布群体拥有"北方"单倍型，3 个佛罗里达中部的隔离群体拥有"南方"单倍型。这一结果支持在更新世的冰河进程中，北美鹅掌楸存在两避难所。这两个避难所的北美鹅掌楸群体经过近代彼此间的杂交而逐步发展成现在的北美鹅掌楸分布格局。

3.2.3 北美鹅掌楸的种源研究和地理变异

北美鹅掌楸种源试验开展较早。据 Lotti、Thomas(1955)报道，北卡罗来纳州的种源试验表明，北卡罗来纳州东北部的沿海种源生长量明显超过北卡罗来

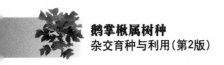

纳州西北部的山地种源。E. R. Sluder(1960)报道了北美鹅掌楸种源研究的早期结果。他们从12个州收集到16个地理种源的种子，在北卡罗来纳州西部进行了试验。5年生时测定表明，种源间高生长量存在明显差异，发芽萌动时间也存在明显差异，田纳西州的种源生长量明显超过印第安纳州种源的生长量。J. F. Genys(1965)报道了北美鹅掌楸种源试验苗期结果，25个种源间1年生苗高差异明显，生长快的种源与生长慢的种源相比，生长量超过36%。R. E. Farmer(1967)等报道了北美鹅掌楸种源试验6年生的结果。他们收集了4个种源的种子进行种源试验，这4个种源包括田纳西州Sewnee地区的10株样树，密西西比州的Oxford地区的9株样树，阿拉巴马州的Birmingham地区的20株样树，还有密西西比州的Gloster地区的20株样树的种子，安排在田纳西州Sewnee和阿拉巴马州的Birmingham进行造林试验。6年生的测定结果表现，种源间的差异未达到显著程度，而立地间的差异显著。这是由于4个种源适应性在试验点都能得到满足而种源间的产地环境条件相似之故。

对北美鹅掌楸木材性状的株内、株间及地理区域间的自然变异也做了研究。结果表明，北美鹅掌楸的木材有夏材和春材之分，夏材纤维约占25%，而且夏材纤维比春材长。木材基本密度地区间差异不显著，而同林分内的株间差异显著。株内变异从胸径处开始随高度增加而减低；横向变异由髓心向外而增加。研究未发现木材基本密度与生长率有密切关系(Fred William Taylor，1965)。R. C. Kellison(1970)研究了北美鹅掌楸的表型变异和遗传变异。他在北卡罗来纳州范围内收集了108个母树的种子，于1963年春季育苗，育苗按4次重复的完全随机区组设计。当年生长期结束后每家系苗木随机调查24株样株的苗高生长量。同时，在生长期结束前观测各家系的叶片性状。研究结果表明，地区间和林分内家系间苗高生长量差异极显著，按整个育种区域统计单株遗传力的变幅为0.24～1.18。叶片性状（主要是叶形边缘缺刻凹裂深浅及形态）在地区间、地区内林分间和林分内家系间的差异也达到了统计上的极显著水平。按地区为单位统计，叶片顶部凹陷深度、叶片裂角长度和叶形的遗传力分别为0.18～0.61、0.01～0.70、0.19～0.58。发现叶片性状的变异属于渐变群变异模式，形成这种变异与母树所生长的立地类型和气候条件有关。在108个家系中有85个家系有足够数量的试验苗木，分别在北卡罗来纳州的沿海平原、丘陵台地和山区不同类型地区进行了造林试验。根据上述研究结果，他把北卡罗来纳州的北美鹅掌楸划分成以下4个种子区：有机质土壤的沿海平原区、矿质土的沿海平原区、丘陵台地区及山区。

鹅掌楸属现存2个种，一个是分布在我国长江以南山地的马褂木，另一个是分布在美国东部的北美鹅掌楸。前者属于濒危树种，后者是资源丰富的广布树种。研究表明，上述 2 个树种的种内都具有丰富的遗传多样性，而且北美鹅掌楸比马褂木的遗传多样性更丰富(C. R. Parks，1990)。

马褂木种内也存在丰富的变异。研究结果表明，该树种可划分为西部和东部两大类群，而且西部种群遗传多样性丰富程度较东部的种群大。群体间存在严重分化，约 10%～20% 的变异存在于群体间，90%～80% 的变异存在于群体内。

北美鹅掌楸通过全分布区的样本等位酶分析结果，该树种由北向南存在渐变群变异和生态型变异，如前所述北美鹅掌楸种群可区分成 3 大区系 7 个类群，而且山区种群遗传多样性丰富程度比沿海平原的种群大。种源试验研究结果同样证明种内存在丰富的遗传多样性。沿海平原的种源一般比山区的种源生长快。

马褂木和北美鹅掌楸属于洲际之间的姊妹树种，种内变异非常丰富，种间具有很高的可交配性，这为这两个树种开展种间杂交育种奠定了良好基础。由于种内种群间存在明显差异，若能利用群体的变异在优良群体中选择优良杂交母树开展杂交育种，一定会获得更加明显的杂种优势。

参 考 文 献

陈龙. 利用 SSR 分子标记研究鹅掌楸天然群体遗传结构[D]. 南京：南京林业大学，2008.

董纯，谭德仁，汪长江，等. 马褂木地理种源试验苗期及幼林生长测定报告[J]. 湖北林业科技，1996，(2)：6–15.

董纯，谭德仁，汪长江，等. 马褂木(鹅掌楸)地理种源试验研究报告[J]. 湖北林业科技，1999，10：3–10.

郝日明，等. 不同地理种源鹅掌楸幼苗生长适应性比较[J]. 江苏林业科技，1997，24(1)：35–36.

郝日明，等. 鹅掌楸种源间光生态适应性的分化[J]. 植物生态学报，1999，23(1)：40–47.

郝日明，贺善安，汤诗杰，等. 鹅掌楸在中国的自然分布及其特点[J]. 植物资源与环境，1995，4(1)：1–6.

贺善安，郝日明，汤诗杰. 鹅掌楸致濒的生态因素研究[J]. 植物资源与环境，1996，5(1)：1–8.

惠利省. 马褂木遗传多样性及系统地理学研究[D]. 南京：南京林业大学，2010.

李斌，顾万春，夏良放，等. 鹅掌楸种源材性遗传变异与选择[J]. 林业科学，2001，37(2)：42–50.

李斌，顾万春，夏良放，等. 鹅掌楸种源遗传变异和选择评价[J]. 林业科学研究，2001，14(3)：237–244.

李建民. 马褂木地理种源变异和优良种源选择[J]. 林业科学，2001，37(4)：7–17.

李建民，谢芳，封剑文，等. 北美鹅掌楸种源在福建省的生长和材性表现[J]. 南京林业大学学报，2001，25(4)：25–30.

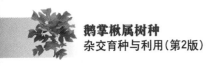
李建民，周志春，吴开云，等. RAPD 标记研究马褂木地理种群的遗传分化[J]. 林业科学，2002，(4)：61－66.

李康琴. 鹅掌楸天然群体遗传结构及分子系统地理学研究[D]. 南京：南京林业大学，2013.

李锡泉，罗东湖，董春英，等. 马褂木属地理种源试验苗期初步研究[J]. 湖南林业科技，1997，24(1)：4－7.

李周岐，王章荣. RAPD 标记在鹅掌楸属中的遗传研究[J]. 林业科学，2002，38(1)：150－153.

刘丹，顾万春，杨传平. 中国鹅掌楸遗传多样性研究[J]. 林业科学，2006，42(2)：116－119.

刘友良，郝日明. 鹅掌楸不同种源幼树高生长比较[J]. 江苏林业科技，2000，27(4)：16－18.

罗光佐，施季森，尹佟明，等. 利用 RAPD 标记分析北美鹅掌楸与鹅掌楸种间遗传多样性[J]. 植物资源与环境，2000，9(2)：9－13.

周琦，徐立安，王章荣，等. 马褂木种源在南京的适应性评价[J]. 林业科技开发，2014，28(4)：72－75.

朱晓琴，贺善安，姚青菊，等. 鹅掌楸居群遗传结构及其保护对策[J]. 植物资源与环境，1997，6(4)：7－14.

朱晓琴，马建霞，姚青菊，等. 鹅掌楸(*Liriodendron chinense*)遗传多样性的等位酶论证[J]. 植物资源与环境，1995，4(3)：9－14.

BROTSCHOL J V. Allozyme variation in natural populations of *Liriodendron tulipifera* L. [M]. Ph. D. Thesis. North Carolina State University, Raleigh, N. C. 1983, 118.

FARMER R E *et al*. Sixth-year results from a Yellow-poplar provenance test [J]. Proc. Ninth South. Conf. On For. Tree Impr, Knoxville, Tenn. 1967, 65－68.

FOWELLS H A. Silvics of forest trees of the United States[M]. U. S. Dept. Agri. Handbook No. 271, Washington, D. C. 1965.

HOUSTON D B *et al*. Genetic variation in peroxidase isozymes of *Liriodendron tulipifera* L. [J]. The Journal of Heredity, 1982, 73：183－186.

KELLISON R C. A geographic variation study of Yellow-poplar (*Liriodendron tulipifera* L.) within North Carolina[M]. M. S. Thesis. North Carolina State University, Raleigh, N. C. 70, 1966.

KELLISON R C. Phenotypic and genotypic variation of Yellow-poplar (*Liriodendron tulipifera* L.) [M]. Ph. D. Thesis. North Carolina State University, Raleigh, N. C. 112, 1970.

LOTTI *et al*. Yellow－poplar height growth affected by seed source[M]. U. S. For. Ser. Tree Planter 1955, Notes No. 22：1－3.

PARKS C R *et al*. Genetic control of isozyme variation in the genus *Liriodendron*[J]. The Journal of Heredity, 1990, 81：317－323.

PARKS C R *et al*. Molecular divergence between Asian and North American species of *Liriodendron* (MAGNOLIACEAE) with implications for interpretation of fossil floras[M]. American Journal of

Botany, 1990, 77: 1243 - 1256.

PARKS C R et al. The significance of allozyme variation and introgression in the *Liriodendron tulipifera* L. complex(MAGNOLIACEAE)[J]. American Journal of Botany, 1994, 81(7): 878 - 889.

SLUDER E R. Early results from a geographic seed source study of Yellow-poplar[J]. Res. Note 150, Southeast. For. Exp. Sta, Asheville, N. C. 2, 1960.

TAYLO F W. A Study of the natural variation of certain properties of the wood of yellow-poplar (*Liriodendron tulipifera* L.) within trees, between trees, and between geographic areas [M]. Ph. D. Thesis. North Carolina State University, Raleigh, N. C. 49, 1965.

ZOBEL B J. Wood variation: its causes and control[J]. Berlin, Springer-verlay, Berlin, Heidelberg, 1989, 363.

第 4 章

鹅掌楸属树种的胚胎学

高等植物雌雄配子体的构建、传粉与受精作用的完成以及胚胎的发生、发育是其后代繁衍与变异的物质基础，也是其种族延续的重要保证。有关木兰科植物的胚胎学研究已有 100 多年的历史，早期研究主要集中在木兰属（*Magnolia*），对鹅掌楸属的研究资料较少，国外学者只是初步研究了北美鹅掌楸的胚胎发生和种子发育过程，并以其为代表进行了属间比较，主要根据其胚胎发生发育过程中许多原始性状，为研究植物系统发育演化进程提供了必要的胚胎学理论依据（G. L. Davis，1966）。自 20 世纪 60 年代以来，我国学者对鹅掌楸属系统分类、分布范围、繁殖以及杂交育种等方面逐步开展了系列研究，取得了一定的研究成果，但缺乏系统的胚胎学研究资料（刘玉壶，1984）。80 年代后期，鹅掌楸属植物胚胎学及其杂交胚胎学研究取得了长足的进展，研究内容涉及了鹅掌楸属植物花芽的形态发生、雌雄配子体的发育、传粉与受精过程以及胚胎特别是杂种胚的发生与发育等研究领域（樊汝汶 等，1990，1992，1996；尹增芳 等，1994，1995，1997，1998；黄坚钦 等，1995，1998）。

4.1 鹅掌楸属树种的一般胚胎学特征

鹅掌楸属植物马褂木和北美鹅掌楸天然分布区各不相同，北美鹅掌楸分布于美国东部和加拿大东南部等地，马褂木多分布于中国长江流域以南亚热带地区（方炎明，1994；季孔庶 等，2001）。自 20 世纪 30 年代以来，南京地区引种栽植了北美鹅掌楸，其物候期特征与马褂木非常相似。虽然北美鹅掌楸花部特征与中国的马褂木有很多差别，但是其大小孢子发生、雌雄配子体发育等胚胎学过程几乎完全相同。本章以马褂木为例叙述鹅掌楸属树种的一般胚胎学过程。

4.1.1 马褂木芽的形态发生

马褂木芽有 2 种类型，即混合芽和叶芽（樊汝汶 等，1990；尤录祥 等，1995）。混合芽一般生于枝顶，叶芽位于枝顶下的叶腋中，混合芽与叶芽之间存在密切的联系。小枝上部的 2~4 个叶芽在翌年春天抽枝生长，形成新的小枝，其顶芽大部分是混合芽，而混合芽经营养端和花端分化，形成叶芽和花芽。南京地区生长的马褂木通常在第一年的 6 月混合芽已开始花端的分化，但在 12 月以前混合芽与叶芽在外形上区别不大。翌年 3 月，随着花部的迅速生长，混合芽膨胀，此时混合芽和叶芽在外形上极易识别。值得注意的是，从 10 月底至翌年早春，混合芽中雄蕊和雌蕊败育现象严重，有的混合芽花端部分全部死亡，实际上它仅起叶芽的作用，不能开花结实。5 月中上旬小枝顶端花芽开放，花期持续近一个月，花两性，单生枝顶，花冠杯状、淡黄绿色，雄蕊多数，轮状排列；雌蕊多数，呈螺旋状排列，其内发育胚珠 1~2 枚。

4.1.2 马褂木雄配子体的发生与发育

马褂木雄配子体的发生发育符合大多数被子植物的发育特征，基本经历了小孢子的发生（樊汝汶 等，1994）、营养细胞和生殖细胞的形成、营养细胞与生殖细胞早期形态变化，以及花粉壁的发育等典型被子植物雄配子体的发育过程（尹增芳 等，1994；樊汝汶 等，1995）。其中，花药壁组织的形成及在营养物质转输过程中的作用，严重影响了马褂木雄配子体的发生与发育过程（樊汝汶 等，1995）。此外，在马褂木雄配子体发育过程中存在败育现象，极大地影响了马褂木结子率的提高（尹增芳，1997）。

4.1.2.1 雄蕊群形态

马褂木在 5~6 月开始分化形成花芽后，约于 7 月上旬开始雄蕊的分化。通常在花芽顶端侧面基部出现雄蕊原基突起，经叶状伸长生长逐渐分化为花药和花丝两部分，至翌年 4 月下旬，雄蕊完全发育成熟。每朵花有 36 个左右的雄蕊，轮状排列，分内、中、外三轮，每轮约 12 个雄蕊，雄蕊花丝阔带状，较短；花药较长，背着药，具有 4 个花粉囊。花粉囊内花粉的发育与雄蕊的长度具有一定的相关性：造孢组织时期，雄蕊长度为 0.5cm 以下；小孢子母细胞时期，雄蕊长度为 0.5~1cm；小孢子发育时期，雄蕊长度可达 1~2cm（尹增芳 等，1994）。

4.1.2.2 花药绒毡层

花药绒毡层的活动规律与花粉发育密切相关。马褂木绒毡层细胞的发育经历了发生、分化和解体的过程，在花粉发育的不同时期各有不同的特征。

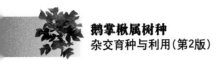
（1）造孢组织时期

雄蕊原基一般在8～10月分化形成初生造孢细胞和初生壁细胞。初生壁细胞分裂、分化形成一层绒毡层细胞，局部区域为两层，此时绒毡层细胞排列较规则，为单核细胞，细胞质较稠密，并逐渐积累淀粉粒。

（2）小孢子时期

翌年的3月上旬，次生造孢细胞开始分化为小孢子母细胞，并且开始进行减数分裂，此时绒毡层细胞发生有丝分裂。分裂前期，细胞核周围分布大量的淀粉粒、粗糙内质网和线粒体等细胞器，细胞质中具有大量的小泡，核内染色质凝集成为染色体；分裂中期，染色体有规律地排列在赤道板上；分裂后期，染色体随着纺锤丝的收缩向两极移动，赤道板区域微管数量增多，纺锤丝密集处出现成膜体，同时聚集了一些球状小体；分裂末期，细胞板开始形成，并逐渐沉积了少量的纤维素，但最终未形成完整的细胞壁。大部分新形成的核各自还可以进行一次有丝分裂，同样也形成了不完整的细胞壁。3月下旬，小孢子四分体大量形成，并逐渐游离出小孢子，此时绒毡层细胞处于发育盛期，细胞体积较大，细胞质较稠密，含2～4核，具有丰富的粗糙内质网、核糖体、线粒体等细胞器，并存在大量小泡。其中，粗糙内质网多为相互通连的网状，并常与核膜、质膜相连，同时积累了大量的淀粉粒等后含物，这时中层细胞的细胞质逐渐解体。

（3）成熟花粉时期

随着小孢子的发育，组成绒毡层的1～2层细胞均发生了很大的变化。细胞壁物质逐渐消解直至完全消失；内切向面和径切向面的细胞质膜形成港湾状内陷，而且在质膜凹陷中聚集了大量的前乌氏体，并逐渐积累电子密度较深的物质构成乌氏体。乌氏体的大小不一致，电子透明度也不一样，早期的乌氏体往往中心部位的电子密度较低，周缘较高，后来乌氏体的中心部位沉积一些电子密度较深的物质。这时绒毡层细胞外切向壁上产生了电子密度较大的周绒毡层膜，其可沿着绒毡层细胞的径向壁内折。电镜观察发现，有的绒毡层细胞内无造油体，其排出的乌氏体与正在发育的花粉外壁相连；有的绒毡层细胞内有大量的造油体，在花粉外壁形成以后，前乌氏体依然停留在质膜港湾状凹陷处。绒毡层细胞内造油体的发育可能与原生质体有关，初期细胞内的小脂粒成团聚集，外被一层被膜，这些小脂粒可能由质体小泡沉积亲锇物质形成。后期造油体的被膜解体，脂粒散布在绒毡层细胞中。至花粉发育成熟后，绒毡层细胞的细胞质已大部分解体，整个细胞几乎为电子密度较深的脂粒所占据，并可见粗糙内质网与脂粒相连。细胞器中以内质网、核糖体的解体最迟，线粒体次之，在二细胞（或三细胞）花粉阶段，绒毡层细胞完全解体消失。

4.1.2.3　小孢子的发生

　　马褂木花芽一般于 2 月中下旬开始萌动（樊汝汶 等，1990），此时初生壁细胞与初生造孢细胞形态上基本相似。3 月上旬，初生造孢细胞经有丝分裂分化为次生造孢细胞，其具有与壁层细胞显著不同的形态特征，细胞体积较大，排列紧密，为等径的多面体形，细胞核的形状较规则，核内除核仁外常有一至数个微核仁，细胞质较为稠密，含有大量脂质小泡，几乎无造粉体。相邻细胞壁上常可观察到胞质通道。3 月中下旬，次生造孢细胞开始分化形成小孢子母细胞，其形态发生了若干明显的变化，角隅处胞间隙扩大，胞间层逐渐溶解，在靠近细胞质膜处常有多泡体存在。多泡体中的一些物质与胼胝质的电子透明度一致，而且发育较后期的胼胝质壁与质膜间常有膜外小泡出现，内含电子密度较深的物质，可能与胼胝质的沉积有关。胼胝质的沉积首先发生在径向壁或外切向壁，然后逐渐向四周延伸，最终形成包围小孢子母细胞的胼胝质壁。胼胝质壁的厚度不均匀，但却是连续的，无胞质通道，此时细胞内含大量的小泡、内质网、质体、线粒体和脂滴。质体较均匀地分布在细胞中，呈近圆球形，质体片层结构不明显，没有沉积淀粉。线粒体的分布与质体相似，但体积较小，常呈棒槌形、哑铃形或其他不规则的形状，结构比较简单，无明显的嵴；分布在细胞核附近的内质网片层常可膨大，断裂后形成小泡。一部分小泡可能转移至质膜，通过多泡体向质膜外分泌，一部分小泡可能凝聚脂类物质，形成电子密度较深的脂质球。高尔基体很少，星散分布。核内染色质凝集，核仁紧靠核膜边缘。随后进入核减数分裂的过程。在减数分裂前期 I，细胞核内染色质凝集，经细线期、偶线期、终变期，进入分裂中期 I，此时可观察到染色体有规律地排列到赤道板上，经后期 I，进入末期 I，随后染色体解螺旋，核膜、核仁重新形成，同时两团新形成的核质周围分布了大量小泡，围成 2 个明显的纺锤体区；第二次减数分裂的时间较短，经快速分裂形成 4 个减数分裂核。

　　随着核分裂的进行，包围小孢子母细胞的胼胝质壁不断增厚，至末期 I，胼胝质壁从 2 个纺锤体之间区域向心延伸，相对应的质膜内凹向心伸展，形成缢裂沟，但胼胝质壁仅向内生长至壁与细胞中心长度一半的位置就暂缓生长，细胞质并未随着第一次的核分裂而一分为二。末期 II 时，在纺锤体区的赤道板位置，胼胝质壁也向内伸长生长，再次形成缢裂沟。2 个缢裂沟形成交叉的"十"字形，并于小孢子母细胞的中心相遇，融合贯通，形成的四分体多数为左右对称型，少数为正四面体型（图 4-1）。同时，在小孢子母细胞减数分裂过程中还发生了典型的胞质重组现象。在减数分裂时期，线粒体及质体的结构较简单，随着核分裂的进行，线粒体的双层膜逐渐模糊不清，内嵴几乎完全消失，但基质仍保持原有的电子密度；质体的数量变少，片层结构也不明显。末期 I 时，质体沿着细胞壁及赤道板区域分布。直至小孢子发育时期，线粒体及质体重新恢复正常结构，单核花粉粒内含大量造粉体。同时，内质网于核分裂前期槽库可以膨大，断裂形成小泡，至减数分裂完成后，也恢复了正常状态。细胞内小泡的分布由均匀至不均匀，并于末期 I 有规律地分布在纺锤体的周围。此外，前期 I 时，小孢子母细胞内的嗜锇脂质球的数量比较多，星散分布，于终变期消失，四分体时期重新出现。

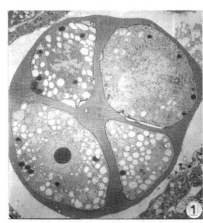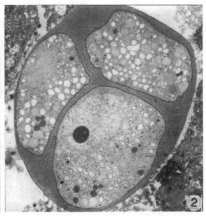

图 4-1　马褂木小孢子四分体

1. 左右对称型(×1600)　2. 正四面体型(×1600)

(引自樊汝汶，1992)

4.1.2.4　雄配子体的发育

4.1.2.4.1　营养细胞和生殖细胞的形成

从四分体中游离出来的小孢子发育过程，可以分为收缩期和液泡期两个阶段。收缩期的小孢子圆球形，细胞质稠密，具有丰富的造粉体、脂滴等内含物以及线粒体、内质网等细胞器。内含物及细胞器在细胞中均匀分布，细胞核位于中心部位，核膜常内陷，因此核的形状极不规则，细胞中小泡的数量极少，几乎观察不到。液泡期的小孢子内含大量小液泡，许多小液泡尚可合并成大液泡，细胞质多被挤到壁的四周，细胞核移到萌发孔的相对一侧，细胞质的组成与收缩期基本一致，但分布呈极性化状态。在核的周围分布大量的造粉体、线粒体、内质网，并随核的向壁移动而移动。最后，小孢子核紧贴花粉壁(图4-2)。

小孢子核在靠近细胞壁的位置进行核的有丝分裂，当分裂进入后期 - 末期时，在 2 个子核间出现成膜体，经离心扩展后形成一个与内壁连接的细胞板，同时逐渐沉积电子密度较高的物质形成分隔营养细胞和生殖细胞的壁，构成壁的物质与花粉内壁的电子密度一致，因而我们推测其为纤维素类，分裂后形成

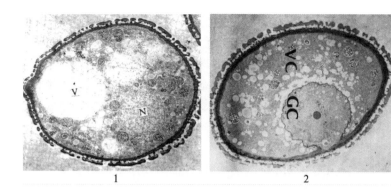

图 4-2 马褂木雄配子体的发育

1. 单核小孢子（×1500） 2. 二细胞花粉（×1500）

（引自尹增芳，1994）

的生殖的核的体积较小，核仁染色质凝集程度较高，无核仁液泡；而营养核的体积较大，具核仁液泡。并且分裂后细胞的体积相差也很大，细胞质的分布极不均匀等，其中营养细胞包含原来小孢子的大液泡和大部分细胞质及细胞器，而生殖细胞仅含极少部分，但细胞质相对稠密，核质比相对较大，并且无造粉体。

4.1.2.4.2 生殖细胞的早期行为

早期的生殖细胞为凸透镜形，紧贴花粉壁，随着生殖细胞的发育，其体积稍变大，生殖细胞与营养细胞间的壁物质逐渐降解，细胞壁由厚变薄，在营养细胞质膜（降解壁的部位）附近内质网的数量增多，常可见到同心环状内质网。后来，生殖细胞完全脱离花粉壁，形态为近圆球形，游离在营养细胞中，这时生殖细胞周围分布大量脂质小泡，其壁尚未完全消失，并且细胞壁及细胞膜发生不同程度的内折，细胞形状不规则（图 4-2），同时慢慢地向营养核靠近，最后与营养核紧紧地贴合在一起。此时，细胞核内已出现凝聚的染色质丝，同营养核分离后，细胞壁完全降解，围绕生殖细胞的脂质小泡消失，细胞膜的内陷程度更大，染色质凝缩成为染色体，这时核膜依然存在，细胞质内出现大量的小泡，紧紧围绕在核区周围，形成纺锤体区，这种状况存在于大多数二细胞的花粉中。另外，笔者也观察到极少数花粉中的生殖细胞在核膜、核仁消失后细胞膜高度内陷呈缢裂的趋势。

4.1.2.4.3 营养细胞

在马褂木雄配子体发育过程中，营养细胞具有如下特点：①细胞内液泡较大，细胞质相对稀薄。②细胞内含大量造粉体，淀粉成团聚集。③脂质小泡极性分布，在生殖细胞刚形成时，脂质小泡连续紧密地沿营养细胞的质膜与生殖

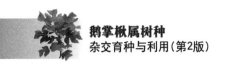

细胞壁的交界处排列,形成断续分布的脂带,当生殖细胞游离在营养细胞中时,脂质小泡形成一个包围圈,构成"脂体冠"的结构,至生殖细胞与营养细胞贴合时,"脂体冠"开始解体,后来脂质小泡均匀地分布在营养细胞质中。④早期的营养核近圆球形,与生殖细胞贴合时形态近似弯月形,环抱着生殖核,至生殖细胞与营养细胞分离后,营养核逐渐恢复原状,在此过程中,核膜、核仁始终很清晰,染色质也保持均一状态。

4.1.2.4.4 花粉壁的形成

早期小孢子由完整的胼胝质壁所包裹。在四分体小孢子形成以后,小孢子已开始形成纤维素的原外壁。电镜观察发现,在小孢子质膜附近常有小泡出现,小泡内含丝状物,其电子透明度与纤维素相同,可能与纤维素原外壁的形成有关。小孢子发育初期,在原来的胼胝质壁中还可观察到一些棒状、颗粒状电子密度较深的结构,为基粒棒。随后基粒棒的两端分别向两侧扩展,此时胼胝质壁的结构松散呈解体状态。在形成覆盖层和基足层之后,胼胝质壁基本解体消失,而且在覆盖层的外侧常可见到由绒毡层分泌的乌氏体、脂滴等物质。与此同时形成纤维素的外壁内层及内壁,外壁内层较厚,纤维素分子排列成片层状;内壁较薄,电子密度也较低。成熟外壁基粒棒之间的空隙内常储存一些物质。另外,在马褂木中还有两种特殊类型的花粉壁结构:①外壁外层与前述相同,但外壁内层较薄,在外壁外层与外壁内层之间常有电子密度近似孢粉素的短片状结构和电子密度近似脂类的颗粒出现。②外壁外层由许多大小颗粒相近的孢粉素颗粒构成,纤维素的外壁内层相当厚,有与小孢子细胞质电子密度相似的物质沉积,而且在壁外侧常可观察到由绒毡层细胞分泌的乌氏体和脂滴等物质。在花粉壁形成后期,小孢子质膜附近的细胞质非常稠密,其内含大量的造粉体、脂滴和小泡,而且内质网呈平行的管状与质膜相连,同时还可观察到大量多聚核糖体和线粒体,没有观察到高尔基体。

4.1.2.5 马褂木花粉发育过程中的异常现象

马褂木成熟花粉的生活力很低,大部分花粉败育,正常状态花粉的数量极少,在其发育过程中可观察到若干异常现象,可归结为如下7种类型:①造孢组织解体:马褂木花药发育早期,在初生壁细胞分化还不明显时,造孢组织部位往往出现空腔,电镜观察发现败育初生造孢细胞内细胞器的结构模糊不清,常见同心环膜状体,细胞壁弯曲程度较大;败育次生造孢细胞的细胞质往往皱缩解体,后来造孢细胞退化成为一团没有结构的物质。②胼胝质的异常积累与消解:A. 小孢子母细胞外被一层厚厚的胼胝质壁,核不分裂,多核仁,有的核仁出现空泡,局部细胞质解体。B. 小孢子母细胞外胼胝质壁过早降解或无胼胝质壁,小孢子仅具纤维素的壁,细胞内出现大量的小泡,在此情况下,有的小孢子母细胞核分裂的细线期、偶线期正常，但核形状为裂瓣状。此时药室中大部分小孢子母细胞败育，而且我们也没有观察到此情况下核分裂的后期状态。C. 四分体小孢子后期，小孢子已开始形成孢粉素的花粉外壁，但是原来的四分体小孢子的胼胝质壁未降解，小孢子空泡化。③绒毡层发育异常：绒毡层细胞早期退化。在正常状况下，绒毡层细胞在小孢子四分体形成后逐渐退化，但是异常的绒毡层在小孢子母细胞时期和造孢组织时期就已退化解体，退化方式有2种：A. 细胞壁降解消失后，绒毡层于原位形成原生质团。绒毡层细胞的原生质团包围败育中的小孢子母细胞。退化的绒毡层细胞的细胞学特征表现在细胞内出现了许多自噬体小泡，内含被消解的细胞器及细胞质的残余物，而且自噬体小泡能相互融合成大泡，最终细胞腔内为大的自噬体泡所占据，并可观察到自噬体泡内含同心环膜状体，在自噬体泡的周围分布大量的线粒体，细胞质已大部分解体，笔者称之为"细胞空泡化"。B. 绒毡层细胞肥大生长。这种现象极个别，绒毡层细胞高度液泡化，因而体积特别大，几乎充满整个药室，在药室中有一些染色很深的物质，可能是被挤压的解体细胞的残余；四分体小孢子时期，肥大生长的绒毡层细胞尚未解体，四分体胼胝质壁破裂，最后解体消失。④胞质分裂异常：在减数分裂过程中，缢裂沟与胼胝质壁的延伸方向混乱，不能准确地在中心定位融合，胼胝质壁过度生长或无定向生长。此时四分体小孢子细胞内细胞器大部分解体，观察发现环状内质网包围着解体的细胞器。⑤小孢子解体：正常状态下的小孢子具有浓厚的细胞质和一个位于中央的核，败育小孢子的细胞质往往出现解体现象，细胞空泡化或细胞质高度收缩，最后退化解体消失。小孢子的形状也极不规则，形态各异。⑥生殖细胞败育：生殖细胞早期发育正常，发育后期，生殖细胞的细胞质和细胞器降解成为一团团染色很深的块状物或环状物，无法区分细胞的内部结构。败育的生殖细胞外依然环绕着大量的脂质小泡。⑦药隔维管束韧皮部分子发育异常：药隔维管束对花粉发育过程中的营养供应起到重要的作用。有些花药维管束韧皮部的筛管和伴胞的发育异常，细胞质不呈正常的均质状态，而是为大块染色很深的物质所充填，电镜观察发现这块物质无任何结构，有的伴胞内无细胞质，在此情况下，药室内花粉败育。

4.1.2.6 马褂木小孢子发生的组织化学观察

4.1.2.6.1 多糖

造孢组织时期，造孢细胞及初生壁细胞内均不含淀粉粒，但细胞质被染成均匀的红色，似为可溶性多糖；小孢子母细胞初期，壁层细胞内含大量淀粉粒，尤以药室内壁最多，表皮次之，中层和绒毡层细胞内淀粉粒的含量很少，而且小孢子母细胞也不呈 PAS 阳性反应。随着组织的分化、减数分裂的进行，药室

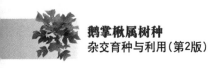

内壁和表皮细胞内淀粉粒的含量逐渐减少，中层和绒毡层细胞内淀粉粒的含量增加，这时正在减数分裂的小孢子母细胞中仍然无淀粉粒出现。四分体小孢子时期，表皮、药室内壁和中层细胞内淀粉粒的含量大大减少，绒毡层细胞淀粉粒的含量增加。四分体小孢子内开始出现淀粉粒，但数量极少，几乎观察不到；至小孢子发育时期，小孢子内含丰富的淀粉粒，而且淀粉粒大多分布在核的周围，表皮、药室内壁和中层细胞几乎无淀粉粒，而绒毡层细胞内尚含淀粉粒；在淀粉粒的动态变化过程中，药隔维管束始终维持 PAS 阳性反应状态，在其周围的药隔组织细胞内一直含有大量淀粉粒。

4.1.2.6.2　脂类

脂类物质在小孢子发生过程中出现较晚，造孢组织时期的细胞内开始出现脂质小泡，并逐渐积累脂类物质；至小孢子母细胞初期，小孢子母细胞内开始出现脂滴，此时壁层细胞内也含有少量脂滴，以中层和绒毡层细胞内最多；减数分裂时期，小孢子母细胞内含大量的脂类物质，壁层细胞内脂类物质的含量也增加，其中以绒毡层细胞的含量最多；小孢子发育初期，其脂类物质的含量较少；单核花粉时期，表皮、药室内壁及中层细胞内的脂类物质消失，仅绒毡层细胞内含有大量脂滴，并且脂滴大多分布在绒毡层细胞的内切向面和径切向面上。

4.1.2.7　马褂木花粉发育的原始性

在花粉发育过程中，小孢子四分体的形成主要是由于缢裂沟的发生和发育，并且缢裂沟的发育方式属于同时型和连续型之间的过渡类型，只有极少数花粉的发育为连续型。一般认为同时型较原始，连续型较进化，因此马褂木花粉的形成方式属于较为原始的类型(樊汝汶 等，1994)。马褂木花粉发育的原始性也同样体现在花粉壁的形成过程中，花粉外壁内层的结构为片层结构，与许多裸子植物花粉壁的结构相似，其壁的形成是介于裸子植物与被子植物之间的过渡类型，表明了马褂木原始的系统分类位置(尹增芳 等，1994)。

4.1.3　马褂木雌配子体的发生与发育

马褂木雌配子体的发生与发育经历了雌蕊原基的构建与分化、胚珠原基的形成与发育、大孢子的发生以及胚囊的发育等阶段，最终发育形成典型的蓼型胚囊。在马褂木胚囊发育过程中存在败育现象，因此一朵花中发育成熟的胚囊较少，败育的胚囊无论是在个体水平(黄坚钦，1991)还是在群体的水平上(秦慧贞 等，1996)，均能够影响马褂木的结子率，是限制马褂木生殖成功的一个重要因素。

4.1.3.1 雌蕊的发育

花芽分化以后，锥形花托顶端急剧生长，呈螺旋状排列的离心皮原基向顶渐次发生(图 4-3)，并相继伸长生长成叶状结构，接着心皮基部向内卷合，先端近轴面未愈合形成柱头沟和花柱沟，柱头沟两侧由柱头毛覆盖，沟内表面的表皮细胞径向生长，形成柱头沟细胞。花柱扁平，花柱沟在心皮中部形成，早期具一浅沟、为开放式，即上部没有覆盖层，沟表皮细胞形小，比较规则，具有角质层(图 4-3)。沟表皮细胞内含有大量的粗糙内质网和核糖核蛋白体、线粒体，蛋白质和脂类物质的含量丰富，几乎不含淀粉粒。随着雌蕊的进一步发育，花柱沟上方近轴面表皮细胞径向生长相互覆盖，覆盖层由 2~3 层小型薄壁细胞愈合而成，沟内近轴面有数个较大的"腺状"细胞。发育初期"腺状"细胞的细胞质较浓，内含丰富的粗糙内质网和核糖核蛋白体，后期腺细胞液泡化，蛋白质、脂类及多糖的含量极少。

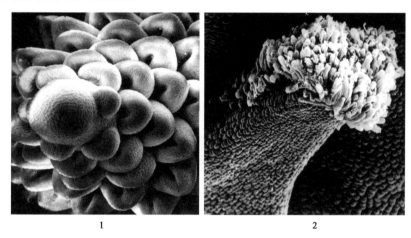

1   2

图 4-3　马褂木雌蕊的发育

1. 正在发育的雌蕊(×2000)　2. 已经发育成熟的雌蕊(×120)

(引自黄坚钦 等，1993)

4.1.3.2 胚珠的发育

当雌蕊原基发育至基部开始卷合时，卷合的心皮边缘出现染色较深的细胞群，这些细胞进行平周分裂直接发育形成胚珠原基。翌年初春，胚珠原基基部细胞开始快速分裂，形成珠被原基，进而发育形成内珠被。此时，胚珠基部一侧生长发育不均衡，导致胚珠侧向倒转发育，与此同时在内珠被外侧产生外珠被原基，当胚珠侧向反转 90°时，外珠被已达内珠被的 1/2 以上，最后胚珠反转 180°形成典型的倒生胚珠(图 4-4)，借助珠柄悬垂于子房室中。成熟的胚珠内、外珠被共同形成"之"形珠孔，珠心细胞约 6~7 层，珠孔端的珠心细胞发生伸长

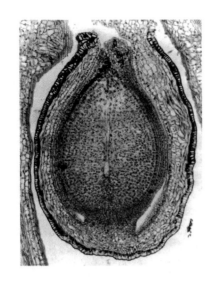

图4-4　马褂木发育成熟的胚珠（×65）

（引自樊汝汶等）

生长，伸长至内珠孔口处形成珠心喙，合点端部分细胞排列整齐，细胞壁较厚，组成承珠盘的结构。此外，马褂木少数胚珠为直生型，其珠被仅一层，往往珠心组织特别发达，但在开花期，一般都出现退化的迹象。

4.1.3.3　大孢子发生及雌配子体形成

一般地，马褂木在胚珠原基的表皮下发生发育形成孢原细胞，孢原细胞较大，细胞质较浓，经平周分裂形成周缘细胞和初生造孢细胞。周缘细胞经多次平周和垂周分裂形成珠心组织。随着胚珠的发育，造孢细胞体积逐渐增加而成为圆球形，直接发育形成大孢子母细胞。4月中旬，大孢子母细胞开始减数分裂，进而形成直线形大孢子四分体。随后大孢子四分体液泡化，珠孔端的3个大孢子逐渐退化消失，只有合点端的1个大孢子进一步发育而成为功能大孢子。功能大孢子发育初期开始液泡化，进而体积增大，细胞核悬浮于细胞的中央，接着细胞核进行有丝分裂，形成二核胚囊，并进一步进行核分裂而形成四核胚囊，此时胚囊的体积扩展为功能大孢子的2~3倍。至八核胚囊发育初期，胚囊中部变狭，两端膨大，类似哑铃形的结构。成熟胚囊时期，卵器成倒"品"字形，卵细胞近卵圆形，初生极核相互贴接至开花5d后才相互融合，反足细胞随着胚囊的成熟而退化，此时胚囊为倒梨形结构，为典型的蓼型胚囊特征（图4-4）。黄坚钦（1991，1998）观察了在胚珠及胚囊发育过程中淀粉粒的动态变化，发现多糖类物质经胚珠合点向珠被、中心、胚囊转移，具有向心运输、积累的特征，为胚囊的发育提供营养物质。

4.1.3.4　胚珠及胚囊发育过程中的败育现象

在正常情况下，马褂木花中每一个离心皮雌蕊子房内发育形成2枚胚珠。统计结果表明，实际发育的胚珠数，约为65%。在成熟胚囊时期，含单胚珠的离心皮雌蕊的数目占雌蕊总数的65%~78%，而在大孢子四分体形成前期，含单胚珠的离心皮雌蕊约为35%，说明大部分离心皮雌蕊内的胚珠在发育过程中存在败育现象。进一步的研究结果表明，在胚囊形成的每一个阶段都存在败育现象，尤其以大孢子四分体阶段最多。秦慧贞等（1996）研究了败育胚囊的细胞学特征，发现大孢子液泡化以后，不少成为一个长椭圆形的空腔，追踪不到胚囊核，或胚囊停留在 1 ~ 2 核时期，核不呈完整的圆形，核仁不清楚或核质浓缩，这类胚囊一般不发育。即使是发育成熟的胚囊，周缘常破裂，卵细胞和助细胞的界限不清晰，或助细胞过早消失，仅留下发育不全的卵细胞。此外，胚囊成熟约需 5 ~ 6d，若不及时受精，胚囊就会解体。退化的胚囊，助细胞最早解体，其次为卵细胞(黄坚钦，1991)。

4.1.4　传粉与受精

马褂木的花为虫媒花，主要依靠蜜蜂、蝇类和甲虫类进行传粉(黄双全 等，1999，2000)。在自然条件下，马褂木不同花期开放的花朵，所接收到的花粉量是不一致的，在中期开放的花朵接受的花粉量较多。同时研究还发现在马褂木花的离心皮雌蕊中，下部柱头接受了花粉较多，中部柱头次之，而上部柱头接受的花粉最少(周坚 等，1999)。在花绽放初期，呈翅状伸展柱头表面分泌形成一些液态物质，逐渐形成小圆球状，为传粉滴[图 4-5(1)]。在未授粉的状态下，传粉滴可维持 3d 左右，第 4 天，未传粉的柱头变褐枯萎。正常授粉的柱头，2d 后柱头呈褐色。进一步的研究表明，从传粉到双受精作用的完成大约需要 5d 的时间(黄坚钦 等 1993，1998)。

花粉被传播到柱头上以后，很快发生水合作用，此时花粉形态为圆球形，2h 后花粉萌发，花粉管穿过柱头毛间的分泌物向下生长，此时柱头毛开始萎缩，花粉管通过解体的柱头沟进入花柱沟[图 4-5(2)]。12h 后，花粉管进入花柱沟，在花粉管长度为花粉直径的 4 ~ 10 倍期间，生殖细胞分裂形成 2 个精细

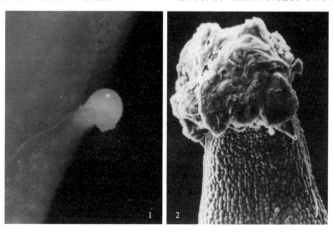

图 4-5　马褂木传粉时期的雌蕊，示柱头上的分泌物(×150)

(引自樊汝汶等，1994)

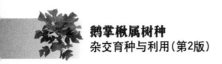

胞，同一花粉管的 2 个精子在大小、形态上存在明显的差异，即精子具有二型性，与营养核一起形成雄性生殖单位（Male Germ Unit）（周坚 等，1995）。随后花粉管沿花柱沟腺状细胞表面生长，并穿过 2 个珠柄间隙进入子房室，72h 以后，花粉管到达胚珠，荧光观察发现，此时多数花粉管发生扭曲、膨大、破裂的现象，只有极少数花粉管进入珠孔（黄坚钦 等，1995）。花粉管从珠孔口进入后，穿过珠心喙到达胚囊，其后花粉管进入助细胞，释放 2 个精细胞，一个精细胞与卵细胞结合形成合子，另一个精细胞与中央细胞融合。受精前马褂木卵细胞极性化的程度不明显，与精细胞结合后很快收缩构成休眠期合子，此时合子细胞的颜色极深，光镜下其内部结构很难辨认。在合子形成后，中央细胞内两极核合并，并与精核融合而形成初生胚乳核。马褂木的双受精过程属于典型的有丝分裂前型（黄坚钦，1991）。

4.1.5 胚与胚乳的发育

初生胚乳核作短暂的休眠后开始有丝分裂，黄坚钦等（1995）在传粉后 10d 的材料中，观察到初生胚乳核在珠孔端经 2 次分裂形成 4 个游离的胚乳核，胚乳核向两极移动，并逐渐发育形成细胞壁。随后细胞不断地进行分裂，在授粉 2 周后，珠孔端出现几个或几十个一串的胚乳细胞，或 1 列或 3~4 列狭条状细胞胚乳，似游离在胚囊中，传粉 15d 后，细胞型的胚乳充满胚囊腔。授粉后 3~4 周，胚乳细胞延伸到合点端。第 6 周，此时胚珠珠心细胞解体殆尽，胚乳细胞几乎充满整个胚珠。第 8 周，胚乳细胞中充满淀粉粒。于 22 周成熟时，胚乳占据了种子的大量体积，大部分胚乳细胞仍然充满淀粉粒，只有胚周围的 3~4 层细胞呈空泡状。

马褂木胚的发育稍滞后于胚乳。受精后 2~3 周，合子处于休眠状态，此时胚乳细胞开始形成。传粉后 2 周，当胚乳逐渐充满胚囊腔时，合子经 1 周的休眠开始极性化，进入分裂状态。授粉后 5 周，可在珠孔端观察到 8 细胞的原胚。第 7~8 周，在珠孔端形成球形胚或心形胚。第 14~15 周，鱼雷胚形成，这时胚轴胚根已经分化形成。第 15~16 周，胚发育形成子叶，子叶长度为胚体全长的 1/3~1/2，胚芽始终没有明显的形态分化，只在 2 片子叶凹陷处有一染色深、核质比大的细胞群，为胚芽的原始细胞群。此后，直至第 22 周种子成熟时，胚和胚乳细胞均未在形态结构上发生明显的变化（图 4-6）（樊汝汶 等，1992；黄坚钦，1991）。

4.1.6 种皮的形成

随着胚与胚乳的发育，种皮也逐渐发育形成。樊汝汶等（1992）详细地描述

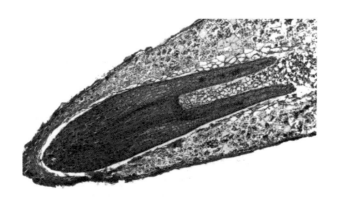

图 4-6　马褂木发育成熟的种子，示胚、胚乳和种皮（×50）

（引自樊汝汶等，1992）

了这一发育过程。授粉时，胚珠具 2 层珠被，外珠被由外表皮、4 层薄壁细胞的中层和内表皮组成；内珠被由外表皮、2 层薄壁细胞的中层和内表皮组成。后期珠被各层分别以各种方式或消失或参与种皮的组成。授粉期，外珠被的外表皮细胞大，径向扁平，核明显，细胞壁部分纤维化；中层细胞液泡化，排列整齐；内表皮细胞小，径向扁平，核明显。内珠被的内外表皮与中层细胞均小，核明显，排列紧密，唯内表皮的细胞壁部分纤维化。胚乳发生期，外珠被的外表皮小，质稠密，有气孔分布；中层进一步液泡化；内表皮细胞径向伸长，核明显，质稠密。内珠被的外表皮细胞液泡化，呈切向扁平；中层消失；内表皮细胞壁进一步纤维化。胚形成期，外珠被外表皮细胞呈切向扁平，液泡化呈一膜层；中层为大型空白细胞，形似气室；内表皮发育为 3 层左右的小细胞，细胞充满内含物，为深红色的硬化层。内珠被的外表皮和中层消失；内表皮发育为深红色的硬化层。最终种皮由外珠被的外表皮形成的膜层和中层形成的气室以及内外珠被的内表皮形成的硬化层组成，与胚和胚乳一起构成种子。

4.2　马褂木与北美鹅掌楸种间杂交的胚胎学特征

杂交育种工作的关键在于能获得具有生活力的杂交种子，了解有性杂交过程中亲和性及其胚胎发育状况是杂交育种研究领域中的一个重要课题。早在 20 世纪 60 年代，通过杂交育种手段成功地培育了鹅掌楸属的 F_1 代优良品种，但缺乏系统的胚胎学资料。自 1987 年以来，针对马褂木与北美鹅掌楸不同组合的种间杂交后胚胎发生发育过程进行了系统的研究（尹增芳 等，1995；樊汝汶 等，1996），查明发生杂交障碍的发育阶段，为杂交育种工作提供了翔实的胚胎学理论依据。

4.2.1 花粉萌发与花粉管生长

北美鹅掌楸的花粉在马褂木的柱头上正常萌发,其萌发状况与马褂木花粉在北美鹅掌楸柱头上的萌发相似,略好于马褂木花粉在自身柱头上的萌发。控制授粉2h后约有80%~90%的北美鹅掌楸花粉萌发,花粉管借助于柱头毛之间的分泌物进入柱头沟,在花柱沟内可观察到花粉管。花粉管在花柱沟内生长缓慢,在授粉后24h、36h、42h、46h、53h、70h固定的材料中均可观察到花粉管的顶端。直至在授粉120~126h的材料中才发现花粉管穿过花柱沟、珠孔塞和珠心冠原组织进入胚囊。整个生长过程需5d时间(以生长最快的花粉管为准)。同时发现生长在花柱沟内的花粉管多数解体破裂,将内含物泄入花柱沟引导组织的表面,有些较大的团块显然是有数个花粉管流出的内含物汇成的,其着色情况与花粉管内物质大致相似。在此过程中,花粉管的生长方式有2种,在柱头毛和柱头沟中是通过胞间分泌物生长的,而在花柱沟中是在引导组织的表面生长的,花粉管在柱头的表面尚未发现盘曲、扭转等状况,说明在柱头表面不存在杂交障碍。花粉管顺利通过柱头沟和花柱沟,从花柱沟表面细胞沿着珠柄进入子房,通过珠孔塞,进入珠孔,穿过珠心喙,最终达到胚囊(图4-7)。在花粉管生长的过程中,从柱头到花柱沟基部是花粉管生长的快速区,珠柄到胚囊为花粉管生长的慢速区。有关花粉管的早期生长行为的研究表明,鹅掌楸属

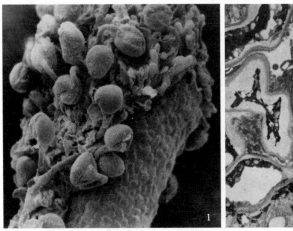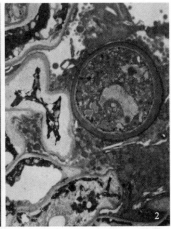

图4-7　**1.** 北美鹅掌楸花粉在马褂木柱头上的萌发(×200)和
　　　　2. 生长在花柱引导组织中的花粉管(×12000)

(引自樊汝汶等,1994,1995)

种内与种间正、反交是亲和的（樊汝汶 等，1995）。与其他组合相比，北美鹅掌楸花粉管在马褂木花柱沟内生长速度较慢，并且在此阶段多数花粉管解体破裂，通过花柱到达珠孔的花粉管的数量较少，有可能导致受精几率的降低。从花粉萌发和花粉管生长的状况来看，马褂木（♂）×北美鹅掌楸（♀）的组合比北美鹅掌楸（♂）×马褂木（♀）组合极为相似，略好于马褂木花粉在自花柱头上的萌发与生长。

4.2.2　授粉前后雌蕊的形态结构特征

控制授粉前雌蕊柱头及花柱向外伸展并反卷，表面丛生大量表皮毛细胞，传粉时被大量晶莹透明的分泌物覆盖，类似裸子植物中的传粉滴，表明柱头进入可授期。北美鹅掌楸和马褂木柱头可授期均可维持2~3d。授粉后，花粉在柱头上吸胀、萌发，此时柱头毛细胞萎蔫，花柱沟细胞染色深呈现分泌细胞的典型特征。授粉6h柱头变褐。授粉时期的子房已发育形成2枚胚珠，胚珠的珠被、珠心组织已分化完善，但成熟胚囊的数目很少，多数胚珠的胚囊部位出现口腔，或花粉管到达胚囊时，胚囊尚未发育完善，可授期成熟胚囊的数量减少严重地影响了受精几率。

4.2.3　杂种胚和胚乳的发育

控制授粉6d左右发生了珠孔受精；15d的材料中可见休眠的合子；35d后观察到球形胚；90d为子叶胚，此时胚根三原已分化，胚轴子叶的原形成层已清晰可见；140d时胚已完全分化。与此同时，分别于163h、168h、218h和15d的材料中发现游离核胚乳。20d时游离核胚乳细胞化，发育形成2~4个细胞厚的狭长组织，约占胚囊长度的2/3。此外，在授粉20d的材料中依然可以观察到游离核胚乳，此时胚乳的发育率为63%，26d后降到44%，部分胚乳逐渐解体消失。球形胚期，胚乳充满胚囊腔，珠心组织解体。子叶胚时，胚乳细胞中充满淀粉粒。在少数材料中发现子叶胚和胚乳细胞败育，表现为局部细胞的原生质解体，呈无结构的深黑色。

4.2.4　结实率

观察比较单株自然状态下与人工辅助授粉在不同杂交组合中结实率的变化，发现单株在自然状态下，结实率几乎为零。附近有少量花粉源，即有少量授粉花枝时，能进行自然授粉，结实率可达到3.23%。以北美鹅掌楸为父本时，结实率可提高到20.83%，最高可达37.50%。以马褂木为父本，控制授粉的平均结实率最低为15.04%，最高为24.88%，而单个聚合果的最高结实率可达

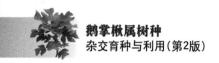

63.4%，可见控制授粉的效果十分显著。影响结实率的因素是多方面的，G. Steinhubel（1962）认为北美鹅掌楸花被分化不明显，花冠没有特异的结构，传粉者不具专一性，花粉/胚珠的比值下降，可授期短，单花花期不遇，自花不亲和等因素可能严重影响了北美鹅掌楸的结实率水平。樊汝汶等（1992）阐明了在组织水平上马褂木结实率低的胚胎学原因，如花粉、胚珠和胚囊的败育等。在花粉—雌蕊相互作用过程中，花粉可正常萌发，但大量花粉管滞留在花柱沟中，仅24%的花粉管进入到花柱中，在花粉管生长至胚珠后，表现为扭曲、盘绕的现象，可见发生于柱头沟的不亲和，导致花粉管进入花柱组织受阻，也是结实率低的胚胎学原因之一。方炎明等（1994）研究了连续 3 年内天然群体与人工群体的生育力，发现不同群体间结实率有显著差异，同一群体不同年份间可塑性极大，在一个群体中个体间、聚合果间以及聚合果内不同部位间饱满果实数和种子数的方差分量各不相同，饱满果实数与总果实数不呈负相关，说明结实率不受资源限制，花粉限制可能是结实率低的重要原因之一，花粉通过交配系统的进化与选择以及环境压力而起作用，结果限制了马褂木的生殖成功。

4.3 鹅掌楸属树种的实验胚胎学

在研究鹅掌楸属树种有性生殖过程的形态发生规律基础上，深入地研究其控制途径是当前鹅掌楸属树种胚胎学研究的发展主流。迄今为止，马褂木的实验胚胎学研究多集中于性细胞的分离、胚的离体培养等方面，并取得一定的研究进展。

4.3.1 性细胞的分离

性细胞的分离和纯化开辟了植物体外受精系统的实验研究领域，是实验胚胎学以及植物生殖工程技术发展的基础之一。成熟的马褂木花粉多为二细胞型，利用含 10% 蔗糖的 BK 培养基体外培养花粉，其萌发率可达 85% 以上，生殖细胞的花粉管中分裂形成 2 个精细胞。利用研磨法并结合密度梯度离心技术可获得大量精细胞，研究证实利用上述方法所获得的精细胞在室温条件下可存活 4h（周坚，1999）。此外，利用果胶酶、纤维素酶混合液在 25～28℃下震荡处理 8h 左右，并结合压片法可分离马褂木发育成熟的胚囊，但由于马褂木离心皮雌蕊中只有 1～2 枚胚珠发育，胚囊发育过程中亦存在败育现象，胚珠具厚珠心等因素，严重影响了所分离的胚囊数量，很难大量富集成熟胚囊，因此雌配子的分离技术尚需进一步的研究。

4.3.2　胚的培养

胚的培养大致可以划分为两类，即未成熟胚的培养和成熟胚的培养。相对于成熟胚而言，未成熟胚的培养要求更复杂的培养基。Merkle 等(1986)将北美鹅掌楸未成熟的合子胚培养在添加了 2,4-D 和 BA 等成分的改良 Blaydes' 培养基上，在培养了 2 个月后获得黄白色的愈伤组织，将愈伤组织转移至基本培养基 1 个月后，获得体细胞胚，但转化率很低，如果利用悬浮培养的方法则可获得高达 70% 的转化率(S. A. Merkle，H. E. Sommer，1987)。陈金慧等(2003)发现培养基中外源激素的配比对杂交马褂木胚性愈伤组织的诱导及生长有很大的影响，2,4-D 过高或过低均不利于愈伤组织的发生。细胞分裂素 ZT 是杂交马褂木体细胞发生时的关键因素，在适当的浓度范围内(1.0~4.0mg/L)，随着 ZT 浓度的升高，体细胞胚胎发生的频率亦随之上升。加入适当的 ABA，不仅能够抑制畸形胚的发生，而且也能够提高体细胞胚的萌发率。此外，适宜的渗透压水平可提高杂交马褂木体胚的诱导能力。

在鹅掌楸属树种中，体细胞胚胎发生能力与胚的发育状态有着极为显著的联系。传粉受精 8 个月后，处于球形胚和心形胚时期的胚胎，其体细胞发生能力最强(S. A. Merkle，H. E. Sommer，1986；陈金慧 等，2003)。胚胎发育早期或成熟胚都不利于体胚的诱导，而且影响外植体发育状态的积温水平，甚至是不同的基因型均可影响体细胞胚胎的发生(陈金慧 等，2003)。

多年来，鹅掌楸属树种的胚胎学研究已经获得长足进展，详尽地阐明了鹅掌楸属树种大小孢子的发生、雌雄配子体的形成、传粉与受精途径以及胚胎与杂种胚的发生发育过程，不仅种间杂交育种技术的发展提供了基础资料，而且也为丰富木本植物胚胎学理论宝库提供了重要的理论依据。鹅掌楸属树种实验胚胎学研究的进展，开辟了鹅掌楸属树种的生殖生物学和体外生殖工程的研究领域。建立以性细胞分离为起点的实验操作系统，是今后实验胚胎学研究的努力方向，利用分离的性细胞进一步地开展有性生殖过程中特别发育阶段的细胞生物学研究，包括超微结构、细胞骨架、免疫学、生物化学、分子生物学等内容的研究，可以更加有效地促进我们对鹅掌楸属树种有性生殖过程的认识，为实现体外精细胞和卵细胞的融合取得突破性进展打下坚实的基础。特别是杂交马褂木体细胞胚胎发生体系的建立，为进一步研究利用生物反应器大规模生产杂交马褂木体细胞胚，提高生产效率提供了重要的技术保证。同时，可以在分子水平上研究鹅掌楸属树种胚胎发生的机理，阐明控制胚胎发生发育的因素，以及与这些因素相关的信号转导系统的调节作用，从而找到最终控制杂种个体发育起点的钥匙，其重大的意义是不言而喻的。此外，利用鹅掌楸属树种的体

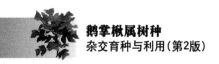
细胞发生体系建立基因转化系统，实现抗病、抗虫和抗逆性基因的转移，改良树种的遗传品质和适应性，对于鹅掌楸属优良品种的生产和推广亦具有巨大的经济前景。

参考文献

陈金慧，施季森，等．杂交鹅掌楸体细胞胚胎发生研究［J］．林业科学，2003，39（4）：49－53.

樊汝汶，方炎明，黄金生．鹅掌楸属引导组织和花粉管的生长［J］．植物学通报，1994，11（专辑）：11－15.

樊汝汶，叶建国，尹增芳，等．鹅掌楸种子和胚胎发育的研究［J］．植物学报，1992，34（6）：437－442.

樊汝汶，尹增芳．中国鹅掌楸花粉母细胞减数分裂的超微结构观察［J］．南京林业大学学报，1992，16（2）：31－36.

樊汝汶，尹增芳，黄金生．鹅掌楸属植物多糖壁前体和花粉管的生长［J］．Bulletin of Botanical Research，1995，15（1）：84－93.

樊汝汶，尹增芳，尤录祥．中国鹅掌楸花芽分化的细胞学形态学观察［J］．南京林业大学学报，1990，14（2）：26－32.

樊汝汶，尤录祥．北美鹅掌楸和中国鹅掌楸中间杂交胚胎学观察［J］．南京林业大学学报，1996，20（1）：1－5.

方炎明．中国鹅掌楸的地理分布与空间格局［J］．南京林业大学学报，1994，18（2）：13－18.

方炎明，尤录祥，樊汝汶．中国鹅掌楸天然群体与人工群体的生育力［J］．植物资源与环境学报，1994，3（3）：9－13.

胡适宜．被子植物胚胎学［D］．北京：高等教育出版社，1982.

黄坚钦．鹅掌楸雌配子体发育及淀粉动态观察［J］．浙江林学院学报，1998，15（2）：164－169.

黄坚钦．鹅掌楸结籽率低的胚胎学原因探讨［J］．浙江林学院学报，1998，15（3）：269－273.

黄坚钦．中国鹅掌楸雌配子体发育的超微结构研究［D］．南京：南京林业大学，1991.

黄坚钦，樊汝汶，黄金生．中国鹅掌楸柱头发育的超微结构和柱头的分泌［J］．南京林业大学学报，1993，17（4）：47－52.

黄坚钦，周坚，樊汝汶．中国鹅掌楸双受精和胚胎发生的细胞形态学观察［J］．植物通报，1995，12（3）：45－47.

黄双全，郭友好，等．鹅掌楸的传粉环境与性配置［J］．生态学报，2000，20（1）：49－52.

黄双全，郭友好，等．鹅掌楸的花部数量变异与结实率［J］．植物学报，1998，40（1）：22－27.

黄双全，郭友好，等．鹅掌楸的花部特征与虫媒传粉［J］．植物学报，1999，41（3）：241－248.

季孔庶，王章荣．鹅掌楸属植物研究进展及繁育策略［J］．世界林业研究，2001，14（1）：8－

14.

刘玉壶. 木兰科分类系统的初步研究[J]. 植物分类学报, 1984, 22(2): 89 – 109.

秦慧贞, 李碧媛. 鹅掌楸雌配子体的败育对生殖的影响[J]. 植物资源与环境, 1996, 5(3): 1 – 5.

尹增芳, 樊汝汶. 中国鹅掌楸花粉败育过程的超微结构观察[J]. 植物资源与环境, 1997, 6 (1): 1 – 7.

尹增芳, 樊汝汶. 中国鹅掌楸小孢子发生的细胞化学研究[J]. 植物学通报, 1998, 15(3): 34 – 37.

尹增芳, 樊汝汶. 中国鹅掌楸雄配子体发育的超微结构研究[J]. 植物资源与环境, 1994, 3 (1): 1 – 8.

尹增芳, 樊汝汶. 中国鹅掌楸与北美鹅掌楸种间杂交的胚胎学研究[J]. 林业科学研究, 1995, 8(6): 605 – 610.

尹增芳, 樊汝汶, 尤录祥. 鹅掌楸花粉保存条件的比较研究[J]. 江苏林业科技, 1997, 24 (2): 5 – 8.

尤录祥, 樊汝汶. 北美鹅掌楸混合芽的发生与分化[J]. 南京林业大学学报, 1993, 17(1): 49 – 54.

尤录祥, 樊汝汶, 等. 人工辅助授粉对鹅掌楸结籽率的影响[J]. 江苏林业科技, 1995, 22 (3): 12 – 14.

周坚, 樊汝汶. 鹅掌楸属2种植物花粉品质和花粉管生长的研究[J]. 林业科学, 1994, 30 (5): 405 – 411.

周坚, 樊汝汶. 中国鹅掌楸传粉生物学研究[J]. 植物学通报, 1999, 16(1): 75 – 79.

周坚, 樊汝汶. 中国鹅掌楸雄性生殖单位的二维结构[J]. 南京林业大学学报, 1995, 19 (1): 15 – 18.

AHUJA M R(Ed). Micropropagation of wood plants[M]. Netherlands: Kluwer Academic Publishers, 1993.

BONNER F T, RUSSELL T E. *Liriodendron tulipfera* L. In: Seed of woody plants of the United States[M]. USDA Forest Serice, Washington, D. C., 1974, 508 – 511.

DAVIS G L. Systematic embryology of the Angiosperms[M]. Wiley, New York, 1966.

MERKLE S A, SOMMER H E. Regeneration of *Liriodendron tuliperfera* (family Magnoliaceae) from protoplast culture[J]. Amer J Bot, 1987, 74(8): 1317 – 1321.

MERKLE S A, SOMMER H E. Somatic embryogenesis in tissue cultures of *Liriodendron tuliperfera* [J]. Can. J For. Res, 1986, 16: 420 – 422.

MERKLE S A, WIECKO A T, SOTACK R J and SOMMER H E. Maturation and conversion of *Liriodendron tuliperfera* somatic embryos[J]. In: Vitro cell Dev Biol, 1990, 26: 1086 – 1093.

STEINHUBEL G, The factors of inhibition in reproduction of *Liriondendron tuliperfera* by seeds, from Slovakia[J]. Bio. Pr, 1962, 7(5): 1 – 87.

第 5 章
鹅掌楸属树种的杂交交配系统

交配系统是群体遗传行为的核心，决定着后代群体的基因型分布和种群动态，影响群体间的分化程度。交配系统研究对于遗传资源保护及遗传改良具有重要指导作用。鹅掌楸属树种现只有马褂木和北美鹅掌楸 2 个种，二者虽然自然分布间隔远且所处生态与自然条件相差较大，但种间却具有很高的可配性。随着北美鹅掌楸的大量引种及种间杂种的逐步推广，可能会导致鹅掌楸属种间发生基因渐渗(gene introgression)，进而对鹅掌楸属树种的遗传系统产生影响。因此，开展鹅掌楸属树种交配系统研究对于濒危物种鹅掌楸属树种的遗传资源保护、遗传多样性、杂交改良中亲本选配等研究具有重要意义。本章首先讨论了植物交配系统的一般概念、重要性及其发展历史，然后对鹅掌楸属树种杂交交配系统研究中杂交可配性、杂种优势表现及其利用、鹅掌楸属的繁殖力、近交衰退等内容的研究现状进行了归纳总结。

5.1 植物交配系统研究概况

5.1.1 交配系统的概念及类型

植物通常具有有性与无性两种繁殖方式，其中营养繁殖是无性生殖方式，与其看作繁殖过程不如认为是营养增殖或无性系生长。因为营养增殖不涉及有性过程，只是无性系个体的拷贝式增长。

国内外不同学者对植物交配系统类型的划分有着不同的看法，一个主要的分歧在于对生殖方式(mode of reproduction)、繁育系统(breeding system)和交配系统(mating system)3 个相关概念的理解有所不同。

经典的关于繁育系统的概念是由 V. H. Heywood 建立的，即繁育系统是指控制种群或分类群内自体受精或异体受精相对频率的各种生理、形态机制；V. H. Heywood 把繁育系统分为有性和无性两大类，把有性生殖分为自体受精和异体受精两部分。

S. K. Jain 基于花型的变异和传粉的方式，将繁育系统分为 5 种模式：远交为主、近交为主、无融合生殖（单性生殖）、兼性无融合生殖（常伴有远交）和营养繁殖。可以看出 S. K. Jain 所划分的 5 种繁育系统模式概括了植物的所有繁殖方式。

J. L. Hamrick 则把植物的生殖方式分为有性生殖、有性无性混合型生殖，把植物的繁育系统区分为自交（selling）、混合交配（mixed mating，动物或风传粉）和异交（outcrossed，动物或风传粉）。

A. H. D. Brown 认为植物中存在的主要交配方式有自交为主、异交为主、自交异交混合型、兼性无融合生殖和配子体内或单倍体自交。

王中仁（1996）认为不包括无融合生殖在内的繁育系统就是交配系统。从严格意义上讲，配子由雄性传递给雌性的方式决定着行有性生殖的物种两世代间本质的联系，而这种传递方式就是一个种的交配系统。

赖焕林等（1997）认为交配系统指与生物有性生殖过程有关的诸因子的总和，涉及配子的产生和结合过程，决定着后代群体的基因型分布和种群动态，影响群体间的分化程度，是决定种群遗传多样性最重要的因素。

也有人认为交配系统决定了基因在相邻世代间的传递方式，不一定非与有性过程有关。无融合生殖（apomixis）是不发生雄性和雌性配子融合的繁殖方式，其特点是绕过了受精，此过程类似于无性繁殖，在有些情况下需要花粉粒的触发（假受精）。无融合结籽（agamospermy）、无孢子生殖（agospory）、无配子生殖（apogamy）和单性生殖（pathenogenesis），可视为有性生殖在进化过程中的异化类型，世代间的基因传递没有经过遗传重组。

因此，狭义的交配系统概念只与有性生殖有关，而在更为广泛的意义上，交配系统实质上与繁育系统的意义相当。交配系统是种群两代个体间遗传联系的有性系统，同时应该明确，交配系统的类型间并不是截然分开的。自花授粉是自交的极端类型，自交到异交之间有一系列的过渡类型，不同类型的交配系统应视为处在一个连续系统（continuum）的变异范围内。综合以上观点，植物的主要生殖类型概述如图 5-1（王崇云 等，1999）。

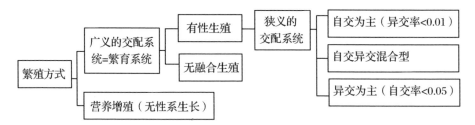

图 5-1　植物的主要生殖类型

5.1.2　交配系统研究的重要性

交配系统是群体遗传学的重要内容,是群体遗传行为的核心,决定着后代群体的基因型分布和种群动态(有效群体大小,性比例,随机交配程度),是决定种群遗传多样性最重要的因素,影响群体间的分化程度(赖焕林 等,1997)。因此,交配系统对于植物种群遗传结构及遗传资源保护尤其重要(王洪新 等,1996)。遗传参数估算必须以交配系统为基础,遗传资源保护方案的制订也与交配系统密切相关(赖焕林 等,1997;曾燕如 等,2002)。

交配系统对遗传改良具有重要的指导作用。选择和交配系统的理论与方法是育种家用以改变群体遗传组成的基本手段。改良必须在群体现有的遗传组成的基础上,调控群体的遗传行为才能达到改良的目的(赖焕林 等,1997)。

交配系统的研究同样受到生态学家和分类学家的高度重视。交配系统是了解植物生殖生态学的重要途径(马克平,2001)。分类学中最重要的分类依据便是与交配系统密切相关的繁殖器官,生殖隔离是种间区分的重要标志(赖焕林 等,1997)。

此外,在诸如种子园等人工林中,交配方式的不同对种子的产量及质量均有影响。对交配系统进行研究可为人工林的建立提供理论依据(曾燕如 等,2002)。

5.1.3　植物交配系统的研究历史

有关植物交配系统的遗传学研究以 Swell Wright 1921 年在 *Genetics* 杂志上发表一系列关于交配系统的论文为起点,是群体遗传学研究领域的一个里程碑(赖焕林 等,1997)。

A. H. D. Brown(1990)回顾了前人关于植物交配系统的研究,认为其研究历史可分为 3 个时期。

(1)概括时期

P. I. Fryxell(1957)总结了以往的研究成果,按主要繁衍方式将 1348 种高等植物归为:异交、自花受精、无融合生殖、异交 + 自花授粉、异交 + 无融合生殖、自花受精 + 无融合生殖、异交 + 自花授粉 + 无融合生殖 7 大类。证据主要来自形态学的观察和自花不孕的试验，偶尔也从栽培试验中后代个体上标记位点的分离行为中获得。有关定量的估测多为农作物、园艺植物和实验种群。

（2）模型发展期

20 世纪 60 年代植物种群遗传学发展了精确的微进化动态模型来说明近交种群中出现的多态现象，而这种多态现象是过去未曾预料到的。E. J. Fyfe 和 N. T. Bailey 提出的估测异交率的方法被广为运用。该方法选择控制形态性状的显性—隐性等位基因系统，统计亲本和自由授粉的子代种群中显、隐性个体数，用最大或然性估计（maximum likelihood estimation）来估测异交率或固定指数。但是形态标记位点有 2 个缺陷，一是显性的表达问题，二是形态标记位点可能受自然选择的作用。

（3）分子技术运用期

同工酶标记位点的发展为植物交配系统的研究开辟了一个新的纪元。同工酶作为遗传标记位点与形态位点相比有着许多优势，首先同工酶多态性普遍存在，易于检测分析，其次等位基因间是共显性的。随后发展起来的微卫星等分子标记技术使这一优势更加明显，它不仅具有共显性的特点，而且其多态性也比同工酶丰富得多。自此，无论是近交种还是远交种，无论是自然种群还是实验种群，不同的种类不断地被加以研究。

在群体交配系统的研究中，以"混合交配模型"（mixed – mating system model）使用最多，最广泛。这一模型假定每个合子要么来自自交（S），要么来自异交（T = 1 – S）。开始用于以自交为主的农作物，后来广泛用于其他农作物的人工群体和天然群体，包括近交种和异交种、草本和木本。林木主要涉及松属、云杉属、黄杉属、落叶松属、冷杉属、侧柏属、金合欢属、核桃属、围涎树属、桉属等 50 多个树种，绝大多数集中在针叶树种。20 世纪 80 年代起，研究对象从原来的天然群体研究为主转为天然群体和人工群体并重，90 年代以来加大了对热带树种的研究范围。在人工群体的研究中基本上集中于种子园的交配系统研究，以欧洲赤松和北美黄杉研究最多，其他研究涉及种子生产林（母树林）、人工试验林（赖焕林 等，1997）。

5.2　鹅掌楸属树种杂交交配系统研究

5.2.1　鹅掌楸属树种杂交可配性及杂种优势的早期表现

李周岐等（2001a）通过全双列交配设计，利用马褂木、北美鹅掌楸及其正交 F_1、反交 F_1 作为杂交亲本，研究了授粉结实率在马褂木不同交配系统间和个体

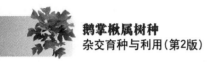
间的差异性及杂种优势在种实性状上的表现,从结实率揭示了不同交配系统间和个体间的亲和力(可配性),不仅为亲本选配提供了依据,而且为鹅掌楸属种间杂种优势研究积累了资料。

表 5-1 显示的是不同交配系统间和个体间的亲和力,由此可以看出:

①不同类群间授粉结实率不同。在正、反交情况下,均以马褂木(C)最高、北美鹅掌楸(T)最低、杂交马褂木(H)居中,特别是在用作母本时,北美鹅掌楸平均饱满种子率仅 0.22%,而马褂木平均饱满种子率可达 6.68%。北美鹅掌楸用作父本及母本时授粉结实率低可能与作为外来树种对环境条件的不适应有关。

表 5-1 不同交配系统间和个体间的亲和力(李周岐等,2011a)

亲本		父本										平均
		T_1	T_2	T_3	C_1	C_2	C_3	H_1	H_2	H_3	H_4	
母本	T_1	0.0	0.0	0.0	0.0	0.0	0.0	0.0	0.0	0.0	0.0	0.00
	T_2	1.0	0.0	0.0	0.0	1.0	2.0	0.0	0.0	0.0	0.5	0.45
	T_3	0.0	0.0	0.5	0.0	0.5	0.5	0.0	0.5	0.0	0.0	0.20
		(0.17)			(0.44)			(0.08)			(0.22)	
	C_1	0.0	5.0	1.5	1.5	3.0	19.0	9.0	5.0	2.0	8.0	5.40
	C_2	5.5	7.5	9.0	4.5	5.0	17.0	10.5	1.30	13.5	16.5	10.20
	C_3	4.5	2.5	2.5	2.0	8.5	1.5	4.5	6.5	3.0	9.0	4.45
		(4.22)			(6.89)			(11.17)			(6.68)	
	H_1	2.0	5.0	1.5	17.0	21.0	34.5	0.5	3.5	2.5	13.0	10.05
	H_2	1.5	3.0	1.0	20.5	17.0	15.0	2.5	1.0	0.5	5.5	6.75
	H_3	0.0	0.5	1.5	0.5	0.0	2.0	1.0	1.5	0.0	1.5	0.85
	H_4	0.5	1.0	1.5	0.0	1.0	2.0	3.5	1.5	1.0	0.0	1.20
		(1.58)			(10.88)			(2.44)			(4.71)	
平均		1.50	2.45	1.90	4.60	5.40	9.34	3.15	3.25	2.25	5.40	
		(1.95)			(6.45)			(3.15)				

注:表中数值为饱满种子率(%);()内数值为交配系统平均值。

②同一类群内不同个体间授粉结实率不同,而且正、反交结果不完全一致。如北美鹅掌楸授粉结实率在正、反交情况下均是 $T_2 > T_3 > T_1$;马褂木在用作母本时 C_2 的授粉结实率最大(10.20%),分别为 C_1 和 C_3 的 1.89 和 2.29 倍,在用作父本时 C_3 的授粉结实率最大(9.34%),分别为 C_1 和 C_2 的 2.03 和 1.73 倍;杂交马褂木在用作母本时 H_1 的授粉结实率最大(10.05%),在用作父本时

H₄ 的授粉结实率最大(5.40%)。因此,杂交制种时为了提高杂交效果,授粉结实率应作为亲本选择的重要依据。

③不同交配系统间授粉结实率不同。以马褂木为轮回亲本的回交系统正、反交授粉结实率最高(10.88%,11.17%),以马褂木为母本的杂交系统(C×T)也具有较高的授粉结实率(8.22%),这些都是获得杂种的交配方式,在杂交制种时可加以采用。

④同一交配系统内不同交配组合间授粉结实率差别大。如,在 C×T 交配系统中,$C_2×T_3$ 授粉结实率(9.0%)是该交配系统平均值(4.22%)的 2.13 倍;在 H×C 交配系统中,$H_1×C_3$ 授粉结实率(34.5%)是该交配系统平均值(10.88%)的 3.17 倍。

⑤存在一定程度的自交不亲和性。在 C×C 交配系统中,3 个自交组合的平均授粉结实率(2.67%)仅为 6 个异交组合(9.00%)的 29.67%;在 H×H 交配系统种,4 个自交组合的平均授粉结实率(0.38%)仅为 12 个异交组合(3.13%)的 12.14%,说明在鹅掌楸属中存在某种自交不亲和机制。

表 5-2 是关于不同交配系统种子发芽性状比较,结果表明:发芽率和发芽势在不同交配系统间差异较大。以马褂木为轮回亲本的回交系统正、反交(C×H、H×C)发芽率和发芽势均最高,而以北美鹅掌楸轮回亲本的回交系统(H×T)发芽率和发芽势均最低,这主要与种子饱满率有关。从发芽效率来看,杂交系统(C×T)最高(83.82%),为马褂木自(近)交系统(C×C)的 1.71 倍。这可能与杂种胚旺盛的生命力有关,与田间试验中杂种马褂木苗木具有较高的保存率相当,可以看作杂种优势的早期表现形式之一。在平均发芽速性状上,杂交系统(C×T)平均发芽速值最小(47.30d),约比马褂木自(近)交系统(C×C)提早 1d 发芽,这可以看作杂种优势的另一种早期表现形式,相当于田间试验中杂种马褂木苗木的速生优势。

表 5-2 不同交配系统种子发芽性状比较(李周岐等,2011a)

性状	交配系统					
	C×C	C×T	C×H	H×C	H×T	H×H
发芽率(%)	3.35	2.66	5.06	5.50	0.71	1.54
发芽效率(%)	49.08	83.82	58.54	50.79	46.37	44.82
发芽势(%)	0.87	1.23	2.23	1.17	0.18	0.30
平均发芽速(d)	48.35	47.30	47.4	49.20	49.4	49.63

从发芽过程频率分布图(图 5-2)可以看出,播种后第 41d、C×C、C×T 和 C×H 3 个交配系统即开始发芽,而 H×H、H×C 和 H×T 3 个交配系统到第

43d 才开始发芽，发芽过程均在第 55d 结束。从发芽高峰期看，C×T 和 C×H 2个交配系统发芽高峰期出现最早（46d），比 C×C 交配系统提早 3d，H×H 交配系统发芽高峰期出现最晚（53d）。由图 5-2 还可以看出，C×T 交配系统发芽高峰期比较集中，而 C×C 则比较分散。

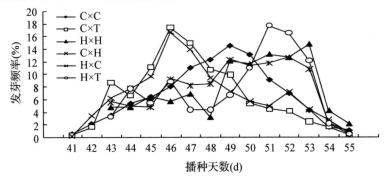

图 5-2　不同交配系统发芽过程频率分布

（李周岐等，2011a）

5.2.2　鹅掌楸属树种不同交配系统家系生长量及其利用

杂种生长量表现是育种学家最为关心的问题。自 1963 年叶培忠教授首次以鹅掌楸属 2 个现存种为亲本杂交获得种间杂种以来，杂种马褂木以其生长迅速、生长期长、适应性强、树形美观、枝叶浓密、花色鲜艳等特点而显示出十分广阔的开发利用前景（王章荣，1997）。从交配系统、家系和家系内个体 3 个水平研究杂种马褂木的遗传变异，对鹅掌楸杂交育种方案的制订和杂交马褂木的推广利用具有重要意义。

鹅掌楸属杂种家系间差异较大，具有一定的选择潜力（赵书喜，1989a，1989b；张武兆 等，1997）。李周岐等（2001b）在前人杂交育种工作的基础上，以马褂木 4 株（C_1、C_2、C_3、C_4）、北美鹅掌楸 9 株（T_1、T_2、T_3、T_4、T_5、T_6、T_7、T_8、T_9）和杂交马褂木（*Liriodendron chinense* × *L. tulipifera* 或 *L. tulipifera* × *L. chinense*）6 株（H_1、H_2、H_3、H_4、H_5、H_6）作为杂交亲本，按测交设计进行控制授粉，研究了鹅掌楸属家系内变异及不同交配系统间的遗传差异。

2 年生苗木生长量方差分析（表 5-3）结果表明，在苗高和地径性状上，正交、反交、回交及 F_1 个体之间杂交 4 种交配系统之间无明显差异，而交配系统内家系之间在 2 个性状上均达到差异极显著程度。在苗高性状上正交、反交、回交及 F_1 个体之间杂交 4 种交配系统的平均杂种优势率分别为 74.83%、78.84%、70.93% 和 57.92%，在地径性状上分别为 63.78%、62.75%、

47.46%和38.26%，这不仅说明进行鹅掌楸属种间正、反交均可获得较强的杂种优势，而且说明这种生长优势在回交及F_2代仍基本保持。因此，在鹅掌楸属种间杂种优势开发中，正交、反交、以北美鹅掌楸为轮回亲本的回交及F_1个体之间杂交4种交配系统均可采用。为获得较高的遗传增益，重点应进行家系选择和家系内选择。

表5-3　不同交配系统生长性状方差分析（李周岐等，2011b）

变异来源	自由度	苗高			地径		
		S. S.	*M. S.*	*F*	*S. S.*	*M. S.*	*F*
交配系统间	3	1.9264	0.6421	0.5704	6.2205	2.0735	1.5705
交配系统内家系间	19	21.3888	1.1257	2.5348 * *	25.0849	1.3203	2.1517 * *
区组间	4	30.1253	7.5313	16.9586 * *	13.9738	3.4935	5.6934 * *
误差	394	174.9738	0.4441		241.7435	0.6136	

注：根据2年生小区内植株生长量进行分析；＊＊指在0.01水平上差异显著。

以小区平均值为单位进行方差分析（表5-4）的结果同样表明家系间在苗高和地径性状上均达到差异极显著程度。

表5-4　不同家系生长性状方差分析（李周岐等，2011b）

变异来源	自由度	苗高			地径		
		S. S.	*M. S.*	*F*	*S. S.*	*M. S.*	*F*
家系间	23	14.0759	0.6120	2.2802 * *	15.3486	0.6673	2.8788 * *
区组间	4	8.6370	2.1593	8.0451 * *	3.6363	0.9091	3.9219 *
误差	93	24.9643	0.2684		21.5573	0.2318	

注：根据2年生小区平均数进行分析；＊，＊＊分别指在0.05和0.01水平上差异显著。

由表5-5可看出，在苗高性状上，杂种家系平均值变化在2.0283～2.8667m，生长最快家系比最慢家系生长量大41.34%，家系间杂种优势率（*RH*）变化在37.35%～94.13%，除CT08和HT05外，其他杂种家系均与对照（CK）存在显著差异，有44对杂种家系间达到差异显著程度。在地径性状上，杂种家系平均值变化在1.7967～2.9083cm，生长最快家系比最慢家系生长量大61.87%，家系间杂种优势率（*RH*）变化在17.18%～89.68%，除CT11等6个家系外其他杂种家系均与对照（CK）存在显著差异，有40对杂种家系间达到差异显著程度。说明虽然各杂种家系普遍表现出生长优势，但家系间变异很大，具有较大的选择潜力。

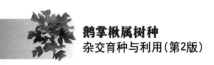
表5-5　苗高和地径性状家系间变异与家系内变异(李周岐等，2011b)

苗高					地径				
家系	平均	变幅	CV%	RH%	t 检验 (P<0.05)	家系	平均	变幅	CV%	RH%	t 检验 (P<0.05)
HT04	2.8667	0.42~3.93	24.22	94.13	A	CT09	2.9083	1.0~5.0	27.33	89.68	A
CT09	2.8475	1.20~2.70	19.08	92.83	A	CT12	2.7402	1.1~3.6	25.35	78.71	AB
CT02	2.7832	0.82~3.63	22.75	88.47	AB	CT04	2.6842	0.8~4.1	39.23	75.06	ABC
CT12	2.7530	1.20~3.42	18.98	86.43	AB	CT02	2.6800	1.5~3.8	27.26	74.79	ABC
HT06	2.7483	2.70~3.52	22.93	86.11	AB	CT06	2.6667	2.1~3.6	18.37	73.92	ABC
CT03	2.7455	2.10~3.38	15.46	85.92	AB	CT10	2.6348	1.0~4.2	36.60	71.84	ABC
CT06	2.7039	1.70~3.35	13.79	83.10	AB	HT04	2.6042	0.9~4.8	28.19	69.84	ABCD
TC02	2.6783	0.90~3.55	24.67	81.37	ABC	HT06	2.5333	1.4~3.8	30.38	65.22	ABCDE
HT01	2.6647	1.70~3.52	20.91	80.45	ABC	TC02	2.5333	1.0~4.1	31.53	65.22	ABCDE
CT01	2.6578	1.30~3.66	21.50	79.98	ABC	CT01	2.4957	1.1~4.0	30.55	62.77	ABCDE
TC01	2.5981	0.60~3.62	29.93	75.94	ABC	CT05	2.4800	1.0~3.8	36.42	61.74	ABCDE
CT10	2.5604	0.85~3.61	28.12	73.39	ABC	TC01	2.4524	0.8~4.3	37.49	59.94	ABCDE
CT07	2.5390	1.70~3.36	26.37	71.94	ABC	CT03	2.4483	1.7~4.1	27.30	59.68	ABCDE
CT05	2.4970	0.75~3.30	37.22	69.09	ABC	HT03	2.3357	1.3~3.0	21.99	52.33	ABCDEF
HT07	2.4969	1.53~3.50	28.24	69.09	ABC	CT07	2.2950	0.9~3.5	33.99	49.68	BCDEF
CT04	2.4763	0.46~3.35	40.32	67.69	ABC	CT13	2.2850	0.9~4.0	44.61	49.02	BCDEF
HT03	2.4579	1.50~3.10	18.38	66.45	ABC	HT01	2.2765	1.4~3.5	25.59	48.47	BCDEF
CT11	2.2750	0.62~3.24	40.25	54.06	ABC	HT07	2.1250	1.2~3.1	34.48	38.59	CDEFG
CT13	2.2625	0.40~3.70	45.98	53.21	ABC	HH01	2.1200	0.9~3.3	39.55	38.26	CDEFG
HH01	2.2507	0.87~3.39	31.65	52.41	ABC	CT11	2.0167	0.9~3.3	35.86	31.53	DEFG
HT02	2.1367	0.75~3.28	40.37	44.69	BC	HT02	1.9750	0.8~3.5	37.61	28.81	EFG
CT08	2.0359	0.80~2.95	34.31	37.86	CD	CT08	1.9235	1.1~2.6	25.75	25.45	EFG
HT05	2.0283	0.75~3.60	24.22	37.35	D	HT05	1.7967	0.8~3.2	28.19	17.18	FG
CK	1.4767	0.46~2.90	70.21		D	CK	1.5333	0.9~2.4	41.36		G

表 5-6　家系生总量排序与优良家系选择(李周岐等，2011b)

家系	1 年生				2 年生			
	H	GLD	H + GLD	排序	H	GLD	H + GLD	排序
CK	− 1.9216	− 1.6860	− 3.6076	24	− 2.8554	− 2.3543	− 5.2097	24
CT01	1.2773	0.6598	1.9371	5	0.6202	0.5033	1.1235	10
CT02	1.3741	1.4247	2.7988	2	0.9892	1.0506	2.0398	4
CT03	0.2787	0.4728	0.7515	11	0.8783	0.3626	1.2409	9
CT04	− 0.3086	0.9658	0.6572	13	0.0861	1.0630	1.1491	11
CT05	− 0.0029	1.0338	1.0309	8	0.1470	0.4567	0.6037	13
CT06	− 0.4700	0.4218	− 0.0482	15	0.7558	1.0111	1.7669	5
CT07	− 0.2502	0.0650	− 0.1852	17	0.2706	− 0.0926	0.1780	15
CT08	− 1.0744	0.0990	− 0.9754	20	− 1.2098	− 1.1957	− 2.4055	22
CT09	0.4195	0.4898	0.9093	10	1.1784	1.7285	2.9069	1
CT10	0.3645	0.5578	0.9223	9	0.3336	0.9164	1.2500	8
CT11	0.6598	0.9658	1.6256	6	− 0.5062	− 0.9189	− 1.4251	19
CT12	− 0.4803	0.0480	− 0.4323	19	0.9003	1.2287	2.1290	2
CT13	0.0348	− 0.1391	− 0.1043	16	− 0.5430	− 0.1223	− 0.6653	18
TC01	− 0.1540	0.1668	0.0128	14	0.4445	0.3748	0.8193	12
TC02	0.5053	0.2348	0.7401	12	0.6805	0.6150	1.2955	7
HT01	1.7381	0.7958	2.5339	3	0.6405	− 0.1475	0.4390	14
HT02	− 0.6142	− 1.6350	− 2.2492	23	− 0.9132	− 1.0428	− 1.9560	21
HT03	1.0788	0.8638	1.9426	4	0.0320	0.0283	0.0603	16
HT04	1.7141	1.7137	3.4278	1	1.2349	0.8255	2.0604	3
HT05	− 0.3738	− 0.9551	− 1.3289	21	− 1.2322	− 1.5722	− 2.8044	23
HT06	− 0.6314	− 0.9211	− 1.5525	22	0.8865	0.6150	1.5015	6
HT07	1.2883	− 0.1561	1.1322	7	0.1467	− 0.5974	− 0.4507	17
HH01	0.1619	− 0.4621	− 0.3002	18	− 0.5601	− 0.6122	− 1.1723	20

　　对苗高和地径生长量分别标准化，并按其合值大小进行家系排序(表5-6)。根据 2 年生排序结果，如果选前 10 名家系，则入选家系苗高和地径的平均杂种优势率分别为85.17%和71.17%，与杂种家系平均值相比，苗高和地径平均生长量分别可提高8.30%和9.73%。如果选前 5 名家系，则入选家系苗高和地径的平均杂种优势率分别为89.00%和77.39%，与杂种家系平均值相比，苗高和地径平均生长量分别可提高10.54%和13.72%。说明通过家系选择可取得较大的增益。

　　相关分析的结果表明，在 1 年生与 2 年生之间，苗高、地径及其标准化后合计值的相关系数分别为 0.6271、0.6105 和 0.6288，均达到极显著程度($P <$

0.01),但1、2年生家系排序的秩次相关系数仅为0.4000,未达到显著程度。由表5-6也可以看出,家系HT06在1年生是排列第22位,但在2年生是排列第6位,而家系CT11在1年生是排列第6位,但在2年生是排列第19位。因此,根据1年生结果进行家系选择时,其选择强度不能太大,最多只宜淘汰约5%的低劣家系。

由表5-5可以看出,对于苗高性状,杂种家系平均变异系数为29.16%、家系内平均变幅为2.31m;在地径性状上,杂种家系平均变异系数为31.87%、家系内平均变幅为2.63cm,说明家系内存在较大变异,有必要进行家系内选择。根据全部杂种苗苗高和地径的平均数及变异系数,对2个性状均按平均数加1.5倍标准差的标准进行优良单株选择,共选出优良单株7株(表5-7),入选率为1.67%。入选单株的平均苗高3.68m,平均地径4.4cm,分别超过马褂木自由授粉家系(CK)的149.30%和184.17%,与杂种平均生长量相比,苗高和地径分别平均提高45.83%和82.17%。说明通过家系内优良单株选择可获得较大的改良效果。

表5-7 优良单株选择及其增益(李周岐等,2011b)

编号	选出家系	苗高(m)	超过CK(%)	超过杂种平均百分率(%)	地径(cm)	超过CK(%)	超过杂种平均百分率(%)
96–01	CT01	3.66	147.85	44.98	4.0	160.88	67.24
96–02	CT09	3.70	150.56	46.56	5.0	226.09	109.05
96–03	CT09	3.55	140.40	40.62	4.4	186.96	83.96
96–04	CT10	3.61	144.46	43.00	4.0	160.88	67.24
96–05	CT13	3.70	150.56	46.56	4.0	160.88	67.24
96–06	TC01	3.62	145.14	43.39	4.3	180.44	79.78
96–07	HT04	3.93	166.13	55.67	4.8	213.05	100.69
平均		3.68	149.30	45.83	4.4	184.17	82.17

5.2.3 鹅掌楸属树种的繁殖性能

冯源恒等(2011)以杂交组合子代出苗率为指标,研究了鹅掌楸属树种的繁殖性能。结果表明,鹅掌楸属树种繁殖性能主要受母本效应影响,父本效应可以忽略。繁殖性能的一般配合力亲本间差异较大,且雌性大于雄性。种内交配的特殊配合力远高于种间杂交。亲本遗传距离与杂交亲和性二者间相关不显著,但仍存在如下趋势:种内杂交的亲和性随遗传距离增大而增加,而种间杂交的亲和性则随遗传距离增大而降低。

表5-8表示63个交配组合的繁殖性能(场圃发芽率)。63个组合平均繁殖性能为16.26%,其中马褂木种内交配组合为15.33%,北美鹅掌楸种内交配组合为18.44%,种间杂交组合繁殖性能为15.79%。种间交配组合中,LYS×SZ最高为32%,FY×NK最低为0.5%;种内交配组合中,LS×SZ最高为35.5%,FY×WYS和FY×LS最低为0。所有自交组合的繁殖性能均不超过1%。方差分析(表5-9)表明,母本效应与交互效应均达到显著水平,而父本效应差异不显著,母本效应的方差分量占总遗传方差的71.22%,父本只占0.01%,这表明鹅掌楸属树种的繁殖性能主要受母本遗传效应影响。

表5-8 8×8 全双列杂交组合子代繁殖性能(冯源恒等,2011)   %

母本	父本							
	NK	MSL	BM	LYS	FY	WYS	LS	SZ
NK	0	8.38	25.38	3.38	21.38	21.13	18.25	9.13
MSL	10.25	0.25	8.00	9.75	8.38	2.50	2.75	8.25
BM	25.38	27.38	0.25	24.63	31.13	11.63	13.25	10.75
LYS	34.38	20.13	24.25	0	29.63	27.63	24.00	32.00
FY	0.50	1.25	3.25	4.38	0.25	0	0	0.50
WYS	26.13	5.00	13.75	14.63	7.50	0.75	8.50	15.00
LS	14.75	17.50	20.13	20.38	15.75	31.00	1.00	35.50
SZ	24.13	28.13	23.38	16.25	25.75	15.50	29.00	—

表5-9 父母本效应的方差分析(冯源恒等,2011)

变异来源	自由度	平方和	均方	F	占遗传方差比率
母本	7	15167.73	2166.82	49.84***	71.22
父本	7	1117.95	159.71	3.67**	0.01
母本×父本	41	6531.55	159.31	3.66***	28.77
随机误差	165	7172.95	43.47		

表5-10是56个正、反交组合对各杂交亲本的繁殖性能一般配合力(GCA)的估算值,其中,雌性繁殖性能 GCA:亲本 LYS 最高,达11.7;FY 最低,仅-14.85。雄性繁殖性能 GCA:亲本 FY 最高,为3.67;LYS 最低,为-2.92。平均繁殖 GCA 最高的亲本是 LYS,为4.13;最低的是 FY,为-5.59。各亲本间的雌性繁殖 GCA 差异大于雄性繁殖 GCA。

表 5-10　8 个亲本雌、雄繁殖性能的 *GCA*(冯源恒等，2011)

GCA	NK	MSL	BM	LYS	FY	WYS	LS	SZ
雌性	−0.97	−9.13	4.33	11.17	−14.85	−3.33	5.88	6.9
雄性	3.10	−0.86	0.62	−2.92	3.67	−0.63	−2.58	−0.38
均值	1.07	−5.00	2.48	4.13	−5.59	−1.98	1.65	3.26
相对效应值 (%)	6.15	−44.40	13.21	20.24	−52.37	−13.88	9.22	16.70

　　表 5-11 列出了各交配组合繁殖性能的特殊配合力(*SCA*)。从中可以看出，繁殖性能的 *SCA* 在不同交配类型间差异较大。总体上，种内交配的 *SCA* 远高于种间杂交。56 个正、反交组合中，LS × SZ 最高，达 13.74；LS × NK 最低，仅为 −10.49。

表 5-11　各交配组合繁殖性能的 *SCA*(冯源恒等，2011)

母本	父本							
	NK	MSL	BM	LYS	FY	WYS	LS	SZ
NK		−6.05	9.47	−8.99	2.42	6.47	5.54	−5.78
MSL	0.02		0.25	5.54	−2.42	−4	−1.8	1.50
BM	1.69	7.65		6.96	6.87	−8.33	−4.76	−9.46
LYS	3.85	−6.44	−3.8		−1.47	0.83	−0.85	4.95
FY	−4.01	0.7	1.22	5.89		−0.78	1.17	−0.53
WYS	10.1	−7.07	0.2	4.62	−9.1		−1.85	2.45
LS	−10.49	−3.78	−2.63	1.16	−10.06	9.49		13.74
SZ	−2.13	5.83	−0.4	−3.99	−1.08	−7.03	8.42	

　　采用双列杂交方差分析模型(Griffing，1956)对 *GCA* 效应、*SCA* 效应和正反交效应的方差分量进行无偏估算，结果表明：对于鹅掌楸属树种繁殖性能，亲本间的 *GCA* 效应、*SCA* 效应和正反交效应均达极显著水平。

　　图 5-3 表明，亲本遗传距离与各交配组合的繁殖性能特殊配合力相关性不明显(相关系数为 −0.09，显著性水平 *P* = 0.52)，但也存在一定的趋势：多数种内交配组合双亲的 *GD* 值在 0.4 ~ 1 之间，其 *SCA* 随 *GD* 值增大而升高(相关系数为 0.31，显著性水平 *P* = 0.18)；而大多数种间交配组合的 *GD* 值在 0.6 ~ 2 之间，*SCA* 随 *GD* 减小而增大(相关系数为 −0.56，显著性水平 *P* = 0.002)。

　　综上所述，在对鹅掌楸属树种不同交配组合的繁殖性能进行评价时，应以其雌性繁殖能力作为主要指标。在鹅掌楸属树种育种工作中，除了重视对经济性状的遗传改良外，对繁殖能力的改良也不容忽视。选择繁殖能力超强的母本是可行的，改良潜力大。此外，在进行鹅掌楸属树种种间杂交育种研究时，选

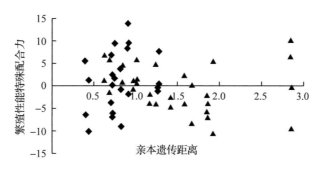

图 5-3　亲本遗传距离与杂交亲和性的关系

（引自冯源恒等，2011）

◆种内交配组合　▲种间交配组合

择双亲间遗传距离较近的组合获得较好繁殖效果的可能性更大些。

5.2.4　鹅掌楸属树种的近交衰退

异交是维持种内遗传变异的一个重要机制（张大勇 等，2011），而近交则降低种内遗传变异，导致后代群体的遗传组成趋于纯合，遗传性状稳定，并使隐性基因得以表现而被淘汰（王峥峰 等，2005）。近交导致子代适合度下降，如种子数量和质量下降，个体的生长发育不良等，呈现不同程度的近交衰退（Holsinger，1988）。近交衰退是植物交配系统进化的主要选择压力之一，植物或者适应近交，或者通过形成避免发生近交机制来防止近交衰退（陈小勇 等，1997）。

与大多数林木相似，自然情况下，鹅掌楸属树种以异交为主，异交物种遗传组成高度杂合，但同时也蕴含了较高的遗传负荷。随着鹅掌楸属种群数目逐渐减少，种群内近交几率大大增加，势必增加有害基因纯合的概率，从而使鹅掌楸属树种发生近交衰退，加剧其濒危程度（姚俊修 等，2012）。

研究表明，鹅掌楸属树种近交/自交衰退明显，在种间杂交、种内杂交、回交、自交 4 种交配类型间，子代苗期在地径、苗高生长量大小方面，种间杂交 > 回交 > 种内杂交 > 自交（表 5-12）（姚俊修 等，2012；潘文婷 等，2014）。子代饱满度、出苗率有相同的变异趋势，即种内杂交 > 种间杂交 > 回交 > 自交（表 5-13）（姚俊修 等，2012）。SSR 检测结果显示，不同交配类型子代的纯合子比率由高到低趋势为：自交 > 种内杂交 > 回交 > 种间杂交（表 5-14）（姚俊修 等，2012；潘文婷 等，2014）。

与种内异交及种间杂交子代相比，自交子代胸径、树高及存活率的衰退程度 δ 分别为：0.46、0.45；0.32、0.35；0.25、0.30（潘文婷 等，2014）。

表5-12　鹅掌楸属树种不同交配类型子代苗期生长量比较（姚俊修等，2012）

交配类型	地径		苗高	
	均值±标准差（cm）	变异系数（%）	均值±标准差（cm）	变异系数（%）
种间杂交	1.76±0.44	25.00	72.00±19.55	27.15
种内杂交	0.92±0.49	0.49	48.83±22.59	46.26
回交	1.47±0.53	0.53	52.67±20.44	38.81
自交	0.89±0.17	0.17	46.71±15.65	33.50

表5-13　鹅掌楸属树种不同交配类型种子饱满度与出苗率（姚俊修等，2012）　%

交配类型	饱满度	出苗率
种间杂交	20.66±3.67	5.16±2.52
种内杂交	27.54±4.21	9.29±5.27
回交	14.57±2.95	4.30±2.42
自交	3.88±2.09	0.25±1.98

表5-14　鹅掌楸属树种不同交配类型子代纯合子比率（姚俊修等，2012）　%

交配类型	均值	标准差	变异系数
种间杂交	33.35	8.64	25.75
种内杂交	38.62	4.58	11.86
回交	21.59	6.70	31.03
自交	78.77	4.20	5.33

　　上述研究均表明，鹅掌楸属树种近交衰退明显。从鹅掌楸属树种天然分布（呈岛状星散分布）形式来看，鹅掌楸属树种正处在被分割、隔离及孤立的状态，其基因交流会进一步受到阻碍，遗传多样性也会进一步降低；天然群体的更新能力也较差，整个物种处于濒危状态。对于现有的鹅掌楸属树种天然群体，当前急需采取措施避免现有种群发生严重的近交衰退，如禁止盗伐，防止其种群规模进一步缩小；同时，可考虑引入新的种质，扩大种群规模，促使种群间基因交流与重组；也可在母树树冠下方或周围，在种子散落前进行局部杂灌清理，以促进鹅掌楸属树种自然更新，或者采用迁地保护措施，有计划地在天然群体中采集优良单株的穗条进行嫁接，建立种质资源库（姚俊修等，2012）。

　　此外，基于鹅掌楸属树种近交衰退严重，在鹅掌楸属树种杂交育种及杂种优势利用时，应尽可能避免利用F_1代的回交子代。

　　交配系统涉及生物有性生殖过程中雌雄配子结合，以及结合后产生各种效应的诸多因素，内容复杂，研究相对困难，导致我国目前关于林木交配系统的研究还很不深入，对鹅掌楸属树种的研究更少。鹅掌楸属树种在我国属于珍稀濒危树种，群体小且处于分散、隔离状态，因此，深入研究其交配系统对该树种的遗传资源保护及维持或扩大遗传多样性极为重要。要全面深入地研究其近交衰退及遗传多样性丧失的机理，为遗传资源保护及多样性保持提供决策依据。

鹅掌楸属树种杂种优势明显，继续深入开展各种交配设计，获取更多有用的遗传参数，总结当前研究成果，制定该树种更加科学的杂交育种策略及后代选择方式与标准，应是该树种遗传改良工作的研究重点。

参 考 文 献

陈小勇，宋永昌. 黄山钓桥青冈种群的交配系统与近交衰退[J]. 生态学报，1997，17(5)：462－468.

冯源恒，李火根，王龙强，等. 鹅掌楸属树种繁殖性能的遗传分析[J]. 林业科学，2011，47(9)：43－49.

赖焕林，王章荣，陈天华. 林木群体交配系统研究进展[J]. 世界林业研究，1997，5(2)：10－15.

李周岐，王章荣. 鹅掌楸属种间杂交可配性与杂种优势的早期表现[J]. 南京林业大学学报，2001a，25(2)：34－38.

李周岐，王章荣. 鹅掌楸属种间杂种苗期生长性状的遗传变异与优良遗传型选择[J]. 西北林学院学报，2001b，16(2)：5－9.

马克平. 通过交配系统了解植物生殖生态学[J]. 植物生态学报，2001，25(2)：129.

潘文婷，姚俊修，李火根. 鹅掌楸属树种自交衰退的 SSR 分析[J]. 林业科学，2014，50(4)：32－38.

王崇云，党承林. 植物的交配系统及其进化机制与种群适应[J]. 武汉植物研究，1999，17(2)：163－172.

王洪新，胡志昂. 植物的繁育系统、遗传结构和遗传多样性保护[J]. 生物多样性，1996，4(2)：92－96.

王章荣. 中国马褂木遗传资源的保存与杂交育种前景[J]. 林业科技通讯，1997(9)：8－10.

王峥峰，彭少麟，任海. 小种群的遗传变异和近交衰退[J]. 植物遗传资源学报，2005，6(1)：101－107.

王中仁. 植物等位酶分析[M]. 北京：科学出版社，1996.

姚俊修，李火根，边黎明，等. 鹅掌楸属树种近交衰退分析[J]. 东北林业大学学报，2012，40(7)：2－5.

曾燕如，徐岳雷，翁志远，等. 林木群体中的交配系统[J]. 浙江林业科技，2002，22(6)：42－45.

张大勇，姜新华. 植物交配系统的进化、资源分配对策与遗传多样性[J]. 植物生态学报，

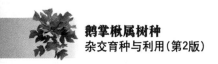
2001，25(2)：130 – 143.

张武兆，马山林，邢纪达，等. 马褂木不同家系生长动态及杂种优势对比试验[J]. 林业科技开发，1997，(2)：32 – 33.

赵书喜. 杂交马褂木的引种与杂种优势利用[J]. 湖南林业科技，1989a，(2)：20 – 21.

赵书喜. 杂交马褂木引种栽培试验[J]. 林业科技通讯，1989b，(8)：16 – 18.

BROWN, A H D. Plant population genetics, breeding, and genetic resources[M]. Sunderland：Sinauer Associate. Inc. , 1990.

FRYXELL, P I. Mode of reproduction of higher plants[J]. The Botanica Review, 1957, 23(3)：135 – 153.

HEYWOOD V H. Plant Toxonomy（柯植芬译）[M]. 北京：科学出版社，1979.

HOLSINGER K E. Inbreeding depression doesn't matter：the genetic basis of mating system evolution[J]. Evolution, 1988, 42(6)：1235 – 1244.

第6章
鹅掌楸属树种传粉生物学与交配中的性选择

　　交配系统是影响植物群体遗传结构最关键的生物学因素之一，它不仅决定了种群未来世代的基因型频率，而且还影响群体的有效大小、基因流、选择等进化因素（葛颂，1998；张大勇和姜新华，2001）。交配系统指包括生物有机体中控制配子如何结合以及形成合子的所有属性。花部综合特征、开花物候、传粉媒介、繁殖资源分配、性选择倾向等是植物交配系统的重要组成部分。交配系统研究对于濒危植物种群遗传结构及遗传资源保护尤其重要（王洪新和胡志昂，1996）。本章介绍鹅掌楸属树种的开花习性、花部综合特征、传粉媒介，重点讨论鹅掌楸属树种繁殖资源分配、雄性繁殖适合度，以及性选择倾向，旨在探讨鹅掌楸属树种交配系统，为鹅掌楸属树种杂交育种与杂种优势利用提供技术参考。

6.1　鹅掌楸属树种开花物候及特点

　　鹅掌楸属树种的花期一般在4月中下旬至5月中旬，前后持续近1个月。马褂木、北美鹅掌楸及杂交马褂木花期有些差异，与马褂木及北美鹅掌楸相比，杂交马褂木花期更长，其前后花期各长1周左右。3个树种花期重叠时间约2周，这为鹅掌楸属种间杂交育种创造了有利条件。

　　根据2005—2011年连续7年在江苏句容下蜀林场观察结果，发现就开花物候而言，虽然存在一定的种间差异（总体上，马褂木比北美鹅掌楸稍早些），但种内不同种源间差异明显大于种间差异，同时，而同一种源不同个体的始花期相差不大。

6.2 鹅掌楸属树种的传粉媒介

鹅掌楸属树种为虫媒花,蜂类、蝇类及甲虫类为主要的传粉媒介(周坚,樊汝汶,1999;黄双全 等,1999,2000)。下面分别介绍访花昆虫种类、访花频次与影响因素,以及访花行为。

6.2.1 访花昆虫的种类与访花频次

根据 2004—2005 年连续 2 年在江苏句容下蜀林场观察结果,鹅掌楸属树种的访花动物共 14 种(表 6-1),分别来自于双翅目(Diptera)、膜翅目(Hymenoptera)、鞘翅目(Coleoptera)、鳞翅目(Lepidoptera)和蜘蛛目(Araneae)等 5 个目,其中,蚜蝇(Syrphidae)、西方蜜蜂(Apis mellifera)、蚁科(Formicidae)等 4 种昆虫为鹅掌楸属树种主要访花昆虫(李火根等,2007)。

表 6-1　鹅掌楸属植物传粉动物的种类与访花频次

访花动物种类		试验期间观察到的访花频次及比例
双翅目 Diptera		
食蚜蝇科 Syrphidae	1 种	92(28.93%)
大蚊科 Tipulidae	1 种	3(0.94%)
膜翅目 Hymenoptera		
细腰亚目 Apocrita		
西方蜜蜂 Apis mellifera		108(33.96%)
熊蜂 Bombus sp.	1 种	10(3.14%)
黄边胡蜂 Vespa crabro crabro		7(2.2%)
中华木蜂 Xylocopa sinensis		6(1.89%)
蚁科 Formicidae	2 种	68(21.38%)
鞘翅目 Coleoptera		
叩头虫科 Elateridae	1 种	6(1.89%)
细花萤科 Prionoceridae	1 种	6(1.89%)
瓢甲科 Coccinellidae	1 种	4(1.26%)
叶甲科 Chrysomelidae	1 种	3(0.94%)
鳞翅目 Lepidoptera		
弄蝶总科 Hesxerioidea	1 种	3(0.94%)
蜘蛛目 Araneae		
蜘蛛	1 种	2(0.63%)
总计	14 种	318(100%)

(引自李火根等,2007)

观察到的 14 种访花动物依其访花频次可分为 3 个类型。一类为主要传粉昆虫，包括食蚜蝇科（Syrphidae）的一种蚜蝇，西方蜜蜂（*Apis mellifera*），蚁科（Formicidae）的 2 种蚂蚁，这 4 种昆虫的访花频次占总访花频次的 84%；第二类为次要访花昆虫，包括 1 种熊蜂（*Bombus sp.*），黄边胡蜂（*Vespa crabro crabro*），中华木蜂（*Xylocopa sinensis*），叩头虫科（Elateridae）的 1 种，细花萤科（Prionoceridae）的 1 种，瓢甲科（Coccinellidae）的 1 种瓢虫，该类昆虫（6 种）的访花频次占总访花频次的 13%；第一类为偶访动物，包括大蚊科（Tipulidae）的 1 种大蚊子，叶甲科（Chrysomelidae）的 1 种甲虫，弄蝶总科（Hesxerioidea）的 1 种蝴蝶，蜘蛛目（Araneae）的 1 种蜘蛛，该 4 种动物的访花频次仅占总访花频次的 3%（李火根 等，2007）。

6.2.2 影响昆虫访花频率的因素

影响鹅掌楸属树种昆虫访花频率的因素主要有日开花量、花部特性及天气状况，简述如下。

（1）日开花量

昆虫访花频率与植株日相对开花量之间存在着一定的相关性，随着日开花量的增多，昆虫访花频率增大。在开花盛期日开花量较多的情况下，昆虫访花频率较高。

（2）花部特性

花色对昆虫访花频率有较大的影响。北美鹅掌楸花色亮丽，易被昆虫发现，能吸引更多的昆虫访问。相对而言，马褂木的花色偏绿，在浓密的树冠中并不是很明显，访花昆虫相对来说要少些，这也是一些研究者将其作为马褂木自然结实率低的原因之一。另一方面，作为昆虫访花的报酬，蜜腺中分泌的花蜜量的多少对昆虫访花频率也有很大的影响。据我们观察，有些北美鹅掌楸树木的蜜腺中花蜜含量多，这些树木常常能吸引更多的昆虫访问。

（3）天气状况

天气状况对昆虫访花频率也有显著影响。昆虫在无风或微风的晴天活动比较多，强风对昆虫的活动是非常不利的，在强风的条件下，昆虫的数量、访花频率都急剧下降；而昆虫在阴天或气温低的情况下活动较少，从而使昆虫的访花频率下降；雨后昆虫活动最频繁，这时，通常无风，适宜于昆虫活动，而雨后大量花苞绽放，开花量增多，吸引更多的昆虫访问，从而使访花昆虫数量与访花频率大大增加（李火根 等，2007）。

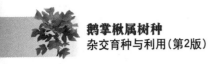

6.2.3 不同访花昆虫的访花行为

鹅掌楸传粉昆虫主要有四大类：蜂类、蝇类、蚁类、甲虫类。每一类昆虫的访花行为各不相同。

（1）蜂类

蜂类因自身所特有的携粉足，可以附着大量的花粉，尤其是蜜蜂和熊蜂，虫体密被体毛，易于携带花粉，是主要的传粉昆虫。黄边胡蜂飞行能力很强，是鹅掌楸属树种花朵较早的访客。通常，在花刚开或将要开放时，黄边胡蜂奋力挤开花被片钻入花内。蜂类在一朵花上停留的时间较短，之后访问同一株树的花或是邻近树上的花(李火根 等，2007)。

（2）蝇类

蝇类昆虫访花，有时访花的时间极短，刚一接触到花瓣便立即飞走，但也有长时间停留在同一朵花上(20~30min，甚至1~2h)，并且，对同一朵花的回访率很高(李火根 等，2007)。

（3）蚁类

蚁类一般沿着树枝爬进花中，常3~4只蚂蚁访问同一朵花，且在花内停留的时间很长，尤其是在雨前、阴天刮风的情况下，这种现象更为常见。蚁类可能是在寻找避风港，因而，蚁类访花未必参与传粉(李火根 等，2007)。

（4）甲虫类

甲虫类经常在花的基部活动，或静止不动或缓缓爬行，虫体表面粘满花粉。甲虫类不善于飞行，因而其访花时间普遍较长，在同一朵花内停留2~3h，这是甲虫类访花行为的最显著特点(李火根 等，2007)

6.3 鹅掌楸属树种的花粉活力及花粉管生长

6.3.1 花粉的形态结构

鹅掌楸属花粉粒异极，两侧对称，极面观椭圆形至长椭圆形，赤道面观船形，另一赤道面观近肾形。光学显微镜下，外壁表面具网状或皱疣状纹饰。电镜下则有穴—网状及皱疣状之分。马褂木与北美鹅掌楸的花粉特征区别为：马褂木花粉外壁表面为穴—网状纹饰，而北美鹅掌楸外壁表面为皱疣状纹饰(韦仲新和吴征镒，1993)。

马褂木与北美鹅掌楸花粉壁的超微结构基本相同，都由外壁外层，中层1，中层2，内壁1，内壁2，内壁3共6层组成。中层2含有大量的孢粉素物质，呈深染色颗粒状或片层状；内壁 1 含有絮状的不规则小管或小泡（樊汝汶 等，1995b）。

6.3.2 花粉活力

鹅掌楸属树种新鲜花粉具有较高的生活力（徐进和王章荣，2001；王贝，2010）。王贝（2010）于 2008—2010 年连续 3 年对马褂木、北美鹅掌楸各 3 株母树的花粉活力进行测定，在固体培养基（徐进和王章荣，2001）培养条件下，马褂木与北美鹅掌楸花粉均保持较高的萌发率，除个别年份外，一般平均可达 90% 左右（表 6-2）。其中，2008 年和 2010 年 6 个亲本的花粉萌发率均高于 80%。统计分析表明，不同年份间花粉活力差异显著，相同年份的花粉活力在种间及种内不同个体间差异不显著。

表 6-2　鹅掌楸属树种的花粉活力　　　　　　　　　　　　　%

树种	2008 年		2009 年		2010 年	
	平均	变异幅度	平均	变异幅度	平均	变异幅度
马褂木	90.2	87.5 ~ 94.4	57.5	50.2 ~ 66.7	95.7	94.5 ~ 96.2
北美鹅掌楸	89.2	82.6 ~ 96.2	62.0	57.4 ~ 69.5	91.3	87.7 ~ 93.4

（引自王贝，2010）

6.3.3 花粉在柱头上萌发与花粉管生长

自然授粉条件下，鹅掌楸属树种不同花期的花朵接收到的花粉量不一致，盛花期花朵接受的花粉量较多。同一离心皮雌蕊群不同部位柱头所接受的花粉量也不同：下部柱头接受花粉最多，中部柱头次之，而上部柱头接受的花粉最少（周坚和樊汝汶，1999）。

王贝（2010）利用固体培养基对鹅掌楸属树种花粉进行离体培养，在显微镜下观察测定不同培养时间后花粉管的生长情况。马褂木、北美鹅掌楸的花粉在培养 2h 后即开始萌发，26h 左右花粉管伸长至最大值（约 1500μm），30h 后花粉管生长近乎停滞。两种鹅掌楸花粉管生长趋势基本一致（图 6-1）。

6.4 鹅掌楸属树种繁殖资源分配

鹅掌楸属树种的英文名为"tulip tree"，译成中文为"郁金香树"，指其花似郁金香，既典雅又庄重。初夏季节，在鹅掌楸属树种盛花期（南京为 4 月下旬至 5 月上旬），翠绿的树冠中点缀着黄绿相间的花朵，花黄叶绿，相映成趣。

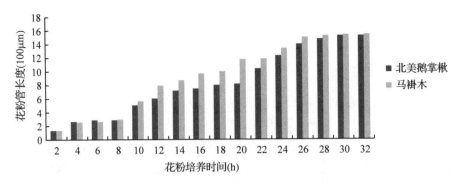

图6-1　马褂木花粉培养时间与花粉管长度

(引自王贝，2010)

鹅掌楸属树种最早可在造林后第 6 年开始开花，造林 12 年后达开花盛期。下面分别介绍鹅掌楸属树种花器官发育、花器构造及繁殖资源分配。

6.4.1　鹅掌楸属树种花器官发育

鹅掌楸属树种花器官的发育来源于混合芽，混合芽一般着生于枝顶，叶芽着生于叶腋。小枝上部的 2~4 个叶芽在翌年春天抽枝，形成新的小枝，其顶芽(大多为混合芽)经营养端和花端分化，形成腋芽和花芽(尤录祥和樊汝汶，1993；樊汝汶 等，1992)。

6.4.2　鹅掌楸属树种繁殖资源分配

(1)雌性繁殖资源分配

马褂木雌蕊群柱头数 62~135 个，平均约 100 个；柱头区长度 1.3~2.4cm，平均 1.7cm；雌蕊群总长度 2.5~3.6cm，平均 2.9cm。柱头区长度约占雌蕊群总长度的 60%(冯源恒等，2010)。

北美鹅掌楸雌蕊群柱头数 34~107 个，平均 74 个；柱头区长度 1.2~2.5cm，平均 1.7cm；雌蕊长度 2.6~4.4cm，平均 3.4cm。柱头区长度约占雌蕊群总长度的 50%(冯源恒 等，2010)。

(2)雄性繁殖资源分配

马褂木每个花朵具雄蕊数 34~58 枚，平均 46 枚；花药长度 1.1~2.2cm，平均 1.5cm；雄蕊长度 1.9~3.1cm，平均 2.6cm。花药长度占雄蕊总长度的 60%。花粉质量 26~133mg，平均 62mg；花粉粒数平均 3.59×10^6；每雄蕊含花粉量 0.7~2.66mg，平均 1.36mg。花粉活力平均 86%(冯源恒 等，2010)。

北美鹅掌楸每个花朵具雄蕊数 24~48 枚，平均 35 枚；花药长度 1.4~2.6cm，平均 2.1cm；雄蕊长度 2.7~4.3cm，平均 3.4cm。花药长度占雄蕊长度的62%。花粉质量30~184mg，平均94mg；花粉粒数平均10.75×10^6，每雄蕊含花粉量1.0~4.2mg，平均2.6mg。花粉活力平均达89%（冯源恒 等，2010）。

表6-3 比较了马褂木与北美鹅掌楸的花部特性。柱头数、雌蕊长度、雄蕊数、雄蕊长度、花粉量等指标种间差异明显，而其他指标种间差异不大（冯源恒等，2010）。

表6-3 马褂木与北美鹅掌楸花部特性的比较

花部性状	鹅掌楸			北美鹅掌楸		
	LS	WYS	FY	MSL	LYS	NK
柱头数	109	100	93	78	74	69
柱头区长度（cm）	1.81	1.72	1.58	1.76	1.49	1.88
雌蕊长度（cm）	2.85	2.96	2.86	3.42	3.07	3.61
柱头区长度/雌蕊长度	0.64	0.58	0.55	0.51	0.49	0.52
雄蕊数	49	51	37	42	30	34
花药长度（cm）	1.47	1.51	1.65	2.24	1.95	2.05
雄蕊长度（cm）	2.46	2.55	2.69	3.51	3.2	3.37
花药长度/雄蕊长度	0.6	0.59	0.61	0.64	0.61	0.61
花粉质量（mg）	68.25	66	51.4	129.09	53.81	97.71
单位花粉数量（$\times 1000 mg^{-1}$）	70	53	48	110	84	138
花粉数量（×1000）	4777	3498	2484	14242	4537	13484
花粉活力（%）	89	75	95	96	83	89
单位雄蕊花粉重量（mg）	1.4	1.29	1.4	3.11	1.79	2.84
花粉/胚珠（即P/O）（$\times 10^3$）	22.32	17.33	13.85	92.18	31.22	10.19

（引自冯源恒，李火根等，2010）

6.4.3 鹅掌楸属树种的交配系统类型

鹅掌楸属树种的花为雌雄异熟、雌蕊先熟、花药外向，这些特征有效避免了自花授粉，其交配系统类型属于专性异交。

马褂木雌蕊群柱头数明显多于北美鹅掌楸，但花粉质量与数量都小于北美鹅掌楸，因而马褂木的P/O也小于北美鹅掌楸（表6-3），说明北美鹅掌楸有更高的异交倾向。从降低自交概率、有利于异交的角度看，北美鹅掌楸的繁殖资源分配策略更有利些。

虽然如此，马褂木并不完全排斥自交。多年的人工控制授粉结果表明鹅掌楸属树种自交亲和（冯源恒 等，2010）。但与人工异交子代相比，自交结实率大大降低，且自交子代衰退严重（姚俊修 等，2012）。

6.5 鹅掌楸属树种的花粉竞争与性选择

花粉竞争与性选择在植物繁殖过程中广泛存在,是植物交配系统的核心。南京林业大学相关课题组对鹅掌楸属树种花粉竞争与性选择进行了探索。周坚和樊汝汶(1994)、樊汝汶等(1995a)及尹增芳等(2005)根据杂交胚胎学研究结果,认为鹅掌楸属树种柱头对花粉的选择性不强,不同杂交组合间花粉的萌发状况相似。鹅掌楸属树种花粉管在花柱沟内生长速度较慢,在此阶段多数花粉管解体破裂,进而推断雌雄配子间的识别反应发生在花柱组织中。

近年来,随着 DNA 分子标记技术的日渐成熟,为揭示鹅掌楸属树种花粉竞争与性选择提供了强有力工具,取得了一些新的进展。孙亚光和李火根(2008)利用 SSR 分子标记分析了自然授粉状况下鹅掌楸属树种的雄性繁殖适合度及性选择倾向,发现这两者在不同个体间差异明显。母本 LS 和 BM 性选择倾向明显,均倾向于种内交配,其种间交配比率分别为 85.7% 和 94.1%,而母本 HS 和 LYS 性选择倾向不明显(表6-4)。

表 6-4 为母本提供有效花粉的父本数量及其种的类别

母本	父本数目	父本所属的种	
		马褂木	北美鹅掌楸
HS(马褂木)	13	7	6
LS(马褂木)	7	6	1
BM(北美鹅掌楸)	17	1	16
LYS(北美鹅掌楸)	22	10	12

(引自孙亚光和李火根,2008)

同时,孙亚光和李火根(2008)通过分析鹅掌楸属树种交配距离与个体雄性繁殖适合度的关系,发现最大有效传粉距离为 77m,且有效花粉多来自于 15～35m 范围内的父本(图6-2)。

冯源恒等(2009)在多父本等量花粉混合授粉的交配设计基础上,利用 SSR 分子标记结合父本分析,初步揭示了鹅掌楸属树种花粉竞争与雄性繁殖适合度。发现北美鹅掌楸与马褂木均倾向于选择种内配子(表6-5)。鹅掌楸属树种间繁殖适合度,有待在拓宽研究材料基础上,开展更系统深入研究。

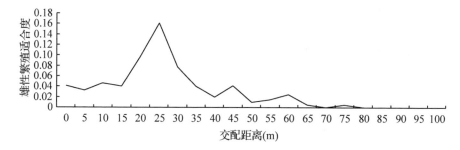

图 6-2　交配距离与雄性繁殖适合度

（引自孙亚光和李火根，2008）

表 6-5　多父本混合授粉条件下马褂木各亲本的雌、雄繁殖适合度

繁殖适合度	NK	MSL	BM	LYS	FY	WYS	LS	SZ
雌性繁殖适合度	0.557	0.26	0.632	1	0.051	0.471	0.807	0.844
雄性繁殖适合度	1	0.795	0.872	0.689	0.861	0.807	0.707	0.820
总繁殖适合度	0.850	0.550	0.840	1	0.440	0.700	0.880	0.960

注：NK、MSL、LYS、BM 为不同种源的北美鹅掌楸；FY、WYS、LS、SZ 为不同种源的马褂木。（引自冯源等，2009）

综上所述，可以认为鹅掌楸属树种存在较强的花粉竞争，且在雌雄配子结合时，均存在较强的选择同一树种异性配子的倾向。

6.6　鹅掌楸属树种的交配格局

近年来，南京林业大学鹅掌楸遗传改良课题组利用 SSR 分子标记结合亲本分析方法对鹅掌楸属树种的交配格局进行了研究。自由授粉状况下，鹅掌楸属树种的自交率为 11.6% 以下（孙亚光和李火根，2007）。而在多父本等质量花粉人工混合授粉条件下，鹅掌楸属树种的自交率为 2%～55%（冯源恒 等，2010）。无论是自由授粉还是多父本人工混合授粉，异交子代类型中，种内交配比率均高于种间交配（孙亚光和李火根，2007；冯源恒 等，2010；图 6-3）。

交配系统是影响植物群体遗传结构最关键的生物学因素之一，花部综合特征、开花物候、传粉媒介、繁殖资源分配、性选择倾向等是植物交配系统的重要组成部分。本章介绍了鹅掌楸属树种的开花习性、花部综合特征、传粉媒介，重点讨论鹅掌楸属树种繁殖资源分配、雄性繁殖适合度，以及性选择倾向。

鹅掌楸属树种花期一般在 4 月中下旬至 5 月中旬，前后持续约 1 个月，树种间花期重叠时间约 2 周。其花为虫媒花，蜂类为其主要的传粉媒介。通常情

况下，新鲜花粉的生活力较高，平均达90%以上，花粉在4℃低温条件下储藏2d仍可保持较高的生活力。鹅掌楸属树种存在较强的花粉竞争与性选择倾向，马褂木与北美鹅掌楸均倾向于种内交配。

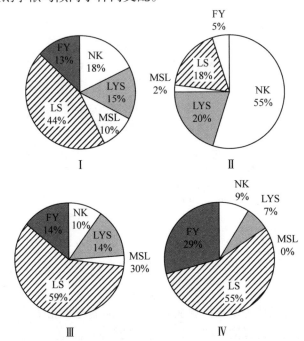

图6-3　鹅掌楸属树种雄性繁殖贡献率(引自冯源恒等，2010)

Ⅰ. 母本 NK　Ⅱ. 母本 MSL　Ⅲ. 母本 LYS　Ⅳ. 母本 LS

总之，鹅掌楸属树种花大、花期长、间期花期重叠、花粉活力高、种间可配性强，这些特点为鹅掌楸属树种种间杂交育种创造了有利条件。

参 考 文 献

樊汝汶，方炎明，黄金生. 鹅掌楸属植物引导组织和花粉管生长[J]. 西北植物学报，1995，15(3)：219-224.

樊汝汶，尹增芳，尤录祥. 中国鹅掌楸混合芽的发生与形态建成[J]. 林业科学，1992，28(1)：65-68.

樊汝汶，周坚，黄金生. 鹅掌楸属植物花粉萌发前后壁的超微结构[J]. 云南植物研究，1995，17(4)：427-431.

冯源恒. 鹅掌楸配子选择与雄性繁殖适合度[D]. 南京：南京林业大学，2009.

冯源恒，李火根，杨建，等. 两种鹅掌楸繁殖成效的比较[J]. 热带亚热带植物学报，2010. 18(1)：9-14.

葛颂. 植物群体遗传结构的回顾与展望[M]. 北京：高等教育出版社，1998.

黄坚钦. 鹅掌楸雌配子体发育及淀粉动态观察[J]. 浙江林学院学报, 1998, 15(2): 164 - 169.

黄坚钦, 樊汝汶, 黄金生. 中国鹅掌楸柱头毛发育的超微结构和物质分泌[J]. 南京林业大学学报, 1993, 17(4): 47 - 52.

黄双全, 郭友好. 鹅掌楸的传粉环境与性配置[J]. 生态学报, 2000, 20(1): 49 - 52.

黄双全, 郭友好, 潘明清, 等. 鹅掌楸的花部综合特征与虫媒传粉[J]. 植物学报, 1999, 41(3): 241 - 248.

李火根, 曹晓明, 杨建. 2 种鹅掌楸的开花习性与传粉媒介[J]. 浙江林学院学报, 2007, 24(4): 401 - 405.

孙亚光, 李火根. 利用 SSR 分子标记对鹅掌楸自由授粉子代的父本分析[J]. 植物学通报, 2007, 24(5): 590 - 596.

孙亚光, 李火根. 利用 SSR 分子标记检测鹅掌楸雄性繁殖适合度与性选择[J]. 分子植物育种, 2008, 6(1): 79 - 84.

王贝. 鹅掌楸属树种配子选择的细胞学研究[D]. 南京: 南京林业大学. 2010.

王洪新, 胡志昂. 植物的繁育系统、遗传结构和遗传多样性保护[J]. 生物多样性, 1996, 4(2): 92 - 96.

韦仲新, 吴征镒. 鹅掌楸属花粉的超微结构研究及系统学意义[J]. 云南植物研究, 1993, 15(2): 163 - 166.

徐进, 王章荣. 杂种鹅掌楸及其亲本花部形态和花粉活力的遗传变异[J]. 植物资源与环境学报, 2001, 10(2): 31 - 34.

姚俊修, 李火根, 边黎明, 等. 鹅掌楸属树种近交衰退分析[J]. 东北林业大学学报, 2012, 40(7).

尹增芳, 樊汝汶, 尤录祥. 鹅掌楸花粉保存条件的比较研究[J]. 江苏林业科技, 1997, 24(2): 5 - 8.

尹增芳, 黄坚钦, 樊汝汶. 鹅掌楸属树种的胚胎学研究进展[J]. 南京林业大学学报(自然科学版), 2005, 29(1): 88 - 92.

尤录祥, 樊汝汶. 北美鹅掌楸混合芽的发生和分化[J]. 南京林业大学学报, 1993, 17(1): 49 - 53.

张大勇, 姜新华. 植物交配系统的进化、资源分配对策与遗传多样性[J]. 植物生态学报, 2001, 25(2): 130 - 143.

周坚, 樊汝汶. 鹅掌楸属两种植物花粉品质和花粉管生长的研究[J]. 林业科学, 1994, 30(5): 405 - 411.

周坚, 樊汝汶. 中国鹅掌楸传粉生物学研究[J]. 植物学通报, 1999, 16(1): 75 - 79.

周坚, 樊汝汶. 中国马褂木雄性生殖单位的二维结构[J]. 南京林业大学学报, 1995, 19(1): 15 - 18.

第 7 章
鹅掌楸属树种的杂交技术

　　杂交技术包括杂交树种的花器构造与开花授粉习性、花粉收集、保存与生活力测定技术、授粉技术等内容。由于不同植物的生物学特性存在差异，因而所采用的杂交技术也不完全相同，因此，对某一具体植物进行杂交育种时，应对其杂交技术进行具体研究，研究的重点是花粉技术和授粉技术。本章首先介绍了植物杂交育种的一般方法，然后重点讨论了鹅掌楸树种的开花生物学特性、花粉技术和授粉技术。

7.1　植物杂交的一般方法

7.1.1　花器构造和开花生物学特性

　　杂交前要了解亲本树种花的构造。被子植物花的构造变异很大，有两性花和单性花之别，马褂木属两性花。在两性花中，应了解雄蕊和花柱是否等长，还应了解雄蕊的数目，花药中的花粉量，以及雌蕊中的胚珠数等。两性花杂交之前要先去雄。单性花有雌雄同株的，如胡桃科、壳斗科等，也有雌雄异株的，如杨树、柳树等。

　　开花生物学特性因不同的种和品种类型而异。杂交前应了解亲本树种的传粉方式，以便杂交时采取合适的隔离方式。同时，应进行亲本树种开花物候观察，准确掌握其开花期、雌蕊可授期、果实成熟期，以及有无雌雄蕊异熟及闭花受精现象等开花习性，以便及时收集花粉和适时进行授粉。当亲本花期不一致时，应采取适当措施进行花期调整。对于种子小、成熟期短的树种，可采用温室水培花枝进行花期调整；对于光周期不严格的树种，可采用分期播种进行花期调整；对于花期相隔太远的树种，只能通过贮藏花粉的办法来进行花期调整。

7.1.2 花粉技术

7.1.2.1 花粉的收集

为了保证杂交工作正常进行，必须在母本花朵开放之前有足够的父本花粉以备授粉。

多数风媒花树种的花粉量多，质轻且干，可从树上直接收集或采集花枝收集。树上收集花粉时，应掌握雄花成熟的标志和散粉规律，一般风媒花于9：00时左右开始散粉，11：00～14：00时是雄花盛开的时间。在选好的父本植株上，预先把即将开放的花蕾或花序用亚硫酸纸袋或塑料袋套起来，以防花粉混杂，一旦花粉散出时即落在袋中，或直接抖动花枝，使花粉直接散落袋内，取袋收集。采集花枝收集花粉的方法是，在雄花未开放前（不能采枝过早），采集带花苞的枝条，用清水培养，在瓶子下面铺一张干净白纸或塑料薄膜，待雄花开放，花药自然破裂时，花粉即可自行散落，如果树木的花粉量少或花枝不多时，可用干净毛笔收集。

对于花粉散粉期较短的树种，以及花粉量少、粒大且黏的虫媒花树种，可以直接采集将散粉的花穗（朵），铺在纸上，使花药开裂，收集花粉。

7.1.2.2 花粉的贮藏和运输

花粉寿命的长短，对于杂交育种很重要，如果能把花粉贮藏1个月至1年，则迟开花的树种就可以和早开花的树种进行杂交。自然条件下，花粉一般很容易失去生活力。因此，收集好的花粉如果不能及时授粉，必须立即贮藏，以延长花粉的寿命。

花粉寿命受遗传及环境因素影响，环境因素主要是温度和湿度，高温、高湿会使花粉很快丧失生命力，而极干燥的条件也不利于保存。一般风媒花的生活力在干燥、冷凉的室温下可保持1～2周。杉木、柳杉、云杉、松树的花粉最耐贮藏，可以保存数年。人工贮藏花粉，就在于创造低温、黑暗、干燥的条件，降低花粉呼吸作用和代谢过程，使花粉处于休眠状态，延长花粉寿命。

花粉收集后，先进行自然干燥，使花粉含水量保持在8%～10%，其标志是花粉能自由飞扬而不黏附在玻璃贮藏容器壁上，倾倒时像水一样流动。干燥后的花粉应除去杂质，分别装入指形管或小玻璃瓶中，不宜装满，以容器的1/5或更少为宜，瓶口用双层纱布包扎，贴上标签，注明树种和采集日。对于花期相遇的树种，花粉可随采随用，一时不用的，可将干燥分装的花粉放入干燥器内，干燥器内放置氯化钙，置于冰箱贮藏备用。

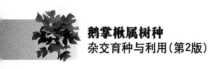

花粉由于体积小，干燥花粉比种子或其他植物材料更易于寄运，把筛去杂质的新鲜花粉，干燥到含水量适宜贮藏时，装入小玻璃瓶中，瓶口塞以棉花，装在木匣子内快速寄运。有些树种可剪取其花朵尚未开放的花枝寄运，少量的花粉可用光洁的玻璃纸包好邮寄，但对于寿命短的花粉则不宜邮寄。

7.1.2.3　花粉生活力的测定

为了保证杂交成功以及正确分析杂交结果，对经贮藏及外地寄来的花粉，在授粉前必须测定其生活力。花粉生活力是指花粉产生种子的能力，但在实际应用中，常以花粉的离体萌发试验、活体试验和染色试验等测值来估计。

活体试验有两种方法，一种是把花粉授在同种植物的柱头上，做好隔离，然后观察结实情况，如果发育正常，收到种子，即证明花粉有生活力，否则表示花粉没有生活力。另一种是把花粉授在同种植物柱头上 1～3d 后，采集已授过粉的柱头，用 FAA 固定液固定，经 1% 的苯胺蓝染色、压片后在显微镜下观察。若花粉具有生命力，即可看到染成蓝色的花粉管伸入柱头组织。

离体萌发试验和染色试验属于间接测定花粉生活力的方法。离体萌发试验也叫花粉发芽试验法，是将花粉接种在特定培养基上于特定条件下培养，显微镜下观察花粉管萌发情况，以花粉萌发率间接表示花粉生活力。一般花粉萌发用 5%～20% 蔗糖琼脂薄片在 15～25℃ 条件下培养，也有直接用蔗糖溶液培养的，蔗糖浓度及培养条件因树种而异，液体培养中蔗糖的浓度一般要高于固体培养。微量的硼元素可以刺激花粉发芽和花粉管生长，一般硼的浓度为 0.001%～0.015%，超过 0.015% 则有抑制作用或成为毒害。一种含有微量硼、钙、镁的通用培养基适合多数植物花粉的培养，其配方如下：蔗糖 10%，H_3BO_3 100mg/L，$Ca(NO_3)_2$ 300 mg/L，$MgSO_4$ 200mg/L，KNO_3 100mg/L。

用于花粉活力测定的染色剂较多，染色原理各不相同。

2, 3, 5-三苯基氯化四氮唑（TTC）和次甲基蓝染液都是利用脱氢酶反应来鉴定花粉的活力。有活力的花粉有脱氢酶活性，可将氧化态、无色的 TTC 溶液还原成红色的 TPF（三苯甲䐶），并使花粉染成红色，无活力的花粉不能染色；将氧化态、蓝色的次甲基蓝溶液还原成无色，有活力的花粉会褪色为浅蓝色或灰色，无活力的会染成蓝色。

I_2-KI 染液是利用碘与淀粉的显色反应来鉴定花粉活力的。多数植物正常花粉呈规则形状，如圆球形或椭球形、多面体等，并积累淀粉较多，通常可将其染成蓝色。发育不良的花粉常呈畸形，往往不含淀粉或积累淀粉较少，用 I_2-KI 染色，往往呈现黄褐色。此法不能准确表示花粉的活力，也不适用于研究某一处理对花粉活力的影响。因为核期退化的花粉已有淀粉积累，遇 I_2-KI 呈蓝色反应。另外，含有淀粉而被杀死的花粉遇 I_2-KI 也呈蓝色。

联苯胺染液鉴定花粉活力的原理是，凡有生活力的花粉均具有过氧化氢酶的存在，它可利用过氧化氢使联苯胺发生氧化而产生红色或玫瑰色，进而使花粉染色成红色，无活力的花粉不染色。

荧光二醋酸酯（FDA）染色法测定花粉活力的原理是，有活力的花粉含有酯酶，可分解本身不发荧光的荧光素脂，释放出发荧光的荧光素，可由荧光显微镜检出。无活力的花粉无荧光。

7.1.3　授粉技术

授粉是杂交育种的关键步骤，操作正确与否直接影响杂交结果。授粉可分为树体授粉和室内切枝水培授粉两种方法，两者操作既有相似又有区别。

7.1.3.1　树上杂交授粉

树体授粉是直接对母本植株上选择的母本花朵进行人工授粉，授粉后花粉萌发及受精、种子发育等过程都是在自然条件下进行的。多数树种均可采用树体授粉，其步骤如下：

（1）母本植株及花朵选择

母本植株应该选择结实量大、生长健壮、无病虫害、无人为干扰的优良单株。授粉花朵应该选择树冠中上部、向阳面的花朵。

（2）去雄

对于两性花树种，杂交之前需将母本花朵的雄蕊去掉，以免自花授粉。去雄的时期，最好是当花朵微开，花药呈绿色还未成熟的时候。最适当的去雄方法是用镊子或尖头小剪刀直接剔除花中的雄蕊，操作要小心、彻底，不能损伤雌蕊，更不可刺破花药。一旦花药刺破，此花朵不能再作为授粉花朵。去雄时所用的镊子、剪刀等工具都需用酒精消毒。

（3）套袋隔离

两性花去雄后，为避免非目的花粉的侵入，必须立即套袋隔离。授粉前为保证父本花粉的纯洁，也要对备取花的雄蕊隔离。单性花在母本花朵开放前也要隔离，凡能从外部形态清楚识别雌花芽者，在雌花突破芽鳞时，就可套袋隔离；或者在周围同种或近缘种树种花粉散粉前，对母本花朵进行套袋隔离。凡是雌雄异株的树种，如果附近没有同种雄株，可不套袋。

套袋材料必须能防水，避光、透气。风媒花树种，可用亚硫酸纸或牛皮纸做袋子，可用缝纫机缝制，也可采用与水不亲和的黏合剂粘缝。袋子两端开口，顶端向下卷折，用回形针别住，以方便重复授粉。下端口衬以棉花，用线缚扎在老枝上。虫媒花可用细纱布做袋子。

套袋后需挂上标签，标明去雄日期。

（4）授粉

待雌花开放，阔叶树柱头发亮、分泌黏液时，针叶树珠鳞张口时，即可授粉。授粉期的长短因树种而异，对于花序，宜多次重复授粉。授粉的方法和工具，视不同情况灵活运用。风媒花树种的授粉时间最好是在无风的早晨，授粉时只打开袋子的顶端，用干净的毛笔蘸取花粉涂抹柱头，或用喷粉器对准雌花喷射花粉。虫媒花的花粉有黏性，授粉时取下纱布袋，花粉量少的树种，可用圆锥形橡皮头授粉。一个授粉工具原则只能用于一个杂交组合，以免做另一组杂交时造成花粉混杂。授粉后应在标签上注明授粉日期、授粉次数和杂交组合。

（5）去袋及种子采收

阔叶树柱头萎蔫、针叶树种鳞闭合时表明受精成功，为了不影响杂交种子的正常发育，此时可将隔离袋去掉。种子发育期应注意精心管理，防止鸟兽、人为等对果实的危害。在种子将要成熟时，可重新套上袋子，以免种子丢失。对分批成熟的种子可分批采收。

7.1.3.2　室内切枝杂交授粉

对于种子小、成熟期短的树种，如杨、柳、榆等，为避免上大树授粉的不便，以及克服亲本双方花期和产地不一的困难，便于隔离和管理，不受外界环境条件的影响，可采用室内切枝水培的方式进行授粉。其步骤为：

（1）枝条的采取和修剪

从已选好的母树树冠中上部，剪取 1～2 年生无病虫害，基部直径为 1.5～2cm，长 70cm 以上的雌花枝条或雄花枝条。雌花枝由于长期依靠枝条内贮藏的有限营养维持开花结实，要尽量选用粗壮枝条。采回来的枝条，或从远地寄来的枝条，入室前进行修剪，剪去无花芽的病虫枝、徒长枝。

（2）水培和管理

把修好的枝条，插在盛有清水的广口瓶或大烧杯内，每隔 2～4d 换水一次，天热时要勤换水。如发现切口变色，要将切口修剪。必要时培养花枝也可用完全营养液的溶液培养法。室内应保持空气流通，湿度适宜，即开花前室温以 15～18℃为宜，而授粉后以 20～25℃为宜，湿度则为 70%。水培时，同一杂交组合的父母本花枝可放在同一房间培养，不同杂交组合的放在不同房间培养，以起到隔离的作用。有时为了提前收集父本花粉，可将父本花枝培养在温度较高、光照较强的房间内。

（3）去雄、隔离和授粉

同树体授粉一样，室内切枝水培的母本花枝在相应时间也应去雄。如上所述，室内可不套袋隔离而利用空间起隔离作用。授粉同树体杂交。

（4）果实发育期的管理

果实发育期应注意病虫害防治，特别是在高温高湿情况下，要注意经常换水，也可采用溶液培养，应保持室内通风，室温保持在 18～22℃，不可过高，湿度最初不低于 65%。

（5）收获种子

当果实即将成熟时套上纸袋，待成熟后连同袋子一起取下，脱粒后按组合分别保存，切不可混淆。

在整个杂交授粉工作过程中，要及时填写记录表。

7.2　鹅掌楸属树种的开花生物学特性

7.2.1　鹅掌楸属树种的开花物候期

鹅掌楸属树种一般在实生繁殖条件下 8～10 年生即可开花结实，12～15 年生后进入大量开花期，60 年生时仍能正常开花结实。

鹅掌楸属树种的芽按性质可分为两类，即混合芽和叶芽。混合芽一般生于枝顶，由叶芽抽枝生长后形成，叶芽位于枝顶下的叶腋部位。鹅掌楸属树种花器官来源于混合芽，混合芽经营养端和花端分化，形成腋芽和花苞（尤录祥 等，1993；樊汝汶 等，1992a）。

在南京地区一般于 4 月上中旬为始花期，4 月下旬至 5 月中旬为开花盛期，5 月下旬为开花末期，花期持续 30d 左右。不同树种（杂种）、不同个体及不同年份间存在一定程度的差异。与马褂木和北美鹅掌楸相比，杂交马褂木始花期早约 10d，末花期晚约 7d，因而花期更长。不同树种（杂种）间花期重叠约 15d，可以较方便地开展鹅掌楸属树种间正反交、回交及 F_1 代杂种间的人工杂交。

7.2.2　鹅掌楸属树种的花器构造

鹅掌楸属树种花苞从外至内分苞片、花被、雄蕊及雌蕊群四部分，苞片、花被片和雄蕊均为轮生，离心皮雌蕊为螺旋状排列。苞片 1 轮 3 枚，在花苞逐渐增大过程中，苞片先一裂为二，然后从花苞上脱落。花被片 3 轮，每轮 3 片。雄蕊 3 轮，雄蕊数 24～58 不等，雄蕊长度 1.9～4.3cm，每雄蕊含花粉量 0.7～4.2mg。花药外向，位于远轴面，长度 1.1～2.6cm，花丝宽带状，每个花药含 4 个花粉囊，处于同一平面。北美鹅掌楸和杂交马褂木比马褂木花粉量大。雌蕊群由 90～140 个（马褂木约 140 个，北美鹅掌楸约 90 个，杂交马褂木约 120 个）离心皮雌蕊组成，每个子房有 2 个悬垂的倒生胚珠，柱头呈舌状，具大量柱头毛（尤录祥 等，1993；樊汝汶 等，1992a；冯源恒 等，2010）。

鹅掌楸属树种柱头数、雌蕊长度、雄蕊数、雄蕊长度、花粉量等指标种间差异明显，而其他指标种间差异不大(冯源恒 等，2010)。

7.2.3 鹅掌楸属树种的传粉受精

鹅掌楸属树种以虫媒传粉为主，访花昆虫主要包括蜂类、蝇类和甲虫类，风媒导致的异株传粉作用可以忽略，具有异交为主的繁育系统(黄双全 等，1998，1999；周坚 等，1999)。

鹅掌楸属树种雌蕊先熟，从传粉到完成双受精约需5d(黄坚钦 等，1998)。花被片迟未完全展开时雌蕊即进入可授期，可授期仅维持1~2d(尤录祥 等，1993)。马褂木柱头可授期的标志是柱头上有水珠状透明的分泌物，北美鹅掌楸柱头可授期的标志是柱头上有圆球状乳白色分泌物，柱头分泌物出现在含苞待放时，待到柱头分泌物全部消失时，柱头变褐，花已盛开，这正是可授期结束之时。对马褂木一株树来说，花期很不一致，有的花期已过，有的仅是花苞。在一朵花的雌蕊群中，柱头分泌物是从下部向上部逐渐出现的，同样柱头变褐也是从下向上逐渐变褐的，即一朵花中离心皮雌蕊间的发育也是不同步的(尤录祥 等，1995)。自然授粉条件下，鹅掌楸属树种不同花期的花朵接收到的花粉量不一致，盛花期花朵接受的花粉量较多。同一离心皮雌蕊群不同部位柱头所接受的花粉量也不同：下部柱头接受花粉最多，中部柱头次之，而上部柱头接受的花粉最少(周坚 等，1999)。

传粉后2h花粉萌发，6h萌发率最高。不同来源的花粉(同株花粉、异株花粉、同属异种花粉)都可在柱头表面萌发，花粉管穿过柱头向下生长，通过柱头沟进入花柱沟。当花粉管长度为花粉直径的4~10倍时，生殖细胞分裂成2个精细胞，与营养核一起形成雄性生殖单位。鹅掌楸属树种的精细胞具有二型性，即同一花粉管的2个精子在大小、形态上存在明显的差异(周坚 等，1995)。72h以后，花粉管到达胚珠，从珠孔口进入后，穿过珠心喙到达胚囊，其后花粉管进入助细胞，释放2个精细胞，完成双受精。其双受精类型属典型的有丝分裂前型(黄坚钦 等，1995)。

虽然柱头表面对花粉的选择性不强，但自然结实率较低，一般不足1%，人工辅助授粉可大大提高结实率(表7-1)，授粉后第22周种子成熟(尤录祥 等，1995；黄双全 等，1998；周坚 等，1994；樊汝汶 等，1992b)。

表7-1 人工辅助授粉结实率比较（尤录祥等，1995）

授粉情况	年份	观察果数	翅果总数	饱满翅果数	种子数	饱满翅果率（%）	结实率（%）
L.c 自然授粉	1992	28	4237	17	18	0.40	0.45
L.c×L.c（庐山）（黄山）	1992	2	278	116	146	41.73	52.52
L.c×L.t	1992	22	3274	604	682	18.45	20.83
L.t 自然授粉	1991	51	4422	4	4	0.09	0.09
	1993	10	863	0	0	0	0
L.t×L.c	1991	3	286	61	70	21.33	24.48
	1993	10	842	181	205	21.97	24.88

注：L.c 为马褂木；L.t 为北美鹅掌楸。

7.3　鹅掌楸属树种杂交的花粉技术

7.3.1　花粉收集

鹅掌楸属树种的花为雌雄异熟、雌蕊先熟，因此，杂交前必须采用切枝水培父本花枝，通过控制室内温度的方法，使父本雄蕊先于母本雌蕊成熟，以便提前收集花粉，适时授粉。

因盛花期花粉萌发率最高（图7-1）（李周岐 等，2000），因此，在盛花期，选择具即将开放花苞的健壮无病虫害花

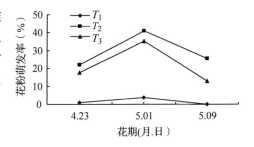

图7-1　不同花期花粉萌发率

枝，将其剪下置于水桶中保湿带回，以防止花枝失水，花朵凋萎。即将开放的花苞特征为：花苞的花被片长大，花苞明显鼓起，但花被片还未张开，此时，用手环握花苞可明显感觉花苞变软。注意，一定不要采花被片已微微张开的花苞，因为有些传粉昆虫在花被片将开未开时已经钻入花中，完成传粉（李火根 等，2007）。因此，这类花苞可能含有非目的花粉。

采回的花枝做适当修剪，剪去大部分叶片，插入玻璃瓶内水培。一般在室温下水培1~2d，花朵张开，花药开裂，花粉散落。在这一过程要随时注意观察，在花粉即将散落时（用手指轻轻触碰花药，指头上沾有一层花粉），将花小心取出，用小号毛笔轻轻刷下花粉，可用亚硫酸纸承接花粉。然后，将刷下的花粉过筛去杂，收集于玻璃小瓶内，在瓶上贴好标签备用。

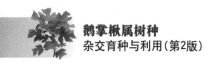

7.3.2 花粉贮藏

鹅掌楸属树种的花粉含水率较高,常温下呼吸作用强烈,很容易丧失生命力。因此,当杂交亲本的花期一致时,应尽可能使用新鲜花粉进行授粉。但有时可能会遇到亲本花期不一致,如马褂木与北美鹅掌楸的花期相差1周左右(李火根 等,2007),此时,需要对父本花粉进行贮藏。

贮藏温度对鹅掌楸属树种花粉生活力有显著影响。尹增芳等(1997)比较了鹅掌楸属树种花粉几种低温保存方法。鹅掌楸属树种花粉在超低温(-196℃,液氮)条件下可保鲜5d,其花粉存活率与新鲜花粉一致;但保存15d后花粉细胞超微结构发生严重损伤,内膜系统及细胞器降解;25d后

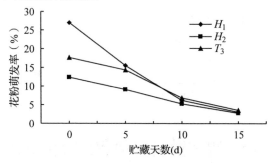

图7-2 不同贮藏时间花粉萌发率

几乎观察不到存活的花粉。 -25℃条件下,以二甲基亚砜为保护剂,蔗糖为辅佐剂,鹅掌楸属树种花粉保存效果较好。4℃条件下,花粉保存5d后其萌发率降至23.5%,且大部分花粉细胞的内膜系统严重损伤;15d后花粉细胞质及核质"空泡化",发生致死性破坏。李周岐等(2000)发现,北美鹅掌楸和杂交马褂木的花粉经4℃贮藏后其萌发率迅速下降。贮藏5d、10d、15d时萌发率平均降低32.09%、71.28%和82.67%(图7-2)。由此认为,4℃不宜作为北美鹅掌楸和杂交马褂木花粉的贮藏条件。王贝(2010)比较了常温(25℃)保存与低温(4℃)保存对鹅掌楸属树种花粉活力的影响。常温保存条件下,花粉活力急剧下降,7d后花粉基本丧失活力。在4℃条件保存下,2d内花粉活力虽然有所下降,但不很明显,花粉生活力仍能保持在60%以上;3d后花粉活力开始急剧下降;10d后花粉活力降至10%以下;15d后花粉活力基本丧失。

由此可见,鹅掌楸属树种花粉不耐长久储藏,不管是常温、4℃低温,还是 -196℃超低温保存,保存时间最好不要超过5d。

7.3.3 花粉生活力测定

已报道的鹅掌楸属树种花粉生活力测定有以下几种方法。

7.3.3.1 荧光染色法(FDA 荧光素二醋酸酯)

按1mL丙酮溶解5mg FDA的比例配置贮备液,每次观察用0.5M蔗糖溶液将贮备液稀释50~150倍,成为30~100μg/mL浓度的FDA测定液。检测时,

在载玻片上撒适量花粉，滴 1 滴 FDA 测定液，盖上盖玻片，静置 5min，置荧光显微镜下观察。采用 BG 激发滤光片，有活力的花粉呈绿色荧光，无活力的无荧光，统计花粉活细胞率（FCR）（周坚 等，1994；唐芸，2002）。

$$FCR = （随机计数 500 粒花粉中有荧光的花粉粒数）/500$$

7.3.3.2 花粉发芽试验法

可以采用营养液培养、固体培养基培养、看护培养。研究表明，硼是鹅掌楸属树种花粉萌发的必要元素，较高浓度的蔗糖有利于花粉萌发（唐芸，2002）。

营养液配方可采用：30 ~ 50mg/L 硼酸 + 5% ~ 10% 蔗糖 + 300mg/L $Ca(NO_3)_2$（周坚 等，1994；徐进 等，2011；唐芸，2002）。固体培养基配方可采用：1% 琼脂 + 营养液（周坚 等，1994）。两种方法的培养条件均为 25℃ 下静置培养，培养 12 ~ 24h 后，显微镜下观察统计花粉萌发率。

看护培养是指切去鹅掌楸属树种未授粉柱头或胚珠作为花粉萌发的看护组织，放在载玻片上，滴入营养液，其上加入待测花粉，25℃ 下静置培养，或 28℃ 下振荡培养 2h 后，在显微镜下观察统计花粉萌发率（周坚 等，1994；唐芸，2002）。

以上方法在观察统计时，随机取 3 个视野，每视野不少于 30 个花粉，以花粉管长度大于花粉粒直径 1/2 以上者为萌发标准，统计花粉萌发率。

7.3.3.3 活体试验法

将待测花粉授在同种树种未授粉花（最少 3 朵花）的柱头上，做好隔离，3d 后摘取柱头，体视显微镜下观察有萌发花粉的柱头所占的比率。有时，可将花粉授在异种树种的柱头上，以测定花粉在异种柱头上的萌发情况（周坚 等，1994）。

上述测定鹅掌楸属树种花粉活力的方法，其测定结果往往不一致。花粉发芽试验中培养液和固体培养基法中的花粉萌发率，均低于荧光染色法测定的 FCR 值和活体试验中的花粉萌发率，但运用看护培养，可以使萌发率提高到 60% 以上，结果相对较可靠（周坚 等，1994；唐芸，2002）。活体试验测定花粉活力的方法虽然也较可靠，但操作烦琐。

此外，要注意区别花粉品质与花粉生活力关系。FCR、花粉萌发率（离体条件下）高，均可说花粉品质好，但不代表花粉生活力高。有萌发能育的花粉，传粉后不一定能正常结实；同样，在一般离体条件下不萌发的花粉，也并非没有活力，有的花粉只有在活体条件下才萌发。因此，在未进行花粉能育力测定之前，不能将花粉品质作为花粉能育力，更不能把花粉品质与种子的结实率简单的对应起来。开展鹅掌楸属树种花粉能育力的研究，不仅是了解花粉对产生种子的影响，而且也许是克服该属树种受精障碍，提高结实率的关键（周坚 等，1994）。

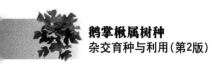

7.4　鹅掌楸属树种杂交的授粉技术

鹅掌楸属树种4月中旬至5月中旬开花，聚合果10月中下旬成熟，从花开至果熟需经历半年左右时间，因此，不适合室内切枝水培授粉，一般都采用树体授粉。因花粉品质及萌发率在盛花期最高(李周岐 等，2000)，因此，人工授粉建议在盛花期进行。

7.4.1　授粉母树及花朵选择

选择母本树种中结实率高的优树作为授粉母树，花朵选树冠向阳面、中上部花朵。

7.4.2　去雄

在花苞成熟、昆虫还未钻入之前，应进行去雄。具体操作方法为：将还未开放的花被片轻轻剥开，用镊子剔除花中的雄蕊，然后，将花被片还原复位，再套上用亚硫酸纸制成的隔离袋。去雄时要轻柔，不要损伤雌蕊群。

7.4.3　套袋隔离

根据鹅掌楸属树种的生物学特性，从叶培忠教授早期的杂交工作开始，实践上一直沿用不套袋授粉技术，虽然，杂交后代明显表现父本性状，并已通过同工酶分析证明了杂种的真实性(黄敏仁 等，1979)，但这种授粉技术的污染程度有多大未曾确定。李周岐等(2000)研究发现，套袋隔离处理的结实率，整体高于不套袋处理，且套袋授粉饱满翅果率是不套袋的1.95倍(图7-3、表7-2，EM：除去花被片及雄蕊；NEM：未除去花被片及雄蕊；B：套授粉袋；NB：未套授粉袋；P：人工授粉；NP：自由授粉)。

图7-3中，在人工去雄后自由授粉(EM-NB-NP)情况下，其他3个时期的结实率均为0.00%，而5月6日仍有0.16%的结实率，说明存在花粉污染，但污染程度很低。

从表7-2可以看出，处理EM-NB-NP的结实率为0.00%，远低于处理NEM-NB-NP的结实率(0.93%)，说明除去雄蕊和花被片，降低了花朵对传粉者的吸引，从而降低了不套袋授粉的污染率。处理NEM-NB-P的结实率低于处理EM-NB-P的结实率，说明除去雄蕊和花被片后，便于授粉操作，可提高授粉结实率。处理EM-B-P的结实率是处理EM-NB-P的2.20倍，说明授粉袋能改善雌蕊受精环境，有利于提高授粉结实率。

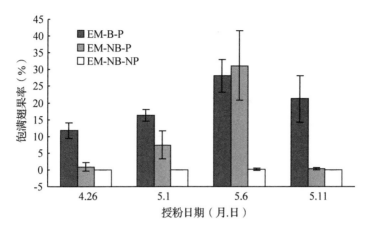

图 7-3　不同花期授粉结实率

表 7-2　不同授粉方式的结实率

授粉方式	EM-B-P	EM-B-NP	EM-NB-P	EM-NB-NP	NEM-B-NP	NEM-NB-P	NEM-NB-NP
饱满翅果率（%）	16.37±1.70	0.00±0.00	7.45±2.02	0.00±0.00	0.00±0.00	6.29±1.65	0.93±0.90

　　因此，为了保证鹅掌楸属树种杂交种子的饱满度，减少计划外花粉污染，最好在去雄后立即套袋隔离。如果杂交工作量大，或对杂种种子要求不严格时，可充分利用盛花期 10d 的时间，进行不套袋授粉，以便对更多花朵进行人工杂交。但在初花期和末花期最好进行套袋授粉，以便提高杂交效率。

7.4.4　授粉

　　鹅掌楸属树种的可授期可维持 1~2d（尤录祥 等，1993）。可授期的长短受外界条件的影响，干燥、高温天气促使雌花提前萎缩，可授期缩短，适当的低温可以延长可授期。当花被片伸长，花苞逐步鼓起，花被片尚未完全分离开放，这时雌蕊柱头上分泌出黏液（又称传粉滴），表示雌蕊群已成熟，可以授粉。

　　鹅掌楸属树种在一天内均有进入可授期的花朵，所以杂交工作可以全天进行，但不同时间的授粉效果可能不同。李周岐等（2000）发现，以 13：00 左右的授粉效果最好，平均饱满翅果率可达 30.12%，单果最大值可达 46.23%。在人工去雄后自由授粉（EM-NB-NP）情况下，其饱满翅果率也以 13：00 左右最大（1.10%），同样与这段时间传粉者的大量活动有关，而全天的平均值仅为 0.31%，说明污染程度很低（图 7-4）。李火根等（2009）认为，中午前后（10：00 至 14：00）是鹅掌楸属树种授粉的最佳时期。由于鹅掌楸属树种雌蕊的可授期较短，因此，在初花期和末花期可杂交花朵较少的情况下，杂交工作应在 13：00 左右进行，以充分利用这些花朵，提高杂交效果。而在盛花期可杂交花朵较多的情况下，杂交工作应全天进行，尽可能对更多的花朵进行杂交授粉。

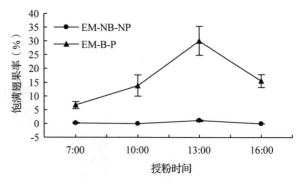

图 7-4　不同时间授粉结实率

授粉时，一般用细毛笔刷醮着花粉均匀涂抹在雌蕊群上。授粉后重新套上隔离袋，挂好标签，以区分杂交组合类型；同时，也应做好书面记录，归档保存。

7.4.5　授粉后的管理

由于鹅掌楸属树种双受精完成于授粉后的 72h，故授粉 4～5d 后，当雌蕊柱头萎蔫发黑时，表示受精成功，此时，应及时将隔离袋摘除，以免影响果实发育或造成落果。

可适当对杂交母树进行追肥。以母树主干为中心，以 1m 左右为半径环形开沟，沟深 15～20cm，每株母树施复合肥 3～5kg（根据母树营养面积大小）。

做好杂草控制、病虫害防治工作。此外，还需注意动物及人类活动对杂交母树的损伤。必要时，还应在杂交地点树立警示牌，防治孩童攀爬树架，避免造成人身伤害。

7.4.6　种子采收及处理

鹅掌楸属树种的果实属聚合果，一般于 10 月下旬成熟。为了减少果实洒落造成杂交种子丢失，在聚合果开裂前、由绿变黄时按杂交组合及时采收。

采收的聚合果自然风干或晾晒，待完全干燥时，通过碾压方法将翅果分开，清除果柄、果轴等杂质，将翅果干藏或沙藏于冷库。播种前种子经低温层积沙藏处理 60～80d，有助于解除种子休眠，提高种子发芽率和整齐度（郭永清 等，2006）。

在农业生产中，如何降低种子生产成本和提高种子纯度是杂种优势利用中应解决的首要问题。随着科学技术的进步，节省人力的人工授粉方法和防止自交结实的方法在不断发展中，例如雄性不育、自交不亲和等，所以 F_1 应用范围在不断扩大。目前，鹅掌楸属树种的开花生物学特性已基本弄清，并已找到方便实用的杂交技术，但对杂种的大量生产来说，该技术仍存在不足。现代生物技术的发展为林木杂交育种展示了美好的前景，转基因技术可望在林木杂交亲本改造中得到应用，通过向杂交母本导入雄性不育基因（王关林 等，1998）或向杂交父母本同时导入不同的自交不亲和基因（H. M. Moore et al.，1990），将杜绝杂交种子园的自交，从而提高种子纯度并降低制种成本，这一技术应成为鹅掌楸属树种杂交育种今后研究的新课题。

参 考 文 献

樊汝汶，叶建国，尹增芳，等. 鹅掌楸种子和胚胎发育的研究[J]. 植物学报，1992b，34（6）：437 – 442.

樊汝汶，尹增芳，尤录祥. 中国鹅掌楸混合芽的发生和形态建成[J]. 林业科学，1992a，28（1）：65 – 68.

冯源恒，李火根，杨建，等. 两种鹅掌楸繁殖成效的比较[J]. 热带亚热带植物学报，2010，18（1）：9 – 14.

郭永清，沈永宝，喻方圆，等. 北美鹅掌楸种子破眠技术研究[J]. 浙江林业科技，2006，26（6）：38 – 40.

黄坚钦. 鹅掌楸雌配子体发育及淀粉动态观察[J]. 浙江林学院学报，1998，15（2）：164 – 169.

黄敏仁，陈道明. 杂种马褂木的同工酶分析[J]. 南京林产工业学院学报，1979，（1，2）：156 – 158.

黄双全，郭友好，陈家宽. 濒危植物鹅掌楸的授粉率及花粉管生长[J]. 植物分类学报，1998，36（4）：310 – 316.

黄双全，郭友好，潘明清，等. 鹅掌楸的花部综合特征与虫媒传粉[J]. 植物学报，1999，41（3）：241 – 248.

李火根，曹晓明，杨建. 2 种鹅掌楸的开花习性与传粉媒介[J]. 浙江林学院学报，2007，24（4）：401 – 405.

李周岐，王章荣. 鹅掌楸属种间杂交技术[J]. 南京林业大学学报，2000，24（4）：21 – 25.

唐芸. 鹅掌楸属植物花粉生活力的检测[J]. 广西林业科学，2002，31（2）：80 – 82.

王关林，方宏筠. 植物基因工程原理与技术[M]. 北京：科学出版社，1998.

尹增芳，樊汝汶，尤录祥. 鹅掌楸花粉保存条件的比较研究[J]. 江苏林业科技，1997，24（2）：5 – 8.

尤录祥，樊汝汶. 北美鹅掌楸混合芽的发生和分化[J]. 南京林业大学学报，1993，17（1）：49 – 53.

尤录祥，樊汝汶，邹觉新. 人工辅助授粉对鹅掌楸结籽率的影响[J]. 江苏林业科技，1995，22（3）：12 – 14.

周坚，樊汝汶. 鹅掌楸属两种植物花粉品质和花粉管生长的研究[J]. 林业科学，1994，30（5）：405 – 411.

周坚，樊汝汶. 中国鹅掌楸传粉生物学研究[J]. 植物学通报，1999，16(1)：75 – 79.

周坚，樊汝汶. 中国马褂木雄性生殖单位的二维结构[J]. 南京林业大学学报，1995，19(1)：15 – 18.

MOORE H M, NASRALLAH J B, BRASSICA A. Self-incompatibility gene is expressed in the stylar transmitting tissue of trane-genic tobacco[J]. Plant Cell, 1990, 2：29 – 38.

第 8 章
分子标记技术在鹅掌楸属树种杂交育种中的应用

在遗传学研究中通常将可识别的等位基因称为遗传标记(genetic marker)，它是基因型特殊而易于识别的表现形式。理想的遗传标记应具备以下 4 条主要标准：①具有较强的多态性；②表现为共显性(codominance)，因而可鉴别出纯合基因型和杂合基因型；③对经济性状没有影响；④经济方便、易于观察和记载。遗传标记大致可分为 4 种类型，即形态标记、细胞学标记、生化标记和分子标记，其中分子标记是以 DNA 分子多态性为基础的一种遗传标记，与其他遗传标记相比具有许多优点，已广泛应用于生物分类学、遗传学、育种学和生物进化研究。本章介绍了分子标记的优点、种类和在育种中的应用，并给出了几个在鹅掌楸属树种杂交育种中的应用实例。

8.1 分子标记技术简介

8.1.1 分子标记的优点

20 世纪 60 年代以前，用于植物遗传和育种研究中的遗传标记主要是形态标记，即生物体外部形态特征和特性。这些形态学性状对理解孟德尔遗传、建立连锁图谱和培育优良品种起了很重要的作用，但由于形态性状数量有限，很少同重要的经济性状紧密连锁并受环境和发育期等因素的影响，因而在应用上受到了一些限制。细胞学标记(主要是染色体核型、带型和近年发展起来的原位杂交技术)虽然克服了形态标记易受环境影响的缺点，但却存在材料难以获得、鉴定分析工作烦琐等缺陷，同时其数量仍十分有限。与形态标记和细胞学标记相比，生化标记(主要包括同工酶标记和蛋白质标记)虽然数量上更丰富，受环

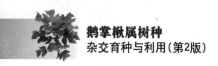
境影响更小,但作为基因表达的产物仍存在数量缺乏和受环境、发育期和翻译后修饰影响的缺点。分子标记是以 DNA 分子碱基序列的变异为基础的一种新型遗传标记,它具有许多优点(贾继增,1996):①直接以 DNA 的形式表现,在植物体的各个组织、器官和细胞及各发育时期均可检测到,不受外界环境条件的影响,不存在表达与否的问题。②数量级多(理论上是无限的),遍及整个基因组。③多态性强,自然界中本身就存在着许多等位变异。④有许多分子标记为共显性,可提供完整的遗传信息。⑤分子标记表现为选择"中性",即不影响目的性状的表达,与不良性状无必然联系。

8.1.2 分子标记的种类和特点

分子标记有多种分类方法,如:依其遗传方式可分为显性标记和共显性标记两类;依其多态性检出所用的分子生物学技术可分为以电泳和分子杂交为核心的分子标记、以电泳和 PCR 技术为核心的分子标记和以 DNA 序列分析为核心的分子标记三类。迄今为止,已开发出十几种分子标记技术(表8-1)(王关林等,2002)。目前,在林木遗传育种研究中应用较多的分子标记有 RFLP(restriction fragment length polymorphism), RAPD(randomly amplified polymorphic DNA), AFLP(amplified fragments length polymorphism)和 SSR(simple sequence repeat)等,各有其特点(表8-2)(王明麻,2001)。

表 8-1 主要分子标记技术

1. Classical, Southern hybridization based marker techniques	**以传统的 Southern 杂交为基础的标记**
RFLP:Restriction fragment length polymorphism	限制性片段长度多态性标记
SSCP-RFLP:Single strand conformation polymorphism-RFLP	单链构象多态性 RFLP
DGGE-RFLP:Denaturing gradient gel electrophoresis-RFLP	变性梯度凝胶电泳 RFLP
2. PCR-based marker techniques	**以 PCR 为基础的分子标记技术**
RAPD:Randomly amplified polymorphic DNA	随机扩增多态性 DNA
STS:Sequence tagged Site	测定序列标签位点
EST:Expressed sequence Tag	表达序列标签
SCAR:Sequence characterized amplified region	测序的扩增区段
RP-PCR:Random primer-PCR	随机引物 PCR
AP-PCR:Arbitrary primer-PCR	任意引物 PCR
OP-PCR:Oligo primer-PCR	寡核苷酸 DNA 分析
SSCP-PCR:Single strand conformation polymorphism-PCR	单链构象多态性 PCR
SODA:Small oligo DNA analysis	小寡核苷酸 DNA 分析
DAF:DNA amplified fingerprinting	DNA 扩增产物指纹分析
CAPS:Cleaved amplified polymorphic sequence	酶解扩增多态顺序

（续）

AFLP：Amplified fragment length polymorphism	扩增的限制性内切核酸酶片段长度多态性
SNP：Single nucleotide polymorphism	单核苷酸多态性
SAP：Specific amplified polymorphism	特定扩增的多态性
3. Repeat sequence based marker system	**以重复序列为基础的标记**
Satellite DNA	卫星 DNA（重复单位为几百至几千个碱基对）
MS：Microsatellite DNA	微卫星 DNA（重复单位为 2~5 个碱基对）
SSLP：Simple sequence length polymorphism	简单序列长度多态性
Minisatellite DNA	小卫星 DNA（重复单位为大于 5 个碱基对）
SSR：Simple sequence repeat	简单重复序列即微卫星 DNA 标记
SSRP：Simple sequence repeat polymorphism	简单重复序列多态性即微卫星 DNA 标记
SRS：Short repeat sequence	短重复序列
TRS：Tandem repeat sequence	串珠式重复序列
4. mRNA based marker technique	**以 mRNA 为基础的分子标记技术**
DD：Differential display	差异显示
RT-PCR：Revert transcription PCR	反转录 PCR
DDRT-PCR：Differential display revert transcription PCR	差异显示反转录 PCR
AFLP-based mRNA fingerprinting	基于 AFLP 的 mRNA 指纹分析

（引自王关林等，2002）

表 8-2　4 中常用分子标记的比较

特　征	RFLP	RAPD	SSR	AFLP
分布	无所不在	无所不在	无所不在	无所不在
遗传	共显性	大多数显性	共显性	显性
多态性	中等	高	高	很高
等位基因检测	能	不能	能	能
检测位点数目	1~3	1~10	1~5	20~100
样本容量	低—中等	高	高	很高
覆盖基因组	低拷贝区	整个基因组	整个基因组	整个基因组
技术难度	中等	简单	简单	中等
重复性	高	中等	高	高
DNA 需要量	2~3μg	1~100ng	50~100ng	100ng
放射性同位素	用	不用	可用可不用	用
探针类型	低拷贝基因组 DNA 或 cDNA 克隆	通常 9~10mer 寡聚脱氧核苷酸	特殊的 DNA 重复序列	特殊的 DNA 序列
费用	高	高	中—高等	高
时间因素	长（费时）	短	短	中等
可靠性	高	中等	高	高

（引自王明庥，2001）

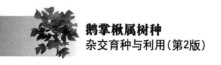

8.1.3　分子标记技术在林木育种中的应用

分子标记技术自从创立以来已广泛应用于生命科学的许多领域，对植物遗传育种研究的发展起了极大的推动作用。目前，分子标记技术在林木遗传育种中也得到广泛应用，如遗传连锁图谱的构建、基于遗传图谱的数量性状基因定位、分子标记辅助选择育种、因型鉴定、谱系分析和系统进化研究、遗传变异和生物多样性研究、杂种优势的遗传学基础研究、杂种优势预测与杂交亲本的选配等（李周岐 等，2001a）。

8.2　鹅掌楸属树种传粉授粉系统中的分子标记检测技术

套袋隔离是植物杂交制种过程中保持种子纯度的一项关键技术，通常的做法是开花前套袋并注意观察，当雌蕊进入可授期时进行人工授粉，可授期结束后去袋。这一过程虽然简单，但费时费力，对于在高大的树木上进行大量杂交制种工作来说几乎成为难题。鹅掌楸属树种是一种较为特殊的雌蕊先熟的树木，花被还未展开雌蕊即进入可授期，雌蕊可授期仅持续 12～24h（D. B. Houston *et al.*，1989），控制授粉 2h 后花粉即在柱头上萌发（尹增芳 等，1995）。所以，根据该树种的生物学特点，推测其不套袋杂交授粉的花粉污染率不会太高并在实践中加以采用。通过对自然授粉和人工授粉结实率的比较分析，认为这种杂交授粉方式的污染率低于 1%（D. B. Houston *et al.*，1989；李周岐 等，2000）。

李周岐、王章荣(2001b)首次利用 RAPD 标记对这一授粉技术的花粉污染情况进行了研究。用 4 个引物（表 8-3）对 93 个不套袋杂交授粉子代的 DNA 样品进行扩增，结果表明每份 DNA 样品均能扩增出 4 条父本标记谱带，从而说明这 93 个杂交子代均来自目的父本而非花粉污染所致。因此，对鹅掌楸属树种进行不套袋杂交授粉是可行的，其花粉污染率在 1/93 以下，这与通过对自然授粉和人工授粉结实率的比较分析所得出的结论基本一致，这样的污染率对于以群体为对象进行杂种后代的遗传分析不会有大的影响。图 8-1（下）显示用引物 OPAT09 扩增 2 个亲本及 93 个不套袋杂交授粉子代 DNA 样品的部分结果。

表 8-3　RAPD 随机引物及不分离位点

引物名称	引物序列	位点	母本	父本	分离比例 （1s:0s）
OPK09	5' CCCTACCGAC 3'	OPK09-600/1	0	1	18:0
OPQ17	5' GAAGCCCTTG 3'	OPQ17-2500/3	0	1	18:0
OPAT09	5' CCGTTAGCGT 3'	OPAT09-330/1	0	1	18:0
OPAU16	5' TCTTAGGCGG 3'	OPAU16-1400/3	0	1	18:0

（引自李周岐，王章荣，2001b）

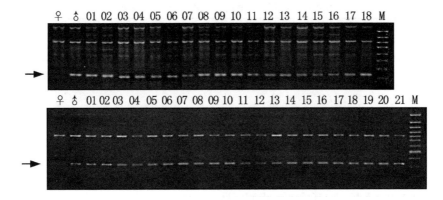

**图 8-1　引物 OPAT09 扩增亲本和套袋（上）及
不套袋（下）授粉子代的结果**

箭头所指为不分离位点（上）和父本标记位点（下）

（引自李周岐，王章荣，2001b）

　　由于在引物筛选及父本标记位点寻找时注意选择了那些以较低频率出现的谱带，从而大大提高了污染率检测的可靠性。由表 8-4 可以看出，4 条父本标记谱带在 24 个样株中出现的频率为 0.2917—0.4583，大多数样株仅具有 4 条父本标记谱带中的 1—2 条，没有 1 个样株同时具有 4 条父本标记谱带。从不同（杂）种来看，父本标记谱带在北美鹅掌楸（O～R）、马褂木（A～N）和杂种马褂木（S～X）中出现的平均频率分别为 0.5、0.3036 和 0.3333，说明除北美鹅掌楸外父本标记谱带在试验群体中出现的频率较低。由于该试验群体中仅有 5 株北美鹅掌楸，其中 4 株已作为试验样本，另 1 株同时具有 4 条父本标记谱带的概率仅为 0.0469，是一个小概率事件。按该试验群体中有马褂木和杂交马褂木各 130 株计算，同时具有 4 条父本标记谱带的马褂木和杂交马褂木在群体中分别有 0.9746 株和 1.2037 株，共计占试验群体总数的 0.8385%。在不套袋杂交授粉情况下，花粉污染最有可能来自临近树木，由于距母本树最近的 10 株树（A～J）中没有 1 株同时具有 4 条父本标记谱带，说明试验所用 93 个不套袋杂交授粉子代均非由临近 10 株树授粉所致。即使在完全随机交配情况下，母本所得到的花粉来自同时具有 4 条父本标记谱带树木的概率仅为 0.008385，加之这 4 个位点在同时具有 4 条父本标记谱带树木中还有可能是杂合的，如果设这 4 个位点是独立遗传的，且每个位点处于杂合状态的概率为 0.3，则在母本后代中同时具有 4 条父本标记谱带的概率为 0.004377，因此，对不套袋杂交授粉花粉污染率检验的可靠性大于 99%。

表 8-4　父本标记谱带在样本中出现的频率

位点	样株																								频率
	A	B	C	D	E	F	G	H	R	J	K	L	M	N	O	P	Q	R	S	T	U	V	W	X	
OPK09-600/1	0	0	0	1	0	0	0	0	1	0	0	1	0	0	1	1	0	0	1	0	1	0	0	0	7/24
OPQ17-2500/3	1	0	0	0	1	0	0	1	0	0	0	1	0	0	0	0	1	0	0	1	0	1	1	0	8/24
OPAT09-330/1	1	1	1	0	0	1	0	0	1	0	0	0	0	1	1	1	0	0	0	1	0	0	1		11/24
OPAU16-1400/3	0	0	0	0	1	0	0	1	0	0	1	0	1	0	1	0	0	1	0	0	0	1	0	0	7/24

（引自李周岐，王章荣，2001b）

8.3　鹅掌楸属树种 SSR 引物开发及其在交配系统研究中的应用

简单序列重复(simple sequence repeats，SSRs)，又称为微卫星 DNA（microsatellite DNA），是一类由 1~6 个核苷酸串联重复组成的 DNA 序列。其长度一般在 100 bp 以下，广泛分布于生物体基因组的不同位置，由于重复次数的不同及重复程度的不完全造成了每个位点的多态性。SSRs 两端序列多是相对保守的单拷贝序列，因此可以根据两端的序列设计特异引物，对基因组 DNA 进行 PCR 扩增，扩增片段的长度多态性可用作分子标记。SSR 标记具有共显性、重复性好、多态性丰富等优点，是构建遗传连锁图谱、研究群体遗传结构、开展交配系统分析、系谱分析以及分子标记辅助育种的理想工具(胥猛，李火根，2008)。

贾波等(2013)通过设计 $L_9(3^4)$ 正交试验结合单因素梯度实验对 PCR 反应体系中的 Mg^{2+}、dNTP、Primer 和 rTaq 的用量进行了优化，最终确定了鹅掌楸属树种 Genomic-SSR 的 PCR 最佳反应体系，即 75ng 的 DNA、$1\mu L$ 10 × buffer、$0.4\mu L$ 10mmol/L 浓度的 dNTP、$0.75\mu L$ 2.5mmol/L 浓度的 $MgCl_2$、$0.25\mu L$ $10\mu mol/L$ 浓度的 Primer、$0.05\mu L$ 5U 浓度的 rTaq、ddH_2O 补齐至 $10\mu L$ 体积。

表达序列标签(expressed sequence tags，ESTs)是从 cDNA 文库中随机挑取克隆，对其进行一轮大规模测序所获得的部分 cDNA 的 5′端或 3′端序列，长度一般为 300~500 bp。通过 ESTs 发展 EST-SSR 标记是一条非常有效的 SSR 分子标记开发途径。胥猛、李火根(2008)通过对 6520 条鹅掌楸属树种 EST 序列进行检索，在 364 条 ESTs 中发现 394 个 SSRs，鹅掌楸属树种 EST-SSRs 平均密度为每 8.5kb 含有 1 个 SSR；在检索出的 SSRs 中，二核苷酸重复单元的 SSRs 类型最多，占总数的 61.9%。利用 SSR-ESTs 序列共设计 176 对 EST-SSR 引物，其中 132 对在鹅掌楸属树种上有扩增产物，66 对扩增出多态，多态性引物占所设计引物的 36.9%。这批 EST-SSR 引物在物种之间具有较高的通用性。李红英等(2011)从北美鹅掌楸 EST 序列中开发的 176 对 SSR 引物，以国内木兰科 10 属

43 种的 DNA 样品为材料，检测了该批引物在木兰科各属间的通用性，其中 132 对引物在北美鹅掌楸中有效扩增，108 对在马褂木中有扩增产物，在鹅掌楸属树种内的通用率为 81.8%；在含笑属（*Michelia*）、木莲属（*Manglietia*）、木兰属（*Magnolia*）、合果木属（*Paramichelia*）、观光木属（*Tsoongiodendron*）、焕镛木属（*Wonyoungia*）、拟单性木兰属（*Parakmeria*）、盖裂木属（*Talauma*）、华盖木属（*Manglietiastrum*）中通用率则分别为 24%～71%、37%～47%、27%～41%、49%、44%、36%、31%、29%、24%。利用北美鹅掌楸、马褂木、玉兰（*Magnolia denudata*）和云南拟单性木兰（*Parakmeria yunnannensis*）各 6 个基因型检测了该批引物的扩增多态性，其多态性引物比率分别为 55%、45%、48% 和 39%。表明开发的北美鹅掌楸 EST-SSR 引物在木兰科不同属间有较高的通用性，多态性引物比率也较高，这为木兰科其他树种 SSR 分子标记开发提供了一条捷径。

交配系统影响子代群体杂合度和基因分化系数，因而是决定种群遗传多样性最重要的因素，共显性遗传的 SSR 标记是研究遗传多样性的理想标记之一，朱其卫、李火根（2010）选取来自马褂木、北美鹅掌楸和杂交马褂木的 16 个交配亲本，共组配 14 个杂交组合，分属 5 种交配类型，分别为种间杂交、种内交配、多父本混合授粉、回交和自交。每个交配组合随机抽取 30 个子代，利用 SSR 分子标记检测各子代群体遗传多样性以及 16 个交配亲本间的遗传距离。结果表明（表 8-5），总体上，鹅掌楸属树种交配子代群体具有较高的遗传多样性。5 种交配类型子代群体中，遗传多样性水平由高至低的趋势为：多父本混合授粉子代、种间交配子代、杂种 F_1 与亲本的回交子代、种内交配子代，自交子代。子代遗传多样性与亲本间遗传距离呈显著正相关，表明亲本间遗传距离大，则子代遗传多样性高。相同亲本正反交子代群体的遗传多样性差别不明显。揭示鹅掌楸属树种不同交配类型子代遗传多样性的变异规律，为鹅掌楸属树种杂交育种、种子园的营建与管理、遗传多样性的保护提供了依据。

表 8-5　鹅掌楸属树种 5 种交配类型子代群体间遗传变异比较

交配类型	等位基因（A）	有效等位基因（Ne）	观测杂合度（Ho）	Shannon 多样性指数（I）	Nei 多样性指数（H）
多父本混合授粉	3.9583	2.4262	0.6433	0.9819	0.5443
回交群体	2.7188	2.1089	0.5628	0.7663	0.4669
种内交配	2.5625	1.9947	0.5861	0.7147	0.4408
种间杂交	2.7656	2.2487	0.7739	0.8488	0.5269
自交	2.5000	1.5784	0.3200	0.4837	0.2912

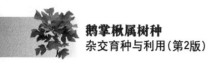

配子选择与雄性繁殖适合度是植物交配系统研究的核心问题,冯源恒等(2010)在多父本等量花粉混合授粉的交配实验设计基础上,利用 SSR 分子标记对亲本为鹅掌楸属 2 个种的 5 个单株(马褂木)2 株,即 FY 和 LS;北美鹅掌楸 3 株,即 LYS、MSL 和 NK 的子代进行父本分析,结果表明:鹅掌楸属树种的配子选择个体间差异较大。作为母本,NK 和 LYS 倾向于选择异种雄配子,而 MSL 和 LS 则倾向于选择同种雄配子;在同种雄配子的选择中,NK、LYS 和 LS 倾向于自交,而 MSL 则倾向于异交。以北美鹅掌楸为母本时,北美鹅掌楸与马褂木的雄性繁殖贡献率分别为 45.5% 和 54.5%,北美鹅掌楸的雄性繁殖适合度为马褂木的 0.556 倍。以马褂木为母本时,二者的繁殖贡献率分别为 15.6% 和 84.4%,北美鹅掌楸的雄性繁殖适合度为马褂木的 0.123 倍。总体上看,马褂木的雄性繁殖适合度高于北美鹅掌楸,马褂木与北美鹅掌楸均表现为自交亲和。

异交植物的近交导致后代纯合子比率增加,使隐性有害基因得以暴露,进而导致近交衰退。近交衰退主要表现在子代种子数量和质量下降、出苗率和存活率低以及个体生长发育不良等,开展鹅掌楸属树种自交衰退研究对于探其濒危机制及种质资源保育等方面具有理论与实践意义。潘文婷等(2014)以鹅掌楸属树种 5 个自交组合子代为材料,以 4 个种内杂交子代和 8 个种间杂交子代为参照,以存活率、生长量等表型性状为评价指标,结合 SSR 分子标记信息分析鹅掌楸属树种自交衰退程度,结果表明,鹅掌楸属树种自交衰退明显。与种内异交、种间杂交子代相比,自交子代胸径、树高及存活率的衰退程度 δ 分别为:0.46,0.45;0.32,0.35;0.25,0.30。SSR 检测结果显示,不同交配类型子代的纯合子比率由高到低趋势为:自交、种内交配、种间交配。并初步筛选出了 2 个可能与鹅掌楸属隐性致死基因相关联的 SSR 位点。

花粉散布是植物基因流(gene flow)的重要组成因子,花粉有效散布距离及散布模式是影响植物有性繁育过程及种群遗传结构的重要因素(Hamrick and Nason,2000)。DNA 分子标记技术的发展为花粉流的研究提供了强有力的工具。与 RAPD 等随机引物分子标记相比,共显性的分子标记,如 RFLP、SSR 和 SNP 等能够检测出丰富的遗传信息,表现出高度的稳定性、可靠性和高效性,能够精确地估计群体遗传多样性和花粉散布模式。孙亚光、李火根(2007)以自行开发的 12 个 EST-SSR 分子标记,采用最大似然法对马褂木实验群体 3 个半同胞家系的 180 个子代进行父本分析。结果表明,每个 SSR 位点的等位基因数为 3 ~ 7,平均为 4.67;其平均观测杂合度(Ho)、平均期望杂合度(He)及平均多态信息含量(PIC)分别为 0.458、0.635 和 0.580。利用 12 个 SSR 标记可在 95% 的可信度确定 114 个子代的父本,占子代群体的 63.3%,其累积排除概率为 98.52%。自由授粉状态下,马褂木的自交率为 11.6%,而北美鹅掌楸自交率为

0，且种内交配比例大于种间交配。马褂木平均有效花粉散布距离为 20～30m，
最大散布距离为 70m。

　　SSR 分子标记还可用于分析鹅掌楸属树种实验群体内个体的雄性繁殖适合
度（孙亚光 等，2008），结果表明：试验群体中，鹅掌楸属树种雄性繁殖适合度
在不同个体之间差异较为明显，变幅为 0%～10.9%。鹅掌楸属树种的性选择倾
向在不同个体间差异较大，母本 LS 和 BM 性选择倾向明显，均倾向于种内交
配，其种内交配比率分别为 85.7% 和 94.1%，而母本 HS 和 LYS 性选择倾向不
明显。鹅掌楸属树种雄性繁殖适合度随交配距离的不同而变化，82% 的有效花
粉来自于 35m 区域内的亲本（图 8-2），其累积雄性繁殖适合度为 51.4%。交配
距离、性选择倾向在鹅掌楸属树种个体的雄性繁殖适合度中扮演重要角色，为
鹅掌楸属树种杂交育种及杂交种子园的遗传管理提供技术参考。

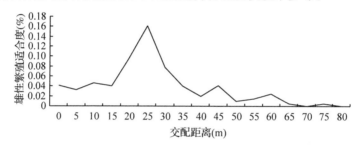

图 8-2　交配距离与雄性繁殖适合度

（引自孙亚光等，2008）

8.4　杂交马褂木无性系指纹图谱的构建

　　在科学研究和生产实践中的许多情况下都需要对植物种、品种和品系等进
行鉴定，传统的利用形态学标记进行鉴定的方法容易受环境条件的影响，同工
酶标记也因可用酶系统和位点数较少而制约其鉴别能力。特别是许多林木品种
都属于无性系品种，来自于同一杂交组合的各无性系在遗传上具有高度相似性，
这时，传统的遗传鉴定方法往往不能奏效。指纹图谱（fingerprint）是指特定 DNA
样品（通过分子标记技术）所显示的 DNA 片断的总称（P. Vos *et al.*，1995），是鉴
别品种、品系和无性系的有力工具。

　　30 多年的栽培试验表明，杂种马褂木不仅在生长和适应性性状上表现出强
大的杂种优势，而且，具有树形美观、枝叶浓密、生长期长、花色鲜艳等特点，
从而显示出十分广阔的开发利用前景（王章荣，1997）。为了进一步提高遗传改
良效果，在前人研究工作的基础上，开展了较为广泛的种间杂交和后代选择，

初选出一批优良杂种无性系，并构建了无性系指纹图谱（李周岐 等，2001c），参试材料包括31个杂交马褂木无性系（表8-6），23个引物共扩增出128条谱带，其中76条谱带在无性系间呈多态性，占59.38%，说明无性系间的遗传差异相对较小，这可能是由于许多无性系间有一定程度的亲缘关系（全同胞、半同胞和回交），而且与2个亲本种间的遗传分化较小及无性系亲本植株的遗传基础较窄有关。从76条多态性谱带在各无性系中的分布看，虽然在所用23个引物中没有一个引物能同时对31个无性系进行区分，但从多态性谱带的组合看，各无性系都有其特异的谱带形式，可以相互区分。因此，利用RAPD指纹图谱进行杂种马褂木无性系鉴定是可行的。图8-3显示了引物OPP03对部分无性系的扩增结果。

表8-6　参试无性系及其杂交亲本

无性系	杂交亲本	无性系	杂交亲本	无性系	杂交亲本	无性系	杂交亲本
01～03	?　×T$_5$	11	?	18	?	28	C$_7$×T$_8$
04	T$_5$×?	12	T$_6$×C$_3$	19	C$_4$×T$_5$	29	H$_1$×T$_1$
05～07	?	13～14	?	20～22	?	30	clone04×T$_{10}$
08	C$_4$×T$_1$	15	clone02×T$_2$	23～25	C$_5$×Tl	31	C$_{20}$×T$_1$
09	?	16	C$_1$×T$_1$	26	C$_1$×T$_6$		
10	C$_4$×T$_1$	17	C$_5$×T$_6$	27	T$_6$×C$_1$		

注：C、T、H分别代表马褂木、北美鹅掌楸和杂交马褂木。

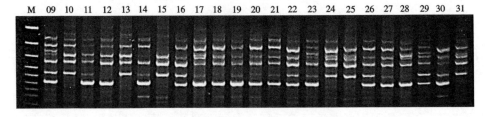

图8-3　引物OPP03对部分无性系的扩增结果（引自李周岐等，2001c）

（M为标定DNA长度的Marker，09～31为无性系）

无性系间的遗传距离最小为0.0813（无性系18与21）、最大为0.3522（无性系03与23），各无性系间遗传距离的平均值为0.2069，这也表明无性系间的遗传差异较小，遗传多样性水平较低。从无性系间的遗传关系聚类图（图8-4）可以看出，在0.225的遗传距离上可将无性系分为2组，第1组包括18个无性系，第2组包括13个无性系。从无性系间的亲缘关系看，北美鹅掌楸T$_5$的5个半同胞无性系（01、02、03、04、19）均聚在第1组，T$_1$的8个半同胞（或全同胞）无性系（08、10、16、23、24、25、29、31）均聚在第2组，说明RAPD指纹图谱在一定程度上反映了无性系间的亲缘关系。北美鹅掌楸 T_1 的部分半同胞无性系间的遗传距离小于其全同胞无性系间的遗传距离，可能与另一个杂交亲本（马褂木）间的遗传差异较小有关。从整个聚类过程可以看出，无性系间的聚类水平主要由北美鹅掌楸（T）亲本决定，而受马褂木（C）亲本的影响较小，这同样说明马褂木亲本植株间的遗传差异小于北美鹅掌楸亲本植株，因此，在今后杂交育种工作中应注意亲本选择，特别是应扩大马褂木亲本的遗传基础。指纹图谱的构建不仅可以阐明无性系间在分子水平上的遗传变异，而且，对于无性系鉴定和知识产权保护具有重要意义。

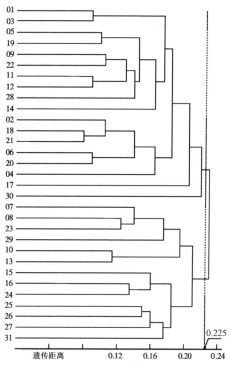

图8-4 无性系间遗传关系聚类图

（引自李周岐等，2001c）

8.5 杂种识别和亲本选配

随着人们对杂交马褂木利用价值的不断认识，其推广应用规模迅速扩大，实践上急需一种方便、可靠的杂种识别方法。杂交马褂木及其回交代和 F_2 代均表现出明显的杂种优势，而且家系间在性状表现上变异很大（李周岐，2001d），从而说明了研究亲本选配的必要性。虽然，在形态（刘洪谔 等，1991）、解剖（叶金山 等，1997）和同工酶酶谱（黄敏仁 等，1979）等方面杂交马褂木有别于双亲，从而可用于杂种识别，但形态标记受环境因素影响较大、同工酶标记也受基因表达的影响而限制其使用。

正确的亲本选配是杂交育种工作取得成就的先决条件。根据杂种优势遗传解释的显性学说和超显性学说，获得杂种优势的双亲要存在遗传差异，因此，遗传差异是选择亲本时必须考虑的一个重要因素（张爱民，1994）。遗传距离作为衡量双亲遗传差异大小的一个参数，必然和杂种优势有一定联系，因而常被用于亲本选配和杂种优势预测。在用于估算亲本遗传距离的诸遗传标记中，分子标记以其不受环境因素的影响、对基因组遗传多态性抽样比例高等特点而被广泛用于遗传距离与杂种优势关系的研究中（M. Lee *et al.* ，1989；O. S. Smith *et*

al.，1990；Q. F. Zhang *et al.*，1994；Q. F. Zhang *et al.*，1995；J. Xiao *et al.*，1996；K. V. Chowdari *et al.*，1997；C. P. Baril *et al.*，1997）。

李周岐等（2002）选取马褂木5株（C_1、C_2、C_3、C_4、C_5）、北美鹅掌楸5株（T_1、T_2、T_3、T_4、T_5）和杂交马褂木6株（H_1、H_2、H_3、H_4、H_5、H_6）作为试验样株，利用RAPD分子标记技术对鹅掌楸属树种杂种识别和亲本选配进行了研究。25个引物共扩增出136条谱带，其中80条谱带在16个样株间呈多态性，占58.82%。表8-7列出了不同引物扩增的总谱带数（N_1）、在16个样株间呈多态性的谱带数（N_2）、在所分析7株亲本（C_1、C_2、C_3、H_1、H_2、H_3、H_6）间呈多态性的谱带数（N_3）、在2个亲本种间呈多态性而2个亲本种内均呈单态性的谱带数（N_4）及在2个亲本种间呈多态性而2个亲本种及杂种内均呈单态性的谱带数（N_5）。可以看出，有19条谱带在马褂木和北美鹅掌楸间呈多态性而在种内呈单态性，说明可用于种的识别，其中11条谱带在杂交马褂木中呈单态性，可用于杂种识别。在这11个谱带位点中，OPK15 – 1150/1、OPO12 – 550/3和OPAU16 – 1200/3共3条谱带为供试5株马褂木所特有，可作为马褂木特征谱带。OPK09 – 600/1、OPO05 – 2500/2、OPP03 – 950/1、OPP05 – 500/2、OPY20 – 450/1、OPAG12 – 1400/1、OPAU05 – 600/1、OPAU19 – 1400/1共8条谱带为供试5株北美鹅掌楸所特有，可作为北美鹅掌楸特征谱带。任何2条分别为2个亲本种所特有的谱带在6株杂交马褂木中均同时出现，可作为杂种特征谱带用于杂种识别。图8-5是用引物OPP03对16个样株的扩增结果，显示杂种识别谱带OPP03 – 950/1。

表8-7　RAPD随机引物及扩增谱带数

引物名称	引物序列	谱带数				
		N_1	N_2	N_3	N_4	N_5
OPK09	5'CCCTACCGAC'3	2	2	1	1	1
OPK15	5'CTCCTGCCAA'3	9	2	1	1	1
OPM07	5'CCGTGACTCA'3	3	2	0	0	0
OPM08	5'TCTGTTCCCC'3	1	1	1	0	0
OPN11	5'TCGCCGCAAA'3	4	2	1	0	0
OPO01	5'GGCACGTAAG'3	8	6	5	0	0
OPO04	5'AAGTCCGCTC'3	2	1	1	0	0
OPO05	5'CCCAGTCACT'3	4	3	1	1	1
OPO12	5'CAGTGCTGTG'3	7	4	3	1	1
OPO16	5'TCGGCGGTTC'3	9	3	3	0	0
OPP03	5'CTGATACGCC'3	6	5	3	2	1
OPP05	5'CCCCGGTAAC'3	4	2	2	2	1
OPP11	5'AACGCGTCGG'3	7	4	1	0	0

（续）

引物名称	引物序列	谱带数				
		N_1	N_2	N_3	N_4	N_5
OPS01	5'CTACTGCGCT'3	6	5	5	1	0
OPS02	5'CCTCTGACTG'3	6	2	2	1	0
OPS07	5'TCCGATGCTG'3	6	2	2	1	0
OPW18	5'TTCAGGGCAC'3	6	3	2	0	0
OPY20	5'AGCCGTGGAA'3	8	3	3	2	1
OPAG12	5'CTCCCAGGGT'3	4	4	4	2	1
OPAT11	5'CCAGATCTCC'3	7	3	2	0	0
OPAU05	5'GAGCTACCGT'3	5	4	3	1	1
OPAU16	5'TCTTAGGCGG'3	4	4	2	2	1
OPAU18	5'CACCACTAGG'3	5	4	4	0	0
OPAU19	5'AGCCTGGGGA'3	9	8	8	1	1
OPAW07	5'AGCCCCCAAG'3	4	1	0	0	0
合计	25	136	80	60	19	11

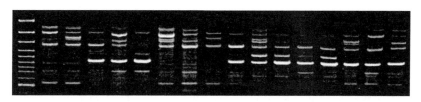

M　C1　C2　T1　T2　T3　C3　C4　C5　T4　T5　H1　H2　H3　H4　H5　H6

图 8-5　引物 OPP03 对 16 个样株的扩增结果

（引自李周岐等，2002）

马褂木（C）、北美鹅掌楸（T）和杂交马褂木（H）3 个类群内个体间遗传距离的平均值及其变幅依次为 0.1208（0.0606~0.1765）、0.1585（0.0606~0.2213）和 0.1755（0.0843~0.2587），3 个类群间个体间遗传距离的平均值及其变幅分别为 C-T：0.4813（0.3909~0.5432）、C-H：0.2980（0.2031~0.3694）和 T-H：0.2791（0.1942~0.3483）。从类群内个体间遗传距离的平均值看，杂交马褂木大于 2 个亲本种，说明杂种一代分离较大，从而也说明对其作进一步选择的必要性和潜力。从各类群内和类群间个体间遗传距离的变化范围来看，与马褂木有关的 3 组遗传距离（马褂木类群内、C-T 和 C-H）的变幅不相互重叠，因此可用于杂种识别。如果某个体与一株已知马褂木的遗传距离小于 0.18，则该个体也是马褂木，如果遗传距离在 0.21~0.37 之间，则该个体为杂交马褂木，如果遗传距离大于 0.40，则该个体为北美鹅掌楸。从样株间遗传关系聚类图（图 8-6）可以看出，在 0.22 的遗传距离上，可把 16 个样株分为 3 类，第 1 类

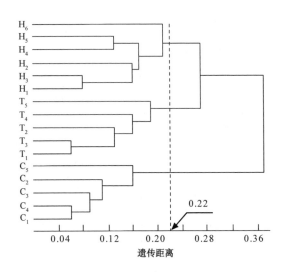

图 8-6　样株间遗传关系聚类图

（引自李周岐等，2002）

包括全部 5 株马褂木，第 2 类包括全部 5 株北美鹅掌楸，第 3 类包括全部 6 株杂交马褂木。因此，利用 RAPD 遗传距离进行聚类分析，可十分有效的对马褂木、北美鹅掌楸和杂交马褂木进行识别。

SSR 具有共显性遗传、重复性与稳定性好、多态性高等优点，张红莲等（2010）以不同种源的马褂木、北美鹅掌楸和不同组合的杂交马褂木为试验材料，对鹅掌楸属种及杂种进行 SSR 分子鉴定的研究，对 176 对 SSR 引物进行初筛、复筛，最后筛选出 1 对物种特异性 SSR 引物。该引物在马褂木群体中特异性扩增出 190bp 的产物，在北美鹅掌楸群体中特异性扩增出 180bp 的产物，在杂交马褂木群体中特异性扩增出 180bp 和 190bp 2 种产物（图 8-7）。该引物对鹅掌楸属种间鉴别准确率达 100%。

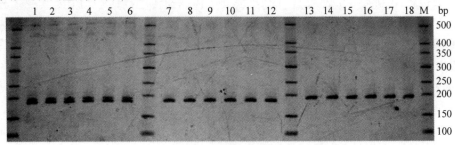

图 8-7　鹅掌楸属物种特异性 SSR 引物扩增结果

M：Marker　1～6. 杂交马褂木　7～12. 北美鹅掌楸　13～18. 马褂木

（引自张红莲等，2010）

表 8-8 列出了 17 个杂交家系 1 年生苗高和地径的平均生长量。可以看出，在苗高生长量上家系间差异较大，苗高生长量最大的家系（$H_1 - H_6$，64.8056）是最小家系（$C_2 - C_3$，25.7415）的 2.52 倍。在地径生长量上家系间也存在一定差异，但变异程度远小于苗高性状，地径最大的家系（$H_6 - C_1$，1.2500）是最小家系（$C_1 - C_2$，0.9498）的 1.32 倍。家系间在苗高和地径生长量上的较大差异说明进行家系选择的潜力较大，同时也说明研究亲本选配和进行杂种优势预测的必要性。

表 8-8　杂交子代家系 1 年生苗高（cm）和地径（cm）平均生长量及亲本遗传距离

亲本	C_1	C_2	C_3	H_1	H_2	H_3	H_6
C_1	—	0.1062	0.1062	0.3712	0.2152	0.3825	0.2647
C_2	27.4/0.95	—	0.1149	0.3380	0.2647	0.3490	0.3165
C_3	34.2/1.10	25.7/1.01	—	0.3600	0.3272	0.3712	0.2748
H_1	30.3/0.98	36.6/1.13	38.5/1.16	—	0.1593	0.0891	0.2447
H_2	46.9/1.18	46.8/1.15	36.0/1.20	*	—	0.1870	0.1964
H_3	*	35.0/1.00	46.2/1.19	*	*	—	0.2748
H_6	57.7/1.25	35.6/1.04	44.6/1.15	64.8/1.24	57.1/1.17	63.5/1.15	—

注：对角线以上为遗传距离，对角线以下为生长量（苗高/地径），＊为缺失家系。

（引自李周岐等，2002）

在所用 25 个引物中，OPM07 和 OPAW07 扩增出的 7 条谱带在所分析的 7 个杂交亲本间均无多态性，因而未纳入亲本遗传距离计算。其余 23 个引物共扩增出 129 条谱带，有 60 条谱带在所分析的 7 个杂交亲本间呈多态性，占 46.51%。7 个亲本间遗传距离的最小值为 0.0891（H_1 与 H_3）、最大值为 0.3825（C_1 与 H_3），最大值是最小值的 4.29 倍，说明亲本间遗传距离的变化范围较大，这对于分析遗传距离与子代性状表现的关系是有利的。以亲本遗传距离为自变量，分别与子代 1 年生苗高和地径的家系平均生长量进行相关分析，结果表明亲本遗传距离与子代苗高和地径均表现为二次曲线相关，复相关系数 r 分别为 0.8235（H，$P < 0.01$）和 0.5090（GLD，$P < 0.05$）。说明在一定范围内，随着亲本间遗传距离的增大其子代苗高和地径生长量提高（杂种优势提高），当亲本间遗传距离过大时其子代的生长量又会降低（杂种优势降低）。2 条回归曲线的极值点分别为 D^2（遗传距离）$= 0.2299$（H）和 $D^2 = 0.2266$（GLD），说明当亲本间的遗传距离在 0.23 左右时能获得最大程度的杂种优势，可以此作为杂交亲本选配的依据。

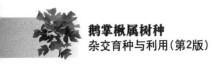

8.6 遗传多样性研究

鹅掌楸属为古老残遗双种属植物，该属植物在第三纪曾广布于北半球。由于第四纪冰川的压力，现存于中国的马褂木处于濒危状态，急需保护。据初步研究，马褂木因其星散间断分布形式、群体规模较小、群体结构的衰退趋势和对生境的特定要求，该物种正处在濒危状态。因此，对马褂木进行遗传多样性的研究进而加以保护利用势在必行。罗光佐等（2000）利用 RAPD 标记技术对鹅掌楸属 2 个现存种马褂木和北美鹅掌楸的遗传多样性进行分析，结果表明（表8-9）：2 个种都有较高的遗传多样性，但北美鹅掌楸的遗传多样性水平高于马褂木；马褂木的遗传变异主要来自地理种源内，而北美鹅掌楸的遗传变异主要来自地理种源间；与美国密苏里和路易斯安娜的北美鹅掌楸相比，马褂木的遗传距离更接近于南卡罗来纳、北卡罗来纳和佐治亚的北美鹅掌楸。刘丹等（2006）以马褂木芽 DNA 为模板，利用 RAPD 实验技术获得 DNA 水平的遗传多样性，精选出 14 个多态性强、重复性好的引物，从 76 个个体中检测到 235 个位点，其中 178 个为多态位点。进一步从分子水平上证实了鹅掌楸属这一物种确实存在着丰富的基因资源，遗传多样性很高：鹅掌楸属群体间遗传变异分量平均占 33.03%，群体内占 66.97%。鹅掌楸属 3 个群体云南、中心分布区、安徽的多态位点百分率分别为 75.74%、83.83%、75.32%，总多态位点百分率为 88.98%。

表8-9　北美鹅掌楸和马褂木不同地理种源的分化

种类	种类的基因多样性	种群内基因多样性	种群间基因多样性	种群基因分化系数
北美鹅掌楸	0.4333	0.1579	0.2754	0.6355
马褂木	0.4000	0.3580	0.0374	0.0946

遗传标记是研究生物遗传变异规律和进行良种选育的基础，综观遗传学的发展史，每一种新型遗传标记的发现都大大推动了遗传学研究的发展。由形态标记向分子标记逐步发展的过程，反映了人类对基因由现象到本质的认识过程。分子标记技术从被创立之日起便显示出无可比拟的优越性和广阔的应用前景。目前，分子标记技术的发展速度很快，新型标记不断被开发，新的用途不断被发现。利用分子标记技术已成功地解决了鹅掌楸属树种杂交育种研究中的一些问题，今后应进一步开展杂种优势的分子机理、遗传连锁图谱构建、主要经济性状 QTL 定位和分子标记辅助选择育种等方面的研究。

参 考 文 献

冯源恒，李火根，张红莲. 鹅掌楸配子选择与雄性繁殖适合度[J]. 植物学报，2010，45(1)：
　　52 – 58.

黄敏仁，陈道明. 杂种马褂木的同工酶分析[J]. 南京林产工业学院学报，1979，(1，2)：
　　156 – 158.

贾波，叙海滨，徐阳，等. 鹅掌楸 Genomic – SSR 反应体系优化[J]. 林业科学研究，2013，
　　26(4)：506 – 510.

贾继增. 分子标记种质资源鉴定和分子标记育种[J]. 中国农业科学，1996，29(4)：1 – 10.

李红英，李康琴，胥猛，等. 北美鹅掌楸 EST – SSR 跨属间通用性[J]. 东北林业大学学报，
　　2011，39(2)：28 – 30，42.

李周岐，王章荣. 鹅掌楸属种间杂交技术[J]. 南京林业大学学报，2000，24(4)：21 – 25.

李周岐，王章荣. 鹅掌楸属种间杂种苗期生长性状的遗传变异与优良遗传型选择[J]. 西北林
　　学院学报，2001d，16(2)：5 – 9.

李周岐，王章荣. 林木杂交育种研究新进展[J]. 西北林学院学报，2001a，16(4)：93 – 96.

李周岐，王章荣. 用 RAPD 标记检测鹅掌楸属种间杂交的花粉污染[J]. 植物学报，2001b，
　　43(12)：1271 – 1274.

李周岐，王章荣. 用 RAPD 标记进行鹅掌楸杂种识别和亲本选配[J]. 林业科学，2002，38
　　(5)：169 – 174.

李周岐，王章荣. 杂种马褂木无性系随机扩增多态 DNA 指纹图谱的构建[J]. 东北林业大学
　　学报，2001c，29(4)：5 – 8.

刘丹，顾万春，杨传平. 鹅掌楸属遗传多样性分析评价[J]. 植物遗传资源学报，2006，7
　　(2)：188 – 191，196.

刘丹，顾万春，杨传平. 中国鹅掌楸遗传多样性研究[J]. 林业科学，2006，41(2)：
　　116 – 119.

刘洪谔，沈湘林，曾玉亮. 中国鹅掌楸、美国鹅掌楸及其杂种在形态和生长性状上的遗传和
　　变异[J]. 浙江林业科技，1991，11(5)：18 – 22.

罗光佐，施季森，尹佟明，等. 利用 RAPD 标记分析北美鹅掌楸与鹅掌楸种间遗传多样
　　性[J]. 植物资源与环境学报，2000，9(2)：9 – 13.

孙亚光，李火根. 利用 SSR 分子标记对鹅掌楸自由授粉子代的父本分析[J]. 植物学通报，
　　2007，24(5)：590 – 596.

孙亚光，李火根. 利用 SSR 分子标记检测鹅掌楸雄性繁殖适合度与性选择[J]. 分子植物育
　　种，2008，6(1)：79 – 84.

王关林，方宏筠. 植物基因工程[M]. 北京：科学出版社，2002.

王明庥. 林木遗传育种学[M]. 北京：中国林业出版社，2001.

王章荣. 中国马褂木遗传资源的保存与杂交育种前景[J]. 林业科技通讯，1997，(9)：
　　8 – 10.

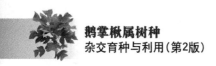

胥猛, 李火根. 鹅掌楸 EST - SSR 引物开发及通用性分析[J]. 分子植物育种, 2008, 6(3): 615 - 618.

叶金山, 周守标, 王章荣. 杂种鹅掌楸叶解剖结构特征的识别[J]. 植物资源与环境, 1997, 6(4): 58 - 60.

尹增芳, 樊汝汶. 中国鹅掌楸与北美鹅掌楸种间杂交的胚胎学研究[J]. 林业科学研究, 1995, 8(6): 605 - 610.

张爱民. 植物育种亲本选配的理论和方法[M]. 北京: 农业出版社, 1994.

张红莲, 李火根, 胥猛, 等. 鹅掌楸属种及杂种的 SSR 分子鉴定[J]. 林业科学, 2010, 46 (1): 36 - 39.

朱其卫, 李火根. 鹅掌楸不同交配组合子代遗传多样性分析[J]. 遗传, 2010, 32(2): 183 - 188.

BARIL C P, Verhaegen D, Vigneron P, et al. Structure of the specific combining ability between two species of *Eucalyptus*, I. RAPD date[J]. Theor Appl Genet, 1997, 94(6 - 7): 796 - 803.

CHOWDARI K V, Venkatachalam S R, Davierwala A P, et al. Hybrid performance and genetic distance as revealed by the (GATA)$_4$ microsatellite and RAPD markers in pearl millet[J]. Theor Appl Genet, 1997, 97(1): 163 - 169.

HOUSTON D B, Joehlin K A. Are pollination bags needed for controlled pollination programs with yellow-poplar[J]. Silvae Genetica, 1989, 38(3/4): 137 - 140.

LEE M, Godshalk E B, Lamkey K R, et al. Association of Restriction Fragment Length Polymorphisms among maize inbreds with agronomic performance of their crosses[J]. Crop Sci, 1989, 29: 1067 - 1071.

SMITH O S, SMITH S C, BOWEN S L, et al. Similarities among a group of elite maize inbreds as measured by pedigree, F$_1$ grain yield, heterosis and RFLPs[J]. Theor Appl Genet, 1990, 80: 833 - 840.

VOS P, HOGERS R, BLEEKER M, et al. AFLP: a new technique for DNA fingerprinting[J]. Nucleic Acids Res, 1995, 23: 4407 - 4414.

XIAO J, LI J, YUAN L, et al. Genetic diversity and its relationship to hybrid performance and heterosis in rice as revealed by PCR-based markers[J]. Theor Appl Genet, 1996, 92: 637 - 643.

ZHANG Q F, GAO Y J, Saghai Maroof M A, et al. Molecular divergence and hybrid performance in rice[J]. Mol Breed, 1995, 1: 133 - 142.

ZHANG Q F, GAO Y J, YANG S H, et al. A diallel analysis of heterosis in elite hybrid rice based on RFLPs and microsatellites[J]. Theor Appl Genet, 1994, 89: 185 - 192.

第 9 章

鹅掌楸属种间杂种优势
速生性与适应性的表现

  林木有性杂交实质上是通过基因重组手段，以获得变异后代的过程。由于林木基因组非常庞大，并具有高度杂合性的特点，决定了其具有通过重组更易获得变异材料的优点。因此杂交育种一直是林木创造新种质的一项重要技术。林木杂交育种已在松属（*Pinus*）、落叶松属（*Larix*）、云杉属（*Picea*）、柳杉属（*Crypteomeria*）、杨属（*Populus*）、柳属（*Salix*）、泡桐属（*Paulownia*）、栎属（*Quercus*）、榆属（*Ulmus*）、金合欢属（*Acacia*）、悬铃木属（*Platanus*）和桉属（*Eucalyptus*）等树种中得到广泛开展应用。

  杂交的最终目的是利用杂种优势。杂种优势按性状表现大致可分为 3 种类型：一是杂种营养型优势，表现为营养生长较旺盛；二是杂种生殖型优势，表现为生殖生长较为旺盛；三是杂种适应性优势，表现为对各种不同的生境具更大的适应能力。而作为林木杂种优势的利用，主要是利用其营养生长优势（获得更多的木材）和适应性优势（扩大良种的栽培区域）。因此，林木杂交育种的本质是通过利用天然的或人工授粉所获得的杂种，筛选具有生长和适应性优势的后代材料，扩大繁殖规模，达到大面积推广良种和最终的林木增产林业增收的目的。由此可见，在开展杂交育种过程中，一项极其重要的工作是要去发现杂种优势。对于杂种的营养生长优势的发现相对比较容易，其主要工作在于设置具相对客观可比性的对照和科学的田间试验，最终只要考察树高、胸径和材积生长量，即能较好地得到结论；而对于杂种的适应性优势的发现，相对而言稍复杂些，既要考虑气候因子（温度、光照、水分等），又要注重土壤因素（结构、肥力、pH 值等），因此在设置试验时，必须要提前制订相对严密的试验设计，选择具有相对代表性的立地布置田间试验，最终才能得到相对准确的结论。

  从已有的林木有性杂交育种研究来看，多数树种间的杂交均已发现和获得

较高的杂种优势,所育出来的良种极大地推动了林业的发展,在实现林木的速生、丰产、优质、高效及林木多种功效发挥等方面起到了积极的作用。最有代表性的应属杨属中的黑杨派(*Aigeiros*)的杂种,黑杨派内有 2 个种,一个天然分布于欧亚大陆,称欧洲黑杨(*Populus nigra*),另一个天然分布于北美东部,称美洲黑杨(*P. deltoides*),欧美两地经相互引种,最初得到天然杂种,后又经人工杂交获得一大批具有杂种优势的杂种欧美杨无性系,被广泛推广到生产中,带来了较高的增产效益。相似的例子还很多,如松属中的湿地松(*Pinus elliottii*)×加勒比松(*P. caribaea*)、刚松(*P. rigida*)×火炬松(*P. taeda*),桉属中的尾叶桉(*Eucalyptus urophylla*)×巨桉(*E. grandis*)、细叶桉(*E. tereticornis*)×巨桉、细叶桉×赤桉(*E. camaldulensis*)、尾叶桉×白桉(*E. alba*),悬铃木属中的大西洋悬铃木(*Platanus occidentalis*)×多球悬铃木(*P. orientalis*)等。这些天然的或人工得到的杂种均表现出比亲本速生优质、适应性强的优势,在林业生产中被广泛应用,并带来了可观的经济、社会和生态效益。

鹅掌楸属两树种由于天然分布区相隔甚远,在长期的历史演化过程中,形成了各自的遗传特点,虽然在形态特征和生理特性诸方面具一定差异,但通过对北美鹅掌楸的引种栽培后的观察发现,其花期与马褂木基本接近,并且经人工授粉的试验,发现两者具较强的亲和性。按照杂交育种的技术步骤,在确定了杂交亲本之后,开展人工授粉,获得杂种后代,接下来我们最关心的是杂种是否具有杂种优势。在揭示杂种优势的过程中,为了最大限度地利用杂交双亲的遗传潜力,除了采用一般性的一对一的用父本花粉给母本授粉而开展的杂交试验之外,一项极其重要的工作是必须加以高度重视的,那就是在开展杂交之前,要设计相对合理而严密的交配设计方案,这样才能使杂交后代的测定数据能真实反映杂种优势率的大小,以便为进一步开展杂交制种,大量生产杂交种子服务,最终使更优良的杂种种苗应用于林业生产。综观鹅掌楸两树种的杂交育种过程,也是按照此步骤来开展研究的。从 1963 年开始的杂交工作和相关试验,特别是在 20 世纪 90 年代开始,更为广泛的杂交试验和系统性分析,为揭示杂种的生长优势提供了帮助;而杂种早期被引种至西安、北京、山东、浙江、江西、湖南、湖北、福建等地,并在江苏南京周边地区的试种,以及其后利用较大数量的杂种后代在更大范围内的栽培试验,为揭示杂种的适应性优势提供了强有力的证据。本章内容将利用上述杂种素材,重点围绕杂种的生长优势和适应性优势展开讨论。

9.1 杂交马褂木幼龄期的生长表现

杂交马褂木的幼龄期生长表现的最早报道见之于 1973 年第 12 期的《林业科技通讯》，由我国已故的著名林木遗传育种学家叶培忠教授领导的前南京林产工业学院的林学系育种组，于 1963 年和 1965 年 2 次开展马褂木与北美鹅掌楸的正反交，利用该批杂种材料以马褂木(杂交母本)作为对照，从 1966 年开始历时 4 年的观察，得到世界首例有关杂交马褂木生长表现的报道(表 9-1)，发现杂种无论从高生长和径生长均表现出了较显著的杂种优势。同时还观察发现南京地区 9 月中旬左右，马褂木已开始大量落叶，全树 1/5～1/3 的树叶已变黄色。但杂种植株此时无落叶现象，全树均为翠绿色，杂种表现出比马褂木生长期延长的特点。

表 9-1　杂交马褂木苗高和地径生长与母本的比较

| 年份 | 高生长 (cm) | | | | | | 径生长 (cm) | | | | | |
| | 杂交马褂木 | | 马褂木 | | 优势率 (%) | | 杂交马褂木 | | 马褂木 | | 优势率 (%) | |
	均值	变幅	均值	变幅			均值	变幅	均值	变幅		
1966	41.2	25.0～58.5	22.5	6.5～46.4	83.4		1.02	0.7～1.3	0.77	0.3～1.4	32.4	
1967	56.3	33.5～75.5	34.9	19.8～55.3	66.7		1.12	0.15～1.7	1.03	0.7～1.4	8.7	
1968	130.1	75.0～165.0	75.5	30.0～128.0	72.3		2.32	1.2～3.1	2.06	1.3～2.6	12.6	
1969	177.4	111.0～231.0	125.3	50.0～170.0	42.3		29.8	2.4～42.0	26.2	1.6～35.0	13.7	

注：优势率(%) = (杂交马褂木 – 马褂木)/马褂木×100%。

(引自南京林产工业学院林学系育种组，1973)

叶金山(1998，2002)采用完全谱系的析因(测交)设计共获得杂交后代及自由授粉 27 个家系，对其 1 年生苗按不同交配类型进行统计结果表明，正交(C×T)、反交(T×C)、回交(H×T)和 F_1 代个体间的交配(H×H)后代的苗木生长与中国马褂木自由授粉家系比较均表现出正向优势(表 9 – 2)。若按家系统计，发现 24 个杂种家系中共有 21 个家系的地径生长量具正向杂种优势，占总家系数的 87.5%，地径优势率的变幅在 – 11.63%～44.12%；苗高、叶片数和叶面积的杂种优势率变幅分别为 34.84%～78.74%、49.41%～92.99%、53.87%～104.30%。

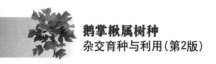

表9-2　鹅掌楸属不同交配类型 1 年生苗木不同性状

平均数、标准差、变异数和杂种优势率的比较

家系	D		H		L		S	
	$\bar{x} \pm s$	RH(%)	$\bar{x} \pm s$	RH(%)	$\bar{x} \pm s$	RH(%)	$\bar{x} \pm s$	RH(%)
C	0.764 ± 0.272		12.153 ± 7.374		8.88 ± 8.393		512.051 ± 526.062	
C×T	0.939 ± 0.265	25.474	21.426 ± 10.758	89.335	15.39 ± 10.517	76.086	1268.315 ± 938.546	173.485
T×C	0.905 ± 0.292	20.99	21.984 ± 12.023	94.275	15.83 ± 11.12	81.12	1287.525 ± 1000.243	177.625
H×T	0.843 ± 0.248	7.885	23.141 ± 11.319	104.496	16.956 ± 11.65	94.005	1122.326 ± 873.389	142.005
H×H	0.807 ± 0.282	7.89	21.338 ± 11.265	88.56	14.14 ± 9.39	61.78	951.647 ± 743.452	105.20

　　注：H 代表苗高(cm)；D 代表苗木地径(cm)；L 代表叶片数；S 代表叶面积(cm²)；C 代表马褂木；T 代表北美鹅掌楸；H 代表杂交马褂木。下同。

（引自叶金山，1998）

　　李周岐(2000，2001)进行了包括正交(C×T)、反交(T×C)、与北美鹅掌楸的回交(T×H)及杂种 1 代(F_1)个体间的交配(H×H)同样试验证明，各交配类型家系间在生长性状上差异极显著，正交、反交、回交及(F_1)代个体间杂交的 4 种交配类型杂种优势都非常明显(表9-3)。

表9-3　鹅掌楸属不同杂交组合的 2~3 年生杂种生长优势比较

年龄	杂交组合	苗高(H)			地径(D)			胸径(DBH)		
		平均值(m)	变幅	优势率(%)	平均值(m)	变幅	优势率(%)	平均值(m)	变幅	优势率(%)
2	C×T	2.5890	0.40~3.70	72.61	2.4814	0.80~5.00	61.84			
	T×C	2.6382	0.60~3.62	78.66	2.4929	0.80~4.30	62.59			
	H×T	2.4856	0.42~3.93	68.32	2.2352	0.80~4.890	45.78			
	H×H	2.2507	0.87~3.39	52.41	2.1200	0.90~3.30	38.26			
	CK	1.4767	0.46~2.90		1.5333	0.90~2.40				
3	C×T	4.41	1.65~5.76	72.94				2.95	1.00~4.95	94.08
	T×C	4.06	1.91~5.24	59.22				2.88	1.34~4.45	89.47
	CK	2.55	1.15~3.84					1.52	0.82~2.60	

（引自李周岐，2001）

表 9-3 数据进一步显示不同杂交组合的杂种苗生长优势是显著的，即使采用杂种 F_1 代单株间的交配，其后代仍具一定的生长优势。由表 9-3 可见在鹅掌楸属的杂交育种过程中，采用正交（马褂木 × 北美鹅掌楸）和反交（北美鹅掌楸 × 马褂木）的交配方式，后代的生长优势较大，而采用回交和杂交 F_1 代个体间的交配也可获得一定的杂种生长优势。

张晓飞、李火根、尤录祥、曹健（2011）对 39 个组合属 4 种交配类型（种间杂交中的正交、反交、回交及种内杂交）杂交子代进行苗期测定。于 2007 年 3 月分别在南京林业大学校园苗圃、湖北省林木种苗站咸宁苗圃和江苏镇江新民洲苗木基地进行苗期多点测定。田间试验采用随机完全区组设计，以马褂木自由授粉子代为对照，每个试验点设置 3 个区组，每小区 10 株，株行距 40cm × 40cm。试验结果见表 9-4。

表 9-4　不同试验点的不同交配类型杂交马褂木生长表现

交配类型	镇江试验点				咸宁试验点				南京试验点			
	苗高		地径		苗高		地径		苗高		地径	
	平均(m)	优势率(%)	平均(m)	优势率(%)	平均(m)	优势率(%)	平均(m)	优势率(%)	平均(m)	优势率(%)	平均(m)	优势率(%)
正交	1.049	94.07	1.980	71.73	1.329	19.40	24.17	0.626	29.55	1.359	19.33	
反交	1.018	88.14	1.916	66.17	1.366	22.73	1.949	24.92	0.690	30.52	1.410	23.51
种内杂交	0.818	51.29	1.681	45.83	1.399	25.70	1.855	18.91	0.565	16.98	1.322	16.33
回交	0.576	6.48	1.594	38.26					0.475	−1.77	1.195	5.91
对照	0.541		1.153		1.113		1.560		0.483		1.123	

（引自张晓飞等,2011）

表 9-4 试验数据表明，正交、反交、回交及种内杂交 4 种交配类型的平均苗高生长杂种优势率分别为 94.07%、88.14%、6.48% 和 51.29%；地径生长杂种优势率分别为 71.73%、66.17%、38.26% 和 45.83%。这些试验都同样证明，鹅掌楸属树种的杂交其杂种生长优势是非常明显的。

9.2　杂交马褂木成龄期的生长表现

20 世纪 70 年代后期，南京林产工业学院林木遗传育种教研组在南京的学校树木园和校办下蜀教学林场（江苏省句容县）分别建立了鹅掌楸属种间杂种与亲本对比试验林。张武兆、马山林、邢纪达、张井义（1977）调查报道了南京林产工业学院下蜀教学林场 15 年生时该杂种对比试验林的情况（表 9-5）。

表9-5 15年生杂种马褂木生长量优势年度表现

测定年份	杂种					亲本					杂种优势率(%)		
	树高(m)	年生长量(m)	直径(cm)	年生长量(cm)	材积(m³)	树高(m)	年生长量(m)	直径(cm)	年生长量(cm)	材积(m³)	树高(m)	直径(cm)	材积(m³)
1983	3.29		5.10			2.33		4.05			41.0	26.0	
1984	4.56	1.27	8.52	3.42		3.69	1.36	7.09	3.04		24.0	20.0	
1985	6.28	1.72	11.87	3.35		5.14	1.45	9.24	2.15		22.0	28.0	
1986	7.87	1.59	10.15		0.0283	6.08	0.94	7.25		0.0135	29.0	40.0	109.6
1987	9.45	1.58	11.99	1.84	0.0537	8.32	2.24	9.28	2.03	0.0292	14.0	29.0	83.9
1989	12.17	1.36	14.76	1.39	0.1027	11.09	1.38	11.19	0.95	0.0548	9.7	31.9	87.4
1990	14.04	1.84	15.96	1.20	0.1370	12.49	1.40	12.03	0.84	0.0709	12.2	32.7	93.2
1991	14.70	0.69	16.71	0.75	0.1549	13.25	0.76	12.70	0.67	0.0842	10.9	31.6	84.4
1995	16.41	0.42	19.32	0.65	0.2301	15.34	0.52	15.14	0.61	0.1187	7.1	27.6	93.8

(引自张武兆等,1977)

表9-5数据说明,该杂种对比试验林无论是树高生长、胸径生长还是材积生长,杂种的优势非常显著。连续9年的调查结果显示,胸径生长量的杂种优势率都在30%,材积生长量的杂种优势率在90%左右,树高生长量的杂种优势率有随年龄增长而呈下降的趋势,但仍保持明显的生长优势。杂种树高年生长量均在1m以上,胸径年生长量接近2cm。造林第7年胸径生长量出现下降,是由于林分郁闭度随之增加而未及时疏伐所致。暗示着按照3m×3m的造林密度,从第7年开始应进行适当疏伐,以保证树木有足够的营养空间,是维持胸径生长量的必要措施。

王章荣(1997)对南京林业大学校本部树木园的鹅掌楸属种间杂种与亲本对比试验林20年生时测定结果也作了报道(表9-6)。

表9-6 20年生杂交马褂木生长优势的表现

性状	杂种	马褂木	北美鹅掌楸	杂种优势率(%)
树高(m)	19.17	15.52	16.22	20.79
胸径(cm)	25.71	13.56	16.77	69.59
材积(m³)	0.460	0.107	0.170	232.13

表9-6数据表明,20年生的杂种树高生长优势率达20.79%,胸径生长优势率达69.59%,材积优势率则达到232.13%。表中的杂种优势率是以中亲值为对照得出的结果,如马褂木杂交母本作为对照则优势率更大。这里有一点需要说明,本次参试的北美鹅掌楸是自交的后代,存在自交衰退现象。同时,杂

种生长旺盛，造成后期马褂木和北美鹅掌楸亲本种被压，存在一定程度的竞争
效应，对试验结果会带来一定误差。但是杂种生长优势的显著性是毋容置疑的。
此外也暗示在今后安排杂交马褂木试验林时，作为长期观测的试验林，应适当
增大株行距；同时，参试验材料应采用北美鹅掌楸自由授粉后代。

成龄期的杂种生长优势还被另一些试验所证实。1965 年杂交的杂交马褂木
栽植于中国林科院亚热带林业研究所(浙江富阳)办公大楼前做行道树 25 年生的
测定结果，树高为 21.0m，胸径 63.7cm，单株材积达 2.23m³。而与此同期栽植
的马褂木树高为 17.0m，胸径 21.2cm，单株材积仅 0.20m³；北美鹅掌楸树高
17.5m，胸径 30.1cm，单株材积 0.41m³。杂种材积生长量与中亲值作比较，优
势率达 631.15%(潘志刚 等，1994)。

根据南京林业大学校园主干道两旁于 1976 年作为行道树栽植的马褂木和杂
种的生长表现，每年高温盛夏季节，马褂木叶色变黄并出现枯萎现象，而杂种
依然郁绿旺盛，更显示出杂种的强适应性。尽管上述数据来自非正规对比试验
的结果，但从另一侧面也能反映出杂种的适应能力和生长优势。

9.3 杂交马褂木在不同地区的生长与适应性表现

从 20 世纪 70 年代后期以来，杂交马褂木推广到北京、天津、西安、甘肃、
山东、江苏、浙江、福建、江西、安徽、湖北、湖南、广西等地试种，杂种均
表现出较强的适应能力与生长优势。许多地方引种的杂交马褂木已经正常开花
结实。由于杂种具有叶形奇特、花色艳丽、花具芳香气味、树形高大挺拔而优
美、病虫害少、凋落物无污染、速生且抗逆性强等特点，已被我国的许多城市
确定为园林绿化树种。目前已通过各种繁殖途径，包括杂交制种、扦插、嫁接、
体胚苗繁殖等途径，扩繁出相当数量的杂种，并已在我国南方丘陵山区应用于
成片造林。

20 世纪 70 年代一些试验林的调查数据已充分显示出杂种的适应性优势和
生长优势的表现。据赵书喜(1989)、武慧贞(1990)、张武兆等(1997)、王志明
(1995)等人的报道，现将杂交马褂木在一些地区的试种表现列入表 9-7。

表 9-7 杂交马褂木在各地试种的表现

试种地点	树龄(a)	胸径(cm)	树高(cm)	资料来源
中国林科院	27	54.11	16.50	黄铨测定
西北农林科技大学	18	28.00	10.50	李周岐测定
湖南汉寿县	10	25.50	16.04	赵书喜，1989

(续)

试种地点	树龄(a)	胸径(cm)	树高(cm)	资料来源
湖北武汉	12	15.00	11.50	武惠贞,1990
江苏句容	15	20.19	17.22	张武兆等,1997
浙江临安	16	24.43	14.38	王志明等,1995
江西南昌	27	55.10	23.80	曾志光测定

由上述实验表明,杂交马褂木生长优势明显,而且具有较强的适应能力和耐寒能力。虽然在北京、西安的西北、华北地区的气候条件下,幼年期地上部分有些冻梢情况,但只要注意幼年期的适当保护,都能成林开花结果。马褂木是分布在亚高山的树种,冬季寒冷,具有较强的耐低温能力。北美鹅掌楸在原产地分布纬度较高,特别是北方种源具有很强的耐寒能力。杂交马褂木生理生化指标测定结果也表明,杂交马褂木具有较强的适应能力和抗逆性。

杂交马褂木能耐一定的高温,也较耐干旱。夏季干热条件下,生长仍表现良好,当极端高温达40℃时,在阳光直射下,树皮仍然光滑,无日灼现象。而此时的马褂木则出现树叶枯黄早落和树干日灼的情形,高生长缓慢,甚至出现夏季休眠现象。杂交马褂木和马褂木的这种表现在武汉和南京夏季高温地区,表现得尤为特出。杂种的耐寒能力也比马褂木显著增强,这从杂种的栽培地区纬度比马褂木分布区纬度更高即可得到明示。

但是,杂交马褂木和其亲本种相似,不耐水湿,特别是在地下水位高,或长期积水的环境下,其肉质根系易腐烂,而生长不良,甚至死亡。通常情况下,若遇栽培环境积水超过1周,即会出现树叶发黄,提早落叶,或死亡现象。

杂交马褂木从幼龄期到成龄期都表现出极显著的生长优势。幼龄期个别杂种家系的生长量比马褂木高出3倍以上。成龄期生长量也比亲本种成倍提高。同时发现,正交和反交杂种,以及回交及杂种单株间的交配所产生的后代均有不同程度的杂种优势,并以正交和反交杂种的生长优势最为显著。

多地域的试种结果表明,杂交马褂木的适应性优势非常明显,特别是在耐干热环境和抗寒性方面比马褂木表现得更加明显。现有的引种试验证实,杂交马褂木在我国南至广东和广西,北到陕西西安、甘肃天水及辽宁大连均能适应生长。杂种比亲本种表现出春季萌动早,秋季落叶晚,夏季无休眠等特点,这有利延长生长季。杂种适于园林绿化及土层较厚排水良好的山地或丘陵栽培,不适于在地下水位过高或长期积水的立地上栽种。

杂交马褂木树体高大挺拔、树干通直圆满、树冠浓郁、侧枝发达、叶形奇特、花色艳丽、花期长并具芳香味、少病虫害、凋落物无污染等特点;作为用材成片造林栽培时,具有速生丰产、自然整枝明显、侧枝小而稀、主干少节、每年大型纸质叶片落归林地可对土壤起培肥作用等优点。由此说明杂交马褂木是优良的园林绿化树种和优良的胶合板用材和纸浆用材树种。

参 考 文 献

季孔庶，王章荣. 鹅掌楸属植物研究进展及其繁育策略[J]. 世界林业研究，2001，14(1)：8-14.

季孔庶，王章荣. 杂种鹅掌楸的产业化前景与发展策略[J]. 林业科技开发，2002，16(1)：3-6.

季孔庶，杨秀艳，杨德超，等. 鹅掌楸属树种物候观测和杂种家系苗光合日变化[J]. 南京林业大学学报，2002，26(6)：28-32.

李文训，张玉祥，吴艳，等. 杂交马褂木北移的可行性及技术策略[J]. 河南林业科技，1994，45(3)：23-25.

李周岐. 鹅掌楸属种间杂种优势的研究[D]. 南京：南京林业大学，2000.

南京林产工业学院林学系育种组. 亚美杂种马褂木的育成[J]. 林业科技通讯，1973，(12)：10-11.

王章荣. 中国马褂木遗传资源的保护与杂交育种前景[J]. 林业科技通讯，1997，(9)：8-10.

王志明，余美林，刘智，等. 鹅掌楸生长发育特性及配套技术[J]. 浙江林学院学报，1995，12(2)：149-155.

武慧贞. 杂交马褂木引种试验[J]. 湖北林业科技，1990，(3)：16-18.

杨秀艳. 杂种鹅掌楸苗期生长与生理生化特性的研究[D]. 南京：南京林业大学，2002.

叶金山. 鹅掌楸杂种优势的生理遗传基础[D]. 南京：南京林业大学，1998.

张武兆，马山林，刑纪达，等. 马褂木不同家系生长动态及杂种优势对比试验[J]. 林业科技开发，1997，(2)：32-33.

赵书喜. 杂交马褂木的引种与杂种优势利用[J]. 湖南林业科技，1989，(2)：20-21.

第 10 章

鹅掌楸属种间杂种优势的生理学分析

　　植物的生命活动是在水分代谢、矿质营养、光合作用和呼吸作用等基本代谢过程的基础上，表现出种子萌发、生长、开花和结实等生长发育的生理过程。林木在此生理过程中，以其自身的遗传特性与其所处的更为复杂多变的生存环境相互作用、相互协调，最终表现出各异的生命现象。为揭示这些生命现象的本质，促成了人类对林木生理学的探索。既然杂交马褂木无论在幼龄期还是在成年期均表现出比其双亲具有显著的生长优势和适应性优势，为进一步开展鹅掌楸属的杂交育种及其杂种优势的有效利用，从生理学基础入手探讨其生长优势和适应性优势形成的原因，是极其必要和具有广泛现实意义的。

　　从生理学所涉及的内容来看，光合作用是包括林木在内的一切自养生物体内有机物质和能量的最终来源，并且是构筑农作物和林木产量的基础。对光合作用的研究一直是育种改良工作的重要方面，早在 20 世纪中期，就有学者提出通过育种手段提高作物和树木的光合效率，进而提高它们的生产力。因此对树种光合特性进行研究是极其重要的。至今国内学者已对植物的光合特性进行过许多研究（Jan. M. Coe 等，1980；杜维广，1988；廖建雄 等，1999；贺善安 等，1999；冯玉龙 等，2000）。在林木上近年来对于光合特性的研究也方兴未艾，特别是对种内光合作用变异的研究较为深入（吴夏明 等，1988；俞新妥 等，1989，1991；何平，1992；J. M. Dunlap，1993；姜春玲 等，1998）。植物生理学已阐明，农作物和林木产量是植物一生中光合作用的全部产物（即光合产量）与植物生命活动中所消耗的有机物质（主要通过呼吸作用消耗）的差值，即：光合产量 = 光合面积 × 光合强度 × 光合时间 − 光合产物消耗。据此公式可见，林木生长量与林木自身的光合面积及其光合作用特点有着密切的相关性，而光合面积主要是由光合叶面积来决定的。由此可见，要揭示杂交马褂木生长优势的机制，有必要较全面地分析杂种在叶面积、叶片数量、叶绿素含量、光合强度等方面与亲本种的差异，并分析不同杂交组合后代之间上述诸因素的差异，为筛选高产的杂种家系和无性系提供依据。

从林木所处的生存环境来看，多数树木的生存环境比农作物要复杂得多，特别是随着环境日趋恶化，世界上至少有 1/3 地区受到缺水问题的制约。在我国，华北、西北、内蒙古和青藏高原的绝大部分地区属于干旱和半干旱地区，其他地区也不同程度出现周期性或难以预料的干旱，这些地区的严重水分亏缺极大地制约了林木的分布、生长和产量的提高。Kramer（1983）认为，干旱胁迫所导致的作物和林木减产，可超过其他环境因子胁迫所造成的减产总和。由此可见，为了扩大杂交马褂木的栽培区域，丰富我国北方地区林木的种类，提高其林木产量，从抗旱机制方面分析杂种的生理基础，为进一步筛选抗旱性强的杂交马褂木品系，有着极其重要的意义。综观植物对干旱胁迫生理反应制机的研究，不难发现干旱主要通过改变植物的光合作用、内源激素的合成和调配、蛋白质合成（主要是影响核糖核酸酶 RNase 的活性）等生理过程，最终影响植物的生存和生长（Farquhar and Sharkey，1882；张建国 等，2000）。

众所周知，树木的生存和生长，除了与光合作用、水分代谢及其他生理过程有着密切关系之外，决定细胞生长和分化的因素——植物内源激素（hormone）也与植物的生长发育和抗逆境能力有着一定的联系。如生长素（auxin）可促进细胞分裂、叶片扩大、茎伸长、光合产物的分配、不定根和侧根的形成和顶端优势等；抑制侧枝生长和叶片衰老等。赤霉素（gibberellin）可促进细胞分裂、叶片扩大、茎伸长和侧枝生长等；抑制侧芽休眠和衰老等。细胞分裂素（cytokinin）可促进细胞分裂和扩大，延缓叶片衰老等。而脱落酸（abscisic acid）在促进逆境条件下的气孔关闭，促进休眠和提高抗逆性等方面起作用。在杨属及其他树种的杂种优势机制研究方面也已证实，杂种体的内源激素水平与杂种优势的大小有着紧密相关性（N. J. Bate *et al*，1988；R. P. Pharis，*et al*，1991）。由此可见在分析杂交马褂木的杂种优势方面，有必要揭示其体内的激素水平高低与杂种生长和抗逆境能力的相关性。

此外，植物所经历的生命周期每个过程与高度复杂而组织严密的化学变化密不可分，而这些化学反应之所以能在植物体内得以顺利和迅速地进行，其根本原因就是植物体内普遍存在着生物催化剂——酶，它对调节植物细胞生理代谢起着重要的作用。经典遗传学认为，基因的最后表达是通过酶及其指导的生化过程而实现的。假如植物在某一性状上存在着基因型的差异，那么这种差异会体现在相应的生理生化标记上。与植物生长和对环境的适应能力有着直接关系的一类酶——保护性酶系统［包括超氧化物歧化酶（SOD）、过氧化物酶

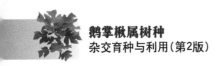
（POD）、愈创木酚过氧化物酶（POX）和抗坏血酸过氧化物酶（APX）]已成为研究的切入点（J. Levitt，1980；刘雅荣 等，1983；彭长连 等，2000）。季成等（1989）就凤眼莲超氧化物歧化酶与抗寒性关系的研究提供了 SOD 与抗寒性有关的直接证据。宋金耀等（2001）在毛白杨嵌合体与毛白杨的扦插生根试验中发现，易生根的嵌合体在生根过程中 POD 的变化与难生根的毛白杨恰好相反。两种不同生态型的芦苇叶绿体的 SOD 活性水平相差竟然有 3 倍多（朱学艺 等，2000）。因此，本章也将对杂交马褂木的酶系统开展讨论，旨在为杂种的生长和适应性优势提供理论依据。

10.1　杂交马褂木光合时间、光合面积和叶绿素含量与生长优势的关系

　　季孔庶等（2002）对南京林业大学于 1976 年在校园内作为行道树栽植的鹅掌楸属树种的物候期观测，发现北美鹅掌楸在南京地区萌动、发芽及展叶期均早于马褂木。但一般来看，杂种无论是萌动、发芽或展叶均比两亲本种早。从展叶期来看，鹅掌楸属树种正反交杂种比两亲本种更早展叶，有利于提前开始光合作用，生长加速，为杂种的生长优势奠定基础。通过对开花习性的调查，发现反交杂交马褂木花期持续 41d、正交杂种的花期持续 36d，均比亲本种北美鹅掌楸（26d）以及马褂木（25d）长，杂种比亲本种延长了开花观赏期。杂种和亲本种的花期之间有较长时间的交叉（14d），这对扩大鹅掌楸属树种的杂交亲本，进一步开展人工杂交授粉，挖掘和利用杂种优势是十分有利的。

　　由于光合面积主要是由光合叶面积来决定的，因此在探讨杂种生长优势时，有必要考察杂种的叶面积性状。在第 9 章中，叶金山（1998）对 1 年生杂交马褂木苗叶面积测定资料（表 9-2）分析发现，杂交种与亲本种相比在叶面积上也具有明显的杂种优势，而且苗木单株叶面积与苗木生长量关系十分密切。以单株性状值为单位对地径、苗高、叶片数和叶面积作相关分析表明，幼苗地径（D）、苗高（H）与叶片数（L）和叶面积（S）大小呈显著正相关，其中地径、苗高生长量与叶片数的偏相关系数均大于 0.7，而地径、苗高生长量与叶面积的偏相关系数达 0.8 以上（表 10-1）。由此推测叶面积可能是影响苗木生长的直接因素。

　　杨秀艳（2002）对 3 年生的全双列交配设计杂交家系苗木的测定结果同样表明（表 10-2），无论是单叶面积还是单株总叶面积 4 种交配类型子代的正交、反交、回交及 F_1 代个体间交配产生的杂种均比两亲本种马褂木（C）和北美鹅掌楸（T）大。由此进一步表明杂种马褂木叶面积的优势是构建生长量优势的重要因素。

表 10-1　参试家系生长性状的偏相关系数

项目	D	H	L	S
D	1.000000	0.800495	0.756164	0.839006
H	0.800495	1.000000	0.779253	0.884067
L	0.756164	0.774373	1.000000	0.857654

（引自叶金山，1998）

表 10-2　杂交马褂木家系与亲本叶面积的排序与多重比较

家系	单叶面积 （cm^2）	多重比较	家系	单株总叶面积 （cm^2）	多重比较
HC01	233.82	a	CT01	78335	a
CT01	231.75	a	CH04	65846	b
HC02	229.67	ab	HC01	58921	bc
HC03	223.00	abc	CH02	58578	bc
CH07	215.53	abc	CH03	57853	bc
CH04	203.22	abcd	HC04	55773	bcd
CH03	192.85	abcde	HC02	55122	bcd
HC04	189.72	abcde	TC01	50436	cde
CH06	186.32	abcdef	TC02	50041	cde
TC02	183.32	abcdef	HC03	42818	def
HH01	180.58	abcdef	CH07	42029	def
TC01	175.15	bcdef	CH05	40619	ef
HH02	172.42	cdef	HH01	39911	ef
CH05	170.67	cdef	CH01	37978	efg
CH01	156.95	def	CH06	36891	efg
CH02	140.83	efg	HH02	33105	fghi
C	137.30	efg	T	22643	hi
T	102.47	g	C	19772	i

注：字母相同者表示在 0.05 水平上的差异不显著。（引自杨秀艳，2002）

　　叶绿素是光合作用中的主要色素，在光合作用中起着很重要的作用。植物的光合机构是由光合单位构成的，因此林木光合能力的大小与其所拥有的光合单位的多少有着直接关系。光合单位是一群叶绿素和其他组分组成的具有放氧能力的集团，叶内叶绿素吸收的光能通常用于推动光合作用。叶绿素主要有叶绿素 a 和叶绿素 b 两种，绝大部分叶绿素 a 分子和全部的叶绿素 b 分子具有收

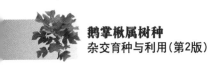
集光能的作用，少数特殊状态的叶绿素 a 分子具有将光能转变成电能的作用(潘瑞炽，2001)。所以，叶绿素 a 和叶绿素 b 比值的高低会对植物的光合作用发生影响。

杨秀艳(2002)采用96%乙醇提取法，将叶片浸提液利用 721 型分光光度计测定波长 665nm 和 649nm 处的 *OD* 值，测定叶绿素含量。从不同生长时期叶绿素含量的变化来看(图 10-1)，绝大多数家系的最大值出现在生长旺盛的 8 月，这与树种更多地获取光能来开展光合作用，积累养分提高生长量是一致的。同时可见，绝大多数杂种家系的叶绿素含量均高于亲本种马褂木(C)和北美鹅掌楸(T)。

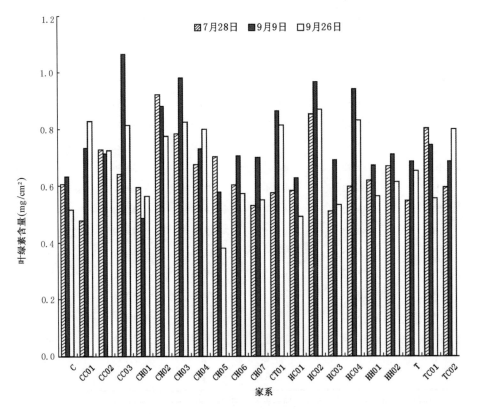

图 10-1 不同家系不同生长期叶绿素含量
(引自杨秀艳，2002)

不同日期各家系的叶绿素含量的差异性分析结果表明，各家系在叶绿素 a 和叶绿素 b 的比值上的差异在不同日期及整个生长期内均未达到显著水平，但在叶绿素 a、b 含量及叶绿素总量上差异显著。可以推知，杂种家系由于叶绿素含量不同从而影响植物的光合作用，最终影响生长量（表 10-3）。

表 10-3　不同家系不同时间叶绿素含量方差分析

日期	性状	SS	MS	F
7. 28	叶绿素 a	0. 26280484	0. 01460027	9. 74 * *
	叶绿素 b	0. 11655305	0. 00647517	14. 02 * *
	a/b	0. 13927337	0. 00773741	1. 05
	叶绿素总量	0. 72488358	0. 04027131	11. 92 * *
9. 09	叶绿素 a	0. 45880898	0. 02414784	13. 76 * *
	叶绿素 b	0. 18152100	0. 00955374	20. 11 * *
	a/b	0. 21906498	0. 01152974	2. 00 *
	叶绿素总量	1. 20543658	0. 06344403	16. 85 * *
9. 26	叶绿素 a	0. 51474565	0. 02573728	25. 12 * *
	叶绿素 b	0. 18326800	0. 00916340	28. 21 * *
	a/b	0. 89099832	0. 04454992	1. 64
	叶绿素总量	1. 27728019	0. 06386401	41. 75 * *
整个生长季	叶绿素 a	0. 77565117	0. 03878256	8. 51 * *
	叶绿素 b	0. 28043367	0. 01402168	7. 48 * *
	a/b	0. 47746609	0. 02387330	1. 49
	叶绿素总量	1. 97105172	0. 09855259	8. 47 * *

＊＊，＊分别表示在 0. 01 和 0. 05 水平差异显著。（引自杨秀艳，2002）

10. 2　杂交马褂木光合作用特性与生长优势的关系

10. 2. 1　光合作用日进程比较

季孔庶等（2002）利用美国生产的 Licor – 6400 型光合分析仪器测定光合作用因子，发现杂交马褂木和马褂木不同家系之间，其净光合速率日变化有显著差异（图 10-2），变化情形大体可分为 3 种类型。其中马褂木和反交组合家系的日变化趋势相似，呈单峰型，其净光合速率在一天中仅出现 1 个峰值，之后便迅速下降；正交组合和 F_1 个体间杂交后代家系的日变化趋势相似，其净光合速率在一天中出现 2 个峰值，一个与有效光合辐射最高值出现时间相吻合，另一个出现于 16：00 时左右；较为特别的是回交组合 HE2 家系，其光合日变化的趋势虽然也是单峰曲线，但其较高的峰值持续时间较长，从 10：00 时至 14：00 时以后都呈现出较高的峰值期。

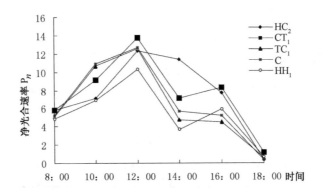

图 10-2　杂交马褂木及马褂木不同家系苗净光合速率日变化

同时发现马褂木及杂交马褂木各家系光合日变化的走势与光合有效辐射的走势基本一致，当光合有效辐射达到最大时(12：00 时左右)，各家系的净光合速率也出现最大值。另外，马褂木的日变化趋势与郭志华等(1999)以马褂木为材料的研究结果有所不同，他们的结果是马褂木苗期净光合速率在夏季呈双峰曲线，在中午有明显的"午休"现象。究其原因：一是郭志华等的研究地处山区，11：00 时的 CO_2 浓度明显低于本试验；二是前者试验中光合有效辐射在 10：00 时已达 $2000\mu mol/(m^2 \cdot s)$，早已超过马褂木的光合作用饱和点 $[1200\mu mol/(m^2 \cdot s)$ 以上]，此时即使 PAR 再增加，光合作用也不会再有升高；季孔庶等(2002)的测定在 9 月初，光强和温度均弱于盛夏，未出现"午休"现象。

10.2.2　光合作用的光响应和 CO_2 响应分析

杨秀艳(2002)选取中国种、正交、回交和 F_1 植株间交配的 4 个家系作为代表，于 9 月 8 日对其光响应及 CO_2 响应进行测定结果(表 10-4)可以看出，所选家系的光饱和点基本相近，均在 $1200 \sim 1300\mu mol/(m^2 \cdot s)$ 左右，此结果与一般喜光树种的光饱和点相符(拉夏埃尔，1980)。但从光补偿点来看，4 个家系之间存在一定差异。其中马褂木与正交家系的光补偿点明显低于回交家系和 F_1 个体间的杂交家系。这表明，前者对光强的适应范围较广，对光合有效辐射的利用能力也较后者为高。

CO_2 补偿点是区分 C_3 和 C_4 植物的重要参数，前者 CO_2 补偿点高，常大于 $30\mu mol/mol$；后者很低，总是在 $10\mu mol/mol$ 以下。CO_2 补偿点低的作物品种常常具有净光合速率高、产量高的特点，因此低 CO_2 补偿点也常常被用作选育高产品种的指标。可见回交家系的 CO_2 补偿点较其他 3 个交配类型低得多，这可能意味着回交家系具有较低的光呼吸速率。光呼吸是植物的一个消耗能量的过程，光呼吸的降低有利于物质的积累。结合回交家系的生长表现可以推测，具有较低的 CO_2 补偿点是它速生的有利因素之一。

表 10-4　光饱和点、光补偿点及 CO_2 补偿点的比较

家　系	光饱和点 [$\mu mol/(m^2 \cdot s)$]	光补偿点 [$\mu mol/(m^2 \cdot s)$]	CO_2 补偿点 ($\mu mol/mol$)
HH01	1300	31	74
C	1300	19	91
HC02	1200～1300	35	30
CT01	1200～1300	15	73

（引自杨秀艳，2002）

10.3　杂交马褂木内源植物激素水平与生长优势的关系

据李周岐（2000）的测定结果，$GA_{1/3}$（内源赤霉素）含量在第 1 节间两亲本种几乎相等，而杂种家系高于亲本种，表现出超亲优势。在顶芽和第 1 叶中，北美鹅掌楸高于马褂木；杂种家系也均高于北美鹅掌楸；$GA_{1/3}$ 含量在顶芽和第 1 叶中，杂种家系分别为两亲本种平均值的 179.7%～452.44% 和 150.11%～378.62%。由于植物内源激素是由植物分生组织合成并运至各个器官和组织，因此本研究对不同材料的第 1 节间、第 1 叶和顶芽的激素总量进行测定比较，以分析不同材料植物激素水平的差异。发现 3 个测试的杂种家系的内源 $GA_{1/3}$ 总量均高于亲本种，分别为双亲种平均值的 322.66%、288.05% 和 191.76%，明显超出双亲（表 10-5）。

表 10-5　马褂木、北美鹅掌楸及杂交马褂木内源植物激素含量

树种	$GA_{1/3}$ (pmol/gFW)				iPA (pmol/gFW)				IAA (pmol/gFW)			
	顶芽	节间	叶	总计	顶芽	节间	叶	总计	顶芽	节间	叶	总计
马褂木（C）	34.30	83.09	41.06	158.45	11.41	109.25	52.57	173.23	36.05	85.01	8.25	129.31
北美鹅掌楸（T）	113.28	76.87	106.07	296.22	616.02	40.90	1645.00	2301.92	91.59	28.46	160.55	280.60
杂交马褂木 家系1（H₁）	337.55	236.12	159.85	733.52	1783.00	949.22	497.80	3230.02	244.23	160.88	143.39	548.50
家系2（H₂）	265.30	110.99	278.55	654.84	424.67	297.80	3412.00	4134.47	149.48	123.24	674.25	946.97
家系3（H₃）	132.61	192.88	110.44	435.93	1172.00	517.02	331.880	2020.90	195.98	84.15	94.03	374.16

（引自李周岐，2000）

iPA(异戊烯基腺苷)含量在第 1 节间中，马褂木为北美鹅掌楸的 267.11%，3 个杂种家系均高于亲本种，分别为双亲平均值的 1264.28%、396.64% 和 688.63%，在顶芽中，家系 1 和家系 3 高于北美鹅掌楸，家系 2 低于北美种，杂种家系分别为两亲本种平均值的 568.35%、135.37% 和 373.59%。在第 1 叶片中，北美种是中国种的 3129.16%，3 个杂种家系仅家系 2 高于北美种，杂种家系分别为两亲本种平均值的 58.65%、401.97% 和 39.10%。而 3 个杂种家系 iPA 总量仅家系 3 低于北美种，它们分别是双亲种平均值的 2609.96%、334.08% 和 163.30%，也显示出一定的超亲优势。

IAA(吲哚乙酸)含量在顶芽中北美种是中国种的 254.06%，3 个杂种家系均高于亲本种，分别为两亲本平均值的 382.69%、234.22% 和 307.08%。第 1 节间中国种是北美种的 298.70%，3 个杂种家系除家系 3 略低于中国种外，其余均高于中国种。第 1 叶中 IAA 在中国种内仅为北美种的 5.14%，3 个杂种家系中仅家系 2 高于北美种，杂种家系分别为两亲本种平均值的 169.89%、798.87% 和 111.47%。IAA 总含量均超过双亲种，杂种家系分别是双亲种平均值的 267.62%、462.04% 和 182.56%。

将上述结果与生长量作比较发现，$GA_{1/3}$ 总含量与苗高生长量排序一致，说明可以用 $GA_{1/3}$ 的总含量来预测优势度(表 10-6)。而 iPA 和 IAA 的总含量也与杂种高生长优势有一定关系，杂种植株内 $GA_{1/3}$、IAA 和 iPA 的总含量高于亲本种可能是形成高生长优势的另一个重要原因。

表 10-6 杂种家系内源植物激素含量及苗高生长量

树　种	3 年生苗高 （m）	$GA_{1/3}$ （pmol/gFW）	iPA （pmol/gFW）	IAA （pmol/gFW）
杂种家系 1	3.83 ± 0.10	124.91	142.40	12.19
杂种家系 2	3.49 ± 0.30	99.40	228.71	43.03
杂种家系 3	3.12 ± 0.21	192.84	254.36	138.35
马 褂 木	2.45 ± 0.25	61.94	49.93	23.12

(引自李周岐，2000)

10.4　杂交马褂木酶活力、保护酶系统水平与抗逆性优势的关系

10.4.1　水分胁迫条件下 RNase 活力变化

植物 RNase 是水解 RNA 链中的磷酸二酯键一种核酸内切酶，与植物的生

长、分化、衰老、种子成熟和萌发等多种生理过程有着密切关系。根据叶金山（1998，2002）的实验结果表明，杂交马褂木的双亲种比其杂种叶片的 RNase 活力对水分胁迫较为敏感（表 10-7）。

表 10-7　水分胁迫对叶片 RNase 活力的影响

胁迫时间	RNase 活力（Units/cm^{2}L$_A$）							
（h）	C$_1$	%	T$_1$	%	H$_1$	%	H$_6$	%
0	5.43	100	5.33	100	6.28	100	5.67	100
3	8.33	153.4	6.34	118.9	6.75	107.5	6.05	106.7
6	9.15	168.5	6.63	124.4	7.25	115.4	6.33	111.6
9	9.40	173.1	6.99	131.1	7.82	124.5	6.89	121.5
12	8.98	165.4	7.39	138.6	8.25	131.4	7.36	129.6

（引自叶金山，1998，2002）

随胁迫时间延长，RNase 活力不断增加，直至永久萎蔫点。由表 10-7 可见，水分胁迫 3h，H$_6$ 的 RNase 活力增加最小（6.7%）。从 RNase 活力增加程度进一步表明，鹅掌楸属树种对水分胁迫敏感性程度大小排序为：马褂木（C）＞北美鹅掌楸（T）＞正交后代（H$_1$）＞反交后代（H$_6$）。水分胁迫 RNase 提高，首先促进 mRNA 分解，使多核糖体降解为亚单位或单核糖体，从而抑制蛋白质合成，加速分解 rRNA、tRNA 和 snRNA（核稳定 RNA）。因此，水分胁迫对 RNase 活力提高直接破坏与基因转录和翻译紧密相关的核酸系统，无疑会对植物生长发育产生广泛而严重的危害。

10.4.2　杂种马褂木各家系硝酸还原酶活力的比较

对不同家系杂交马褂木及马褂木、北美鹅掌楸硝酸还原酶活力的测定（杨秀艳，2002），各家系之间存在极显著的差异（F 值为 204.20）。经多重比较可以看出（表 10-8）不同家系对氮素的利用能力是不同的，杂种（CH05、CH02、HC02）及马褂木（C）具有较高的硝酸还原酶活力，相应的具有较强的氮素利用能力；而杂种（CH07、CH06、CC02、HC04、CC04）及北美鹅掌楸（T）处于中等水平，具有中等的氮素利用能力；其余杂种家系处于较低水平。

表 10-8　鹅掌楸各家系间 NR 酶活力多重比较　　　　　　　　Units/（gFW）

家系	NR 酶活力	多重比较	家系	NR 酶活力	多重比较
CH05	333.583	a	HC01	15.670	f
CH02	265.613	b	HH02	12.444	f

（续）

家系	NR 酶活力	多重比较	家系	NR 酶活力	多重比较
C	192.133	c	HH01	12.357	f
HC02	164.523	d	CH03	12.009	f
CH07	40.942	e	HC03	11.399	f
CH06	39.460	e	CH01	11.050	f
CC02	28.130	ef	TC01	9.917	f
HC04	24.906	ef	TC02	9.569	f
T	23.686	ef	CT01	8.697	f
CC03	22.989	ef	CH04	6.170	f
CC01	18.023	f			

注：相同字母的家系间差异不显著。（引自杨秀艳，2002）

10.4.3 杂种马褂木各家系超氧化物歧化酶（SOD）和过氧化物酶（POD）活力的动态分析

从不同日期各个家系超氧化物歧化酶和过氧化物酶活力的测定结果（图 10-3、表 10-9 和图 10-4）（杨秀艳，2002），可以看出 2 种酶活力在生长前期（7~8 月）均处于较低水平，到了后期（9 月中旬以后）活力开始上升。表明在 7~8 月，苗木正处于生长旺盛阶段，而从 9 月中旬以后，苗木生长开始减缓，叶片也开始衰老。不同家系间 2 种酶活性表现是不同的，且差异达到了显著或极显著程度。如 CT01、HC01、HC02 等家系在生长期内保持较高的超氧化物歧化酶活性，说明这些家系具有较强的抗逆性能和生长活力。而家系 C（马褂木自由授粉家系）和 CH07 在 9 月初其过氧化物酶活力开始急剧上升，说明其生长已开始大幅下降。

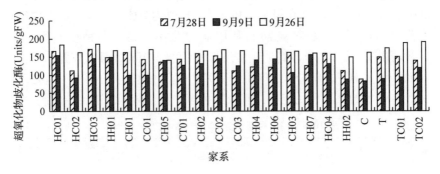

图 10-3 不同家系杂种鹅掌楸超氧化物歧化酶活力动态

（引自杨秀艳，2002）

表 10-9　超氧化物歧化酶和过氧化物酶酶活力变化

家系	超氧化物歧化酶活力 （Units/gFW）				过氧化物酶活力 （Units/gFW）			
	7.28	9.9	9.26	全季	7.28	9.9	9.26	全季
C	87.40	81.81	161.89	110.37	810.20	746.90	2023.30	1193.50
CC01	142.98	99.88	170.16	137.67	789.60	442.90	790.00	674.20
CC02	152.90	144.90	169.82	155.87	560.90	844.10	890.00	765.00
CC03	111.59	125.09	166.83	134.50	424.40	676.50	1051.70	717.60
CH01	162.60	100.22	177.74	146.85	297.80	737.70	706.70	580.70
CH02	159.22	131.77	166.01	152.33	732.20	674.50	928.30	553.50
CH03	161.64	105.67	165.09	144.13	586.70	530.90	965.00	694.20
CH04	121.86	141.09	182.08	148.34	536.20	770.10	508.30	604.90
CH05	135.73	140.82	140.97	139.17	952.90	807.40	1385.00	1048.40
CH06	121.25	143.97	171.68	145.63	475.60	839.50	590.00	635.00
CH07	125.22	155.53	159.52	146.75	806.70	1321.00	2101.70	1409.80
CT01	144.02	127.48	184.98	152.16	662.70	896.60	1046.70	868.60
HC01	166.19	154.77	184.05	168.33	742.20	930.20	550.00	740.80
HC02	111.82	92.52	162.26	122.20	346.70	770.70	753.30	623.60
HC03	171.45	145.85	185.23	167.51	406.20	629.60	935.00	657.00
HC04	159.23	130.93	156.28	148.81	671.10	475.00	520.00	555.40
HH01	147.97	149.23	167.56	154.92	502.40	740.70	1093.30	778.80
HH02	111.00	87.05	149.72	115.92	775.60	711.40	793.30	760.10
T	149.44	88.39	174.46	137.43	520.00	576.20	820.00	638.70
TC01	150.47	93.18	188.36	144.01	1062.20	711.40	766.70	846.80
TC02	139.16	119.17	190.84	149.72	455.60	353.40	663.30	490.80

（引自杨秀艳，2002）

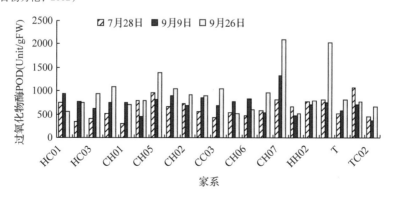

图 10-4　不同家系杂种鹅掌楸过氧化物酶活力动态

（引自杨秀艳，2002）

10.4.4　生长性状与几种酶活性的相关分析

通过对上述几种酶活力的分析比较，特别是超氧化物歧化酶和过氧化物酶酶活性的动态分析，初步发现酶活力的变化与苗木的生长情况有一定关系。进一步对生长性状(苗高和地径)与这几种酶活性进行相关分析(表10-10)。发现苗木的高生长和径生长与超氧化物歧化酶活性存在极显著或显著相关，与硝酸还原酶活性的正相关及与过氧化物酶活性的负相关均相关不显著。

表 10-10　生长性状与硝酸还原酶、超氧化物歧化酶和过氧化物酶酶活性的相关分析

项　目	苗高	地径	硝酸还原酶 （NR）	超氧化物歧化酶 （SOD）	过氧化物酶 （POD）
苗高	1	0.79562＊＊	0.20933	0.55175＊＊	－0.29212
地径		1	0.08776	0.47181＊	－0.2694
硝酸还原酶（NR）			1	－0.31439	0.27378
超氧化物歧化酶（SOD）				1	－0.25947

注：＊＊表示在0.01水平上差异显著；＊表示在0.05水平上差异显著。(引自杨秀艳，2002)

作为保护酶系统的主要成员，超氧化物歧化酶与过氧化物酶对保持植物体内较低的氧自由基水平起着重要作用。超氧化物歧化酶就处于这一系统的第一线，因而它对植物抗氧化胁迫能力的高低影响十分关键，其活力的大小反映植物抗环境胁迫的能力。前人的研究已证明超氧化物歧化酶含量可作为植物逆境生理和衰老生理的指标(王建华 等，1989)，但对其用作评价植物生长性状的研究却很少。有研究发现它与水稻品种 O_2 抑制光合程度的大小有关(王荣福 等，1987)，证明氧抑光合程度小的品种超氧化物歧化酶活性高于氧抑光合程度大的品种。似乎超氧化物歧化酶是通过提高植物在逆境中的光合效率来促进生长的。C_4 植物甘蔗和玉米比 C_3 植物花生和水稻具有较高的超氧化物歧化酶活力水平，因此 C_4 植物对光氧化胁迫的敏感性略低于 C_3 植物(彭长连 等，2000)。本试验中，超氧化物歧化酶活力与苗木生长呈显著正相关，说明具有较高超氧化物歧化酶活力的家系抗氧化胁迫的能力较强，生长也就旺盛。

过氧化物酶不仅起着清除 H_2O_2 的作用，在一些研究中过氧化物酶常被作用植物抗逆的指标之一，同时具有类似 IAA 氧化酶的性质。它参与细胞壁多种结构成分的聚合作用，可使植物细胞壁失去伸展性，从而限制植物细胞伸长，对植物的生长不利，因此其活力大小与生长性状呈负相关，并已在多种植物上得到证实(张建华 等，1991；冯玉龙 等，2002；Polle *et al.*，1993)。在本文中杂种马褂木苗期生长性状与过氧化物酶呈一定程度的负相关(未达到显著程度)，与以往其他植物中的研究结果相符。

植物不能直接利用硝态氮，必须经过代谢还原才能利用。硝酸还原酶是硝态氮还原过程中的第一个酶，也是一个限速酶，其活力的高低与植物对硝态氮的利用能力和速度存在相关性(刘雅荣 等，1988)。目前硝酸还原酶在作物栽培和育种上的应用已有不少研究，特别在大豆培育中被用于选育的指标。但也有一些研究认为硝酸还原酶活力与植物生长的相关性不显著(张振华 等，1991)，特别是在林木中情况复杂。从杂交马褂木苗期生长与硝酸还原酶活性的相关分析中，可以初步认为单独将硝酸还原酶作为杂种家系生长优劣的选择指标是不太合适的。

10.5　杂交马褂木耐旱性生理特性与抗逆性优势的关系

叶金山(1998，2002)测定了杂交马褂木与亲本种中国马褂木与北美鹅掌楸在水分胁迫条件下叶片中相对含水量、叶绿素含量、蛋白质含量的生理变化过程，探讨杂交马褂木抗逆性、适应性优势的生理学基础。下面引用他的实验结果对杂交马褂木耐旱性生理表现与杂种优势关系的分析结果。

10.5.1　水分胁迫条件下的相对含水量(RWC)变化

据 Hsiao(1970)对中生植物的水分胁迫程度所做的划分标准。叶金山(1998，2002)测定了鹅掌楸属树种离体叶片在水分胁迫条件下相对含水量变化(表 10-11)。

表 10-11　水分胁迫对叶片相对含水量的影响

胁迫时间	RWC(%)							
(h)	C_1	RWC 减少	T_1	RWC 减少	H_1	RWC 减少	H_6	RWC 减少
0	71.8	0	96.1	0	93.1	0	95.5	0
2	47.6	24.2	79.7	16.4	81.1	12.0	88.8	6.7
4	29.8	42.0	67.6	28.5	72.0	21.1	83.0	12.5
6	18.7	53.1	56.0	40.1	65.1	28.0	78.5	17.0
8	12.1	59.7	42.6	53.5	58.5	34.6	74.7	20.8
10	8.4	63.4	32.1	64.0	52.7	40.4	69.8	25.7
12	5.8	66.0	23.3	72.8	46.9	46.2	65.9	29.6
14	4.0	67.8	17.0	79.1	41.8	51.3	61.7	33.8
16	3.0	68.8	13.8	82.3	37.3	55.8	57.8	37.7
18	2.5	69.3	10.7	85.4	32.9	60.2	53.3	42.2
20	1.7	70.1	8.7	87.4	28.4	64.7	49.6	45.9

(引自叶金山，1998，2002)

叶金山的实验结果发现水分胁迫 2h，马褂木（C）即已达严重胁迫（*RWC* 下降 24.2% >20%）而此时北美鹅掌楸（T）和杂交马褂木（H₁）仅达中度胁迫（*RWC* 分别下降 16.4% 和 12.0%），而杂交马褂木 H₆ 仅达轻度胁迫（*RWC* 下降 6.7%）。随着胁迫时间的推移，C 的失水速度剧增且显著超过 T、H₁ 和 H₆。表明北美鹅掌楸和正反交杂种对干旱胁迫的抗性强于马褂木。短时间干旱足以造成马褂木的严重伤害。

10.5.2 水分胁迫条件下叶绿素含量变化

叶金山（1998，2002）测定了鹅掌楸属树种离体叶片在水分胁迫条件下叶片叶绿素含量变化（表 10-12）。由表 10-12 可见，水分胁迫 3h，马褂木（C）叶绿素已丧失 37.6%。北美鹅掌楸（T）丧失 28.6%，而杂种（H₁ 和 H₆）的损失不到 10%。随着胁迫时间的加长，亲本种叶绿素含量降低幅度远大于杂种，且马褂木的叶绿素丧失速度大于北美鹅掌楸，由于叶绿素的含量与植物的光合作用有着直接的关系。因此水分胁迫条件对马褂木光合作用造成的危害最大，而对杂种的危害最小。

表 10-12　水分胁迫对叶片叶绿素含量的影响

胁迫时间	叶绿素含量（$\mu g/cm^3\ L_A$）							
（h）	C	%	T	%	H₁	%	H₆	%
0	13.38	100.0	16.02	100.0	18.54	100.0	18.34	100.0
3	8.35	62.4	11.44	71.4	16.78	90.5	16.95	92.4
6	5.45	40.7	7.79	48.6	15.70	84.7	15.99	87.2
9	2.60	19.4	4.45	27.8	9.79	52.8	11.13	60.7
12	1.14	8.5	2.48	15.5	6.97	37.6	7.63	41.6

（引自叶金山，1998，2002）

10.5.3 水分胁迫条件下蛋白质含量变化

叶金山（1998，2002）测定了鹅掌楸属树种离体叶片在水分胁迫条件下叶片蛋白质含量变化（表 10-13）。实验结果发现水分胁迫 3h，马褂木（C）蛋白质含量下降 40.6%，北美鹅掌楸（T）降低 26.5%，而杂交马褂木（H₁ 和 H₆）损失均不足 10%。随着胁迫时间延长，杂种叶内蛋白质丧失速度仍远小于亲本种，进一步表明马褂木和北美鹅掌楸对干旱的敏感程度比其杂种要大。另外，光合碳同化的重要限速酶 Rubisco（1.5-二磷酸核酮羧化酶—氧合酶，EC1.1.1.39）约占植物体叶蛋白的 50% 以上。可见短时间水分胁迫对两亲本 Rubisco 的破坏程度比杂种要严重得多，对光合作用构成的危害也比杂种要严重。

表 10-13　水分胁迫对叶片蛋白质含量的影响

胁迫时间	蛋 白 质 含 量（$\mu g/cm^3\ L_A$）							
(h)	C	%	T	%	H_1	%	H_6	%
0	43.26	100.0	40.75	100.0	45.72	100.0	44.97	100.0
3	25.70	59.4	29.95	73.5	41.24	90.2	41.55	92.4
6	14.06	32.5	23.11	56.7	34.11	74.6	34.31	76.3
9	8.09	18.7	10.11	24.8	18.52	40.5	21.00	46.7
12	4.72	10.9	7.86	19.3	11.61	25.4	13.58	30.2

（引自叶金山，1998，2002）

与光合相关的生理性状分析结果表明，杂种植株光合时间、光合叶面积的优势、叶片叶绿素含量的优势、较低的 CO_2 补偿点等，造成杂种比亲本种具备了更为速生的生理基础；而杂种光合日变化出现双峰曲线却峰值下降缓慢，亲本种则呈单峰又下降迅速；杂种净光合速率高于亲本种；多数杂种春季萌动早、夏季无休眠、秋季落叶晚的特点。均为杂种更多积累光合产物提供了条件，上述这些生理机制均为杂种的生长优势奠定了物质基础。$GA_{1/3}$、iPA 和 IAA 水平测定表明，杂种苗木的生长优势与 $GA_{1/3}$ 水平有着直接关系，而 iPA 和 IAA 的协同作用，也对杂种生长优势起到一定作用。

鹅掌楸属苗木内硝酸还原酶（NR）、超氧化歧化酶（SOD）和过氧化物酶（POD）的活性测定结果表明，正交和以马褂木为轮回亲本的杂种家系在生长期内保持较高的超氧化物歧化酶活性，使其具有较强的抗逆性能和生长活力。苗木生长与体内酶活性的相关分析，发现苗木的高生长和径生长与超氧化物歧化酶活性极显著或显著相关，与硝酸还原酶活性的正相关及与过氧化物酶活性的负相关均不显著。说明超氧化歧化酶从某种程度上提供了杂种具备强抗逆性和速生性的生理基础。

分析离体叶片在干旱胁迫条件下的一些生理指标（相对含水量、叶绿素含量、蛋白质含量、RNase 活力），发现在相同时间的水分胁迫条件下，离体叶片相对含水量的下降、蛋白质和叶绿素的丧失程度以及 RNase 活力的提高幅度，均以反交（T×C）后代最小，其次是正交（C×T）后代，再次是北美种，而中国种为最大。运用亚胺环己酮（CHM）前处理，进一步证明水分胁迫下 RNase 的基因表达程度双亲高于正反交后代。上述生理因子构成了鹅掌楸属杂交种比马褂木抗干热能力较强的生理基础。

参 考 文 献

冯玉龙，姜淑梅，王文章，等. 长白落叶松几种酶活力及在种源早期选择中的应用[J]. 林业

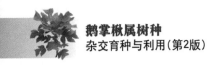
科学，2002，38（2）：15－20.

郭志华，张宏达，李志安，等. 鹅掌楸（*Liriodendron chinense*）苗期光合特性的研究［J］. 生态学报，1999，19（2）：164－169.

贺善安，刘友良，郝日明，等. 鹅掌楸种群间光生态适应性的分化［J］. 植物生态学报，1999，23（1）：40－47.

季成，王崇效，余叔文. 凤眼莲超氧物歧化酶活性与抗寒性的关系［J］. 植物生理学报，1989，15（2）：133－137.

季孔庶，杨秀艳，杨德超，等. 鹅掌楸属树种物候观测和杂种家系苗光合日变化［J］. 南京林业大学学报，2002，26（6）：28－32.

李昆，曾觉民，赵虹. 金沙江干热河谷造林树种游离脯氨酸含量与抗旱性关系［J］. 林业科学研究，1999，12（1）：103－107.

李周岐. 鹅掌楸属种间杂种优势的研究［D］. 南京：南京林业大学，2000.

刘雅荣，刘奉觉，王爽，等. 四种杨树苗木的生长与光合作用特性的研究［J］. 林业科学，1983，19（3）：269－275.

潘瑞炽. 植物生理学［M］. 4版. 北京：高等教育出版社，2001.

彭长连，林植芳，林桂珠. 光氧化胁迫下几种植物叶片的超氧自由基产生速率和光合特性［J］. 植物生理学报，2000，26（2）：81－87.

宋金耀，何文林，李松波，等. 毛白杨嵌合体扦插生根相关理化特性分析［J］. 林业科学，2001，37（5）：64－67.

杨秀艳. 杂种鹅掌楸苗期生长与生理生化特性的研究［D］. 南京：南京林业大学，2002.

叶金山. 鹅掌楸杂种优势的生理遗传基础［D］. 南京：南京林业大学，1998.

叶金山，王章荣. 水分胁迫对杂种马褂木与双亲重要生理性状的影响［J］. 林业科学，2002，38（3）：20－26.

张建国，李吉跃，沈国舫. 树木耐旱特性及其机理研究［M］. 北京：中国林业出版社，2000.

朱学艺，张承烈. 两种生态型芦苇叶绿素的光电子传递和抗氧保护体系［J］. 植物生理学报，2000，26（6）：476－480.

BATE N J, *et al*. Gibberellins and heterosis in poplar［J］. Can. J. Bot. , 1988, 66：1148－1152.

FARQUHAR C D and SHARKEY T D. Stomatal conductance and photosynthesis［J］. Ann. Rev. Plant Physiol. , 1982, 33：317－345.

HSIAO T C. Rapid changes in levels of polyribosomes in *Zea mays* in response water stress［J］. Plant Physiol. , 1970, 46：281－285.

LEVITT J. Responess of plants to environment stress［J］. 2 edition. Cademic Press, New York, London, 1980, Vol. 1.

LI Z Q, *et al*. Relationship between heterosis and endogenous plant hormones in *Liriodendron*［J］. Acta Botanica Sinica, 2002, 44（6）：698－701.

第 11 章
鹅掌楸属种间杂种优势的
遗传学分析

　　鹅掌楸属间可配性高，杂种优势明显。与亲本相比，杂种 F_1 生长快、干形好、观赏性高、适应性强。杂交马褂木是我国优良的珍贵用材树种，也是城镇绿化良好的观赏树种。目前，杂交马褂木已在我国南方丘陵山区造林及城镇园林绿化中广泛推广应用。

　　关于鹅掌楸属间杂交产生杂种优势的原因，即杂种优势的遗传学机理，目前尚无确切的结论。实际上，杂种优势遗传机理一直是国际生物界研究热点之一，也是世界性的科学难题（孙传清，倪中福，2011）。近20年来，南京林业大学林木遗传育种学科从形态、生理，以及 DNA 等位变异等方面开展了探索性研究，获得了一些初步的结果。本章将介绍基于 DNA 分子标记技术的鹅掌楸杂种优势遗传基础研究结果。

11.1　植物杂种优势遗传机理研究概述

　　杂种优势（heterosis）一词由美国植物遗传学家 G. H. Shull（1874—1954）于 1914 年提出，指两个遗传组成不同的亲本交配产生的杂种 F_1 代在生活力、繁殖力、生长势、抗逆性、产量、品质等方面优于亲本的现象。但最早观察到杂种优势现象的是德国植物学家 J. G. Kölreuter（1733—1806），他于 1761—1765 年在烟草中发现存在种间杂种优势，并育成了早熟的烟草种间杂种。1865 年，现代遗传学之父，奥地利植物遗传学家 G. Mendel（1822—1884）通过豌豆杂交试验，也观察到杂种优势现象，并提出杂种活力（hybrid vigor）概念。1866—1877 年，英国博物学家 C. R. Darwin（1809—1882）通过观察分析玉米等作物的杂种优势现象，提出异交有利、自交有害的观点。其后，欧美诸国众多学者开展了一系列

的玉米杂交育种研究，最终使玉米成为生产上第一个大规模利用杂种优势的模式作物。随后，高粱、水稻、油菜、小麦、棉花等主要农作物的杂交育种与杂种优势利用也相继开展并取得了巨大的成就。发展至今，杂种优势育种已成为作物育种的最主要方式（巩振辉，2008）。然而，由于林木生长周期相对较长，遗传背景复杂，因此，虽然在一些树种中也开展了杂交育种，但相对于农作物而言，研究进展缓慢，而有关林木杂种优势遗传基础研究则更为薄弱。

在植物杂种优势利用的同时，植物遗传学家们也在不断探索杂种优势遗传机理。早在 20 世纪初，学者们就对杂种优势的遗传学基础提出了各种假说。在众多的假说中，基于单基因遗传效应的显性假说（dominance hypothesis）和超显性假说（overdominance hypothesis），而且一直是争论的焦点。

"显性假说"由 A. B. Bruce 于 1910 年提出，该假说认为，显性基因对生物有利，而隐性基因对生物不利。在杂合子中，显性基因掩盖了隐性基因的作用；同时，在杂种子代中，由于双亲显性基因的互补作用，导致 F_1 表现出明显的优势。显性假说很好地解释了亲本遗传差异越大，杂种优势越强的现象。同时，该假说也可解释自交衰退现象，即自交导致等位基因不断纯合，从而使自交子代在生活力、生长势、适应性等方面出现明显衰退。

"超显性假说"由 Shull 于 1908 年提出，随后，East 对该假说进一步完善。该假说认为，等位基因间无显隐性关系，杂种优势的产生来源于等位基因的异质结合，即等位基因间的互作能促进性状表现，导致杂合体子代优于两纯合体亲本（East，1908；East，1936）。

显性假说和超显性假说都认为杂种优势来源于等位基因间的杂合性。差别在于：前者认为杂种优势源于双亲有利显性基因聚合；而后者认为杂种优势源于双亲基因异质结合。两个假说都可以用来解释一些杂种优势现象，但同时又都存在一些缺陷，无法对杂种优势的遗传机理作出全面圆满解释。

事实上，生物体是一个复杂的有机体，一个基因的作用往往受到其他基因的影响和制约。任何一个性状的表现都是一系列基因综合作用的结果。这些基因既不是独立作用，也不是简单性相加。基于此，有学者认为杂种优势可能与不同位点基因间互作有关，提出上位性互作假说。上位性（epistasis）即指非等位基因间的互作。上位性互作假说（epistasis interaction hypothesis）认为杂种优势来源于不同位点的有利等位基因间的交互作用。

显性、超显性和上位性假说是在经典数量遗传学和分子数量遗传学的基础上对杂种优势的解释。显性假说与超显性假说是基于单基因位点对杂种优势的解释，而上位性互作假说是基于多基因位点对杂种优势的解释。三个假说相互补充，但又都具有一定的局限性。

20 世纪 90 年代以来，随着 DNA 分子标记技术的快速发展，相应地，植物杂种优势研究也取得了较大的进展，尤其是在杂种优势遗传机理以及杂种优势的预测等方面均取得了可喜的成就。DNA 分子标记技术为杂种优势遗传机理研究提供了新的方法。利用 DNA 分子标记将数量性状剖析成单个 QTL 效应，进而根据其对杂种优势的贡献大小和作用方式来探讨杂种优势的遗传机理。例如，Stuber 等（1992）利用 RFLP 分子标记技术对玉米杂种优势遗传机理进行了研究，认为杂种优势的表现与基因组 QTL 位点杂合性呈正相关；大多数数量性状在杂合子中表现超显性，因而支持超显性假说。Xiao 等（1995）发现 QTL 位点的杂合型表现均位于双亲之间，并不优于双亲组合，据此认为水稻杂种优势主要取决于亲本基因的显性互补，进而支持显性假说。Yu 等（1997）则认为上位性效应对水稻产量及其构成因子具有显著影响，是杂种优势的重要遗传基础。

随着功能基因组学的发展，国内外开始从基因水平上探索杂种优势的遗传机理，提出了基因表达调控假说（hypothesis on gene expression & regulation）。该假说认为，杂种优势产生的根本原因在于基因的差异表达与调控。基因差异表达指等位基因在杂种发育及与环境互作中起着不同的作用，基因差异表达可表现在不同尺度与不同发育阶段，如表达量、表达时间、持续期、对不同发育阶段和外界环境刺激的响应等，从而使杂种有别于亲本（许晨璐 等，2013）。在玉米（Romagnnoli *et al*.，1990；田曾元 等，2001）、水稻（Zhang *et al*.，2008）、小麦（王章奎 等，2003）等作物中均证实基因差异表达与杂种优势有关。杂种和亲本之间存在大量差异表达的基因，差异表达基因分布于整个基因组，既有功能已知的基因，也有调节基因。事实上，目前在农作物中已筛选出大量的差异表达基因（孙传清，倪中福，2011）。

此外，关于杂种优势的遗传基础，学者们从表观遗传调控，以及核质基因互作等方面提出了一些新的见解。

表观遗传调控指非基因序列改变所导致的基因表达水平发生变化。表观遗传学是当今研究的热点，主要包括 DNA 甲基化、基因组印记和组蛋白的修饰和折叠及小分子 RNA（如 miRNA）调控等方面，尤其是 DNA 甲基化对基因表达的调控越来越受到关注（李勇超 等，2009）。DNA 甲基化也是基因调控的一个重要组成部分。研究表明，真核生物 DNA 中 2%~7% 的胞嘧啶（C）存在着甲基化修饰，绝大多数甲基化发生在 CG 二核苷酸的胞嘧啶。DNA 甲基化可能在杂种优势形成过程中有重要作用，甲基化参与了基因表达的数量调控，活跃基因往往甲基化程度低。特异位点上的甲基化可显著增强或减弱水稻杂种优势表现（熊立仲，1999）。通过检测亲本与杂种 F_1 基因组水平上甲基化的差异及与杂种优势相关特异位点的甲基化变化，推测 DNA 甲基化与杂种优势的关系。在玉米中

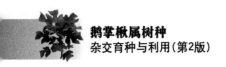
研究发现，基因表达活性与 DNA 甲基化存在显著的负相关，杂交种的甲基化程度低于双亲，基因表达活性得以增强，从而表现出杂种优势。

另外，miRNA 也有可能与杂种优势形成有关。miRNA 是广泛存在于真核生物中的小分子 RNA，长度通常在 20 ~ 50bp，miRNA 在植物的整个生长周期中起非常重要的作用。

核质基因组互作与杂种优势也有关系。由于杂种优势表现在生长、发育、分化和成熟等多个阶段，涉及基因之间、各种生理代谢之间及基因与环境交互作用等方面。大量的研究表明，叶绿体、线粒体和核基因组都参与了作物杂种优势的形成。在一些经济作物如小麦、玉米、大麦、大豆中，观察到线粒体、叶绿体的活性与杂种优势相关(Srivastava, 1983)。在水稻中，其抽穗期、产量和株高的杂种优势也存在显著的细胞质效应(Young & Virmani, 1990)。

近年来，基于转录组学、蛋白质组学、代谢组学、表观遗传学和系统生物学等领域最新研究结果，对杂种优势的分子基础提出了新的见解。认为杂种优势来自父、母本基因组等位基因间的相互作用，从而改变有关基因的调控网络，促进生长，提高抗逆性和适应性。这在异源多倍体和一般杂交种中得到验证，通过关键调控基因的表观遗传修饰可以改变其生理和代谢调控网络，进而导致杂种优势(Chen, 2013)。

总之，杂种优势是生物界普遍存在的现象，杂种优势的表现涉及多个基因的效应、基因间互作、基因组互作、基因调控、代谢网略，以及表观遗传修饰等诸多因素，其形成机理非常复杂。因此，虽然有多种理论或假说试图解释杂种优势形成原因，但迄今为止，确切的遗传基础仍不清楚。随着功能基因组学、蛋白质组学、表观遗传学等领域的快速发展，从基因表达、调控和功能等多个视野揭示植物杂种优势形成机理，可以预计，在不远的将来，植物遗传学家们终将破解这一世界性难题。

11.2　植物杂种优势预测方法

自从认识杂种优势现象以来，植物育种工作者一直都在探索杂种优势的有效预测方法。早期评价杂种优势主要依据杂交实验结果，通过估算亲本配合力来预测杂种优势。尽管该方法直观，效果也不错，但需要组配大量杂交组合并进行大田测定，费时费力，且易受环境条件影响。随着遗传学标记，尤其是 DNA 分子标记技术的发展，学者们可基于遗传学信息预测杂种优势。目前，主要根据亲本遗传距离及子代杂合度与杂种优势的相关性来预测杂种优势。

11.2.1 亲本遗传距离与杂种优势

科学的亲本选配是杂交育种工作取得成就的先决条件。根据杂种优势遗传机理的显性假说和超显性假说，获得杂种优势的前提是双亲存在遗传差异。因此，杂交亲本选配时必须考虑双亲的遗传差异。

育种学家们很早就注意到亲本遗传距离与 F_1 杂种优势表现存在相关性。自然，利用亲本遗传距离预测杂种优势就成为首选。早期，利用形态标记和等位酶信息估算并预测杂种优势，但由于这两类标记数量有限，也难以满足亲本遗传距离精确估算要求，因而，用于预测杂种优势结果也不尽理想。20 世纪 90 年代以来，随着 RFLP、RAPD、AFLP、SSR 等为代表的 DNA 分子标记技术的发展，利用亲本遗传距离开展杂种优势预测研究越来越多。这是由于 DNA 分子标记具有直接反映基因组信息，且不受环境因素的影响；无器官、组织特异性，理论上可覆盖整个基因组；数量多，多态性高等特点。与表型数据相比，分子标记信息估算的亲本遗传距离更为准确。

在玉米、水稻、小麦、油菜等主要农作物中，DNA 分子标记的亲本遗传距离与杂种优势之间的相关性报道非常多，但尚没有得出一致性的结论。两者既有显著相关的报道，并可依据该相关性有效预测杂种优势。但也有相关不显著或不相关的实例。即使为同一物种，试验所用材料不同，得出的结果也不一致。还有研究结果显示，亲本遗传距离与杂种优势之间并非直线相关，而是二次曲线关系。在一定范围内，杂种优势随着亲本间遗传距离的增大而增加，但超过这个范围，随着亲本间遗传距离的增大杂种优势又呈现下降的趋势。总之，两者的相关性非常复杂。

亲本遗传距离与杂种优势相关不显著甚至不相关，其原因可能有以下三方面：①DNA 分子标记与度量杂种优势的数量性状间并无密切联系，或者说，两者不存在连锁关系。②所采用的 DNA 标记位点仅仅反映了基因组的很小一部分，不能完全反映全基因组水平的信息。增加 DNA 标记的覆盖率可以大幅度提高预测杂种优势的准确性。③分子标记不受环境影响，而杂种优势的表现易受环境的影响(李明爽 等，2008)。

11.2.2 基因杂合度与杂种优势

显性假说与超显性假说都认为杂种优势来源于遗传物质的杂合性，是等位基因间相互作用的结果。因此，杂合度与杂种优势的相关性成为生物遗传学家重点探讨的内容之一。杂合性产生于亲本间的遗传差异，亲本间遗传差异一般用遗传距离来衡量，因而，杂种优势预测大多集中在亲本遗传距离与子代杂种

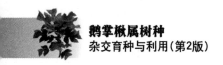

优势的相关性上，而对于杂合度与杂种优势的关系则关注较少。原因可能在于前者具有更高的实际应用价值。通过分析亲本遗传距离与杂种优势的相关性可以为亲本选配指导，也可预测杂种优势表现。然而，亲本间遗传差异并不能直接反映子代基因组的杂合性。因为在亲、子基因传递过程中还存在基因分离与重组，遗传距离大的亲本杂交产生的子代杂合性不一定大，而相同亲本产生的后代在基因杂合性上也可能出现不一致。因此，利用亲本遗传距离衡量子代基因杂合度在一定程度上势必会出现偏差。基于此，一些学者提出利用基因杂合度来预测杂种优势。例如，在水稻杂种优势研究中，Zhang 等（1996）将基因杂合度分解为一般杂合度和特殊杂合度。一般杂合度指基于所有标记估算的亲本间遗传差异，而特殊杂合度指基于与目标性状有极显著效应的分子标记估算的亲本遗传差异。认为亲本间一般杂合度与杂种优势相关程度低，而特殊杂合性与产量等性状的杂种优势显著相关，可用于预测杂种优势。但随后也发现，基因杂合度与杂种优势的关系并非一成不变，甚至不相关（Xiao 等，1996）。

总之，利用 DNA 分子标记信息预测植物杂种优势在一定范围内是可行的，但目前仍存在一定的局限性。增加与杂种优势相关的标记数量，利用基因表达与杂种优势相关信息，或可提高杂种优势预测效率。

11.3 鹅掌楸属种间杂种优势遗传学的初步分析

虽然鹅掌楸属种间杂交存在明显的杂种优势，而且，通过选择强杂种优势组合进行杂交制种，或通过在杂种子代中选择优良单株进行无性系化这两种方式利用鹅掌楸属杂种优势，已有数十年的实际应用历史。但是，从遗传学角度对鹅掌楸属杂种优势产生机理进行研究才刚刚起步。目前，主要集中在利用 DNA 分子标记度量亲本遗传距离、子代杂合度；分析亲本遗传距离、子代杂合度与杂种优势相关性；探索基因差异表达与鹅掌楸属杂种优势之间的联系等方面，取得了一些初步的结果。

11.3.1 鹅掌楸属种间杂种亲本遗传距离与子代杂种优势的关系

鹅掌楸属种间杂种 F_1 表现出明显的杂种优势，且家系间及家系内个体间性状变异较大。为了探索鹅掌楸属杂种优势的遗传机理，王晓阳（2009），王晓阳、李火根（2011）选取 11 个杂交亲本（其中，马褂木 6 个，分别为 WYS、C_5、S、H、J、J_1；北美鹅掌楸 5 个，分别为 ZZY、BM、M、BK1、L），经人工杂交获得 12 个鹅掌楸属种间杂交组合子代，以亲本半同胞子代为对照，进行苗期测定。采用随机完全区组设计，4 次重复，10 株小区，株行距 40cm×40cm。调查

1 年生时的生长量(苗高、地径)并估算杂种优势。同时,利用 55 个 SSR 多态性位点信息估算鹅掌楸属 11 个亲本间的遗传距离,进而分析亲本遗传距离与子代性状表现及杂种优势间的相关性。

研究结果表明,鹅掌楸属种间杂交子代存在杂种优势,但并非都呈现正向杂种优势(表 11-1、表 11-2)。在苗高性状上,超高亲优势变幅为 −45.2%~117.4%,杂种优势最大的组合为 H×L;超中亲优势变幅为 −41.3%~85.8%,杂种优势最大的组合为 J×L。在地径性状上,超高亲优势变幅为 −56.3%~67.7%,优势最大的组合为 H×L;超中亲优势变幅为 −56.7%~49.8%,优势最大组合为 J×L。

表 11-1   杂交子代家系苗高性状杂种优势表现

杂交组合	杂种子代苗高	母本半同胞子代苗高	父本半同胞子代苗高	超高亲优势(%)	超中亲优势(%)
Z×WYS	116.611	52.625	97.722	19.3	54.3
BK1×H	119.705	87.839	—	36.3	
H×L	135.579	—	62.355	117.4	
BK1×S	87.875	87.839	68.308	0	12.6
S×BK1	97.188	68.308	87.839	10.6	24.5
M×S	57.182	78.841	68.308	−16.3	−22.3
S×M	43.200	68.308	78.841	−45.2	−41.3
BM×C$_5$	55.593	56.667	—	−1.9	—
BM×S	65.375	56.667	68.308	−4.3	4.6
S×BM	45.966	68.308	56.667	−32.7	−26.4
L×J$_1$	86.813	62.355	66.526	30.5	34.7
J×L	101.515	46.900	62.355	62.8	85.8

注:"—"表示数据缺失,因 H 和 C$_5$ 两个亲本的半同胞数据缺失。(引自王晓阳,2009)

杂交组合间杂种优势变异较大,且多个杂交组合表现出较强的负向杂种优势,这充分说明在鹅掌楸属杂交育种过程中,开展亲本选择是完全必要的。

基于 55 个 SSR 位点信息估算 11 个亲本间的遗传距离(表 11-3),结果显示,11 个交配亲本间遗传距离差异较大,变幅在 0.157~0.592 之间,且种间遗传差异明显大于种内个体间遗传差异。

将亲本间的遗传距离分别与子代性状苗高、地径、苗高超高亲优势、地径超高亲优势、苗高超中亲优势及地径超中亲优势进行相关分析,结果列入表 11-4。从表 11-4 中可以看出,杂交亲本遗传距离与子代杂种优势呈负相关,但相关系数均未达到显著性水平。

为进一步分析亲本遗传距离与子代杂种优势的相关性,将杂种优势区分为正向和负向杂种优势两部分,然后,将亲本间遗传距离分别与正向杂种优势和负向杂种优势进行线性相关分析(表11-5、表11-6)。结果表明,苗高和地径性状的正向杂种优势和负向杂种优势与亲本间遗传距离均为负相关,但相关性仍未达显著性水平。

表 11-2 杂交子代家系地径性状杂种优势表现

杂交组合	杂种子代地径	母本半同胞子代地径	父本半同胞子代地径	超高亲优势(%)	超中亲优势(%)
Z × WYS	2. 253	1. 144	1. 939	16. 2	46. 2
BK1 × H	2. 167	1. 714	—	26. 4	—
H × L	2. 324	—	1. 387	67. 6	—
BK1 × S	1. 771	1. 714	1. 638	3. 3	5. 7
S × BK1	1. 694	1. 638	1. 714	− 1. 2	1. 1
M × S	1. 182	1. 609	1. 638	− 26. 5	− 27. 2
S × M	0. 703	1. 638	1. 609	− 56. 3	− 56. 7
BM × C₅	1. 563	1. 310	—	19. 3	—
BM × S	1. 478	1. 310	1. 638	− 9. 8	0. 3
S × BM	1. 268	1. 638	1. 310	− 22. 6	− 14
L × J₁	1. 781	1. 387	1. 679	6. 1	16. 2
J × L	1. 938	1. 200	1. 387	39. 7	49. 8

注:"—"表示数据缺失,因 H 和 C₅ 两个亲本的半同胞数据缺失。(引自王晓阳,2009)

表 11-3 鹅掌楸属 11 个杂交亲本间遗传距离

亲本	WYS	ZZY	C5	BM	M	S	BK1	H	L	J
ZZY	0. 580									
C5	0. 161	0. 534								
BM	0. 492	0. 280	0. 519							
M	0. 563	0. 317	0. 526	0. 316						
S	0. 167	0. 571	0. 226	0. 527	0. 592					
BK1	0. 543	0. 328	0. 512	0. 293	0. 382	0. 532				
H	0. 302	0. 537	0. 296	0. 506	0. 493	0. 304	0. 453			
L	0. 528	0. 350	0. 516	0. 342	0. 312	0. 503	0. 325	0. 463		
J	0. 180	0. 538	0. 187	0. 523	0. 517	0. 221	0. 541	0. 325	0. 487	
J1	0. 157	0. 548	0. 219	0. 547	0. 556	0. 23	0. 548	0. 333	0. 579	0. 178

(引自王晓阳,2009)

表 11-4　鹅掌楸属杂交子代苗期杂种优势与遗传距离的相关系数

项　目	相关系数 r	$Pr > F$
苗高生长量与遗传距离	− 0.32775	0.2983
地径生长量与遗传距离	− 0.33440	0.2881
苗高超高亲优势与遗传距离	− 0.37478	0.2300
地径超高亲优势与遗传距离	− 0.47223	0.1211
苗高超中亲优势与遗传距离	− 0.04240	0.9138
地径超中亲优势与遗传距离	− 0.09419	0.8095

（引自王晓阳，2009）

表 11-5　鹅掌楸属杂交子代苗期正向杂种优势与遗传距离的相关系数

项　目	相关系数 r	$Pr > F$
苗高超高亲优势与遗传距离	− 0.60963	0.1461
地径超高亲优势与遗传距离	− 0.71077	0.0734
苗高超中亲优势与遗传距离	− 0.24050	0.6462
地径超中亲优势与遗传距离	− 0.03981	0.9403

（引自王晓阳，2009）

表 11-6　鹅掌楸属杂交子代苗期负向杂种优势与遗传距离的相关系数

项　目	相关系数 r	$Pr > F$
苗高超高亲优势与遗传距离	− 0.55359	0.3330
地径超高亲优势与遗传距离	− 0.76780	0.1295
苗高超中亲优势与遗传距离	− 0.31182	0.7981
地径超中亲优势与遗传距离	− 0.73811	0.4714

（引自王晓阳，2009）

　　上述结果均基于鹅掌楸属杂交子代苗期生长量数据估算的杂种优势值，随着杂交子代林龄增长，鹅掌楸属杂交子代杂种优势与亲本遗传距离的相关性如何？为此，姚俊修（2013）利用鹅掌楸属树种 13 个亲本 16 个种间杂交组合 7 年生子代测定林材料，分析了鹅掌楸属杂交子代生长量的杂种优势与亲本遗传距离关系。结果发现，无论是树高还是胸径，杂种优势与亲本遗传距离的相关性较低，相关系数均低于 0.25；尽管正向杂种优势与亲本遗传距离的相关系数较高，但也未达显著性水平（表 11-7 至表 11-9）。与鹅掌楸属苗期杂种优势与亲本遗传距离呈负相关不同，在鹅掌楸属林期，两者在绝大多数情形下呈正相关。

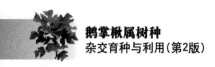

表 11-7　鹅掌楸属 7 年生杂交子代林杂种优势与遗传距离的相关系数

项　目	相关系数 r	Pr > F
树高超高亲优势与遗传距离	0.0169	0.9504
胸径超高亲优势与遗传距离	− 0.006	0.9823
树高超中亲优势与遗传距离	0.1498	0.6422
胸径超中亲优势与遗传距离	0.2366	0.4591

（引自姚俊修，2013）

表 11-8　鹅掌楸属 7 年生杂交子代林正向杂种优势与遗传距离间的线性相关分析

项　目	相关系数 r	Pr > F
树高超高亲优势与遗传距离	0.0017	0.9959
胸径超高亲优势与遗传距离	− 0.0595	0.8542
树高超中亲优势与遗传距离	0.2087	0.5900
胸径超中亲优势与遗传距离	0.2461	0.5233

（引自姚俊修，2013）

表 11-9　鹅掌楸属 7 年生杂交子代林负向杂种优势与遗传距离间的线性相关分析

项　目	相关系数 r	Pr > F
树高超高亲优势与遗传距离	0.5301	0.4700
胸径超高亲优势与遗传距离	0.9312	0.0688
树高超中亲优势与遗传距离	0.7030	0.5037
胸径超中亲优势与遗传距离	0.9910	0.0856

（引自姚俊修，2013）

　　总之，通过对不同批次、不同林龄鹅掌楸属杂交组合子代的杂种优势与亲本 SSR 遗传距离相关分析结果表明，两者存在一定的相关，但相关系数均未达显著性水平。究其原因，可能有以下两方面：其一，研究所采用的 SSR 分子标记与控制生长性状的基因不连锁；其二，研究所涉及的杂交组合亲本间的遗传差异较大。有研究表明，如亲本间遗传差异过大，杂种子代优势与亲本间遗传距离相关性则较低。

11.3.2　鹅掌楸属种间杂种子代杂合度与杂种优势的关系

　　显性假说和超显性假说都认为杂种优势来源于遗传物质的杂合性，是等位基因间相互作用的结果。因此，杂合性与杂种优势的相关性成为生物遗传学家重点探讨的内容之一。

　　为探讨鹅掌楸属子代杂合度与杂种优势之间的关系，王晓阳（2009），王晓阳、李火根（2011）利用 21 对多态性 SSR 引物分析了鹅掌楸属 9 个杂交组合子代的杂合度，结果见表 11-10。结果显示，各杂交组合在观测杂合度上的变幅为 0.539~0.839，平均为 0.645。

表 11-10　鹅掌楸属杂种子代苗期生长杂种优势表现与杂合度

家　系	苗高超中亲优势	地径超中亲优势	苗高超高亲优势	地径超高亲优势	观测杂合度
BK1×S	0.126	0.057	0	0.033	0.627
S×BK1	0.245	0.011	0.106	−0.012	0.539
M×S	−0.223	−0.272	−0.163	−0.265	0.629
S×M	−0.413	−0.567	−0.452	−0.563	0.583
BM×C₅	—	—	−0.019	0.193	0.671
BM×S	0.046	0.003	−0.043	−0.098	0.678
S×BM	−0.264	−0.14	−0.327	−0.226	0.839
L×J₁	0.347	0.162	0.305	0.061	0.685
J×L	0.858	0.498	0.628	0.397	0.555

注："—"表示数据缺失。（引自王晓阳，2009）

利用 SAS 软件将观测杂合度分别与子代苗高超高亲优势、地径超高亲优势、苗高超中亲优势及地径超中亲优势进行相关分析，结果见表 11-11。从表中可以看出，鹅掌楸属杂交子代的杂合度与生长量杂种优势呈一定程度的负相关，但相关系数未达显著性水平。

表 11-11　鹅掌楸属杂种子代苗期生长杂种优势与杂合度的相关系数

项　目	相关系数 r	$Pr>F$
苗高超高亲优势与观测杂合度	−0.387	0.3029
地径超高亲优势与观测杂合度	−0.177	0.6492
苗高超中亲优势与观测杂合度	−0.403	0.3219
地径超中亲优势与观测杂合度	−0.138	0.7448

（引自王晓阳，2009）

将鹅掌楸属所有杂交组合的杂种优势区分为正向和负向两部分，并将观测杂合度分别与正向杂种优势和负向杂种优势进行线性相关分析，结果见表 11-12、表 11-13。从表中可以看出，苗高和地径性状的正向杂种优势与观测杂合度均为负相关，而苗高和地径性状的负向杂种优势与观测杂合度均为正相关，但相关系数均未达显著性水平。

为了分析杂交鹅掌楸属杂种子代林期生长量杂种优势与杂合度之间的相关性，姚俊修等（2013）以 16 个杂交组合子代 7 年生试验林为材料，估算 7 年生时的杂种优势，并利用 SSR 分子标记分析杂种子代的一般杂合度。研究发现鹅掌楸杂交组合子代具有较高的杂合度，一般杂合度 0.6931~0.8278，特殊杂合度

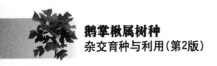

0.3741~0.8714。对 7 年生长量杂种优势与杂合度进行相关分析，发现二者相关性均未达到显著性水平，说明杂交子代杂合度可能并非鹅掌楸属杂种优势形成的主要原因。

表 11-12　鹅掌楸属杂种子代苗期生长正向杂种优势与杂合度的相关系数

项　目	相关系数 r	$Pr > F$
苗高超高亲优势与观测杂合度	− 0.18511	0.8149
地径超高亲优势与观测杂合度	− 0.74443	0.2556
苗高超中亲优势与观测杂合度	− 0.51163	0.3782
地径超中亲优势与观测杂合度	− 0.35384	0.5591

（引自王晓阳，2009）

表 11-13　鹅掌楸属杂种子代苗期生长负向杂种优势与杂合度的相关系数

项　目	相关系数 r	$Pr > F$
苗高超高亲优势与观测杂合度	0.00585	0.9925
地径超高亲优势与观测杂合度	0.03436	0.9563
苗高超中亲优势与观测杂合度	0.46748	0.6903
地径超中亲优势与观测杂合度	0.84126	0.3636

（引自王晓阳，2009）

11.3.3　基因表达差异与鹅掌楸属种间杂种优势

徐进等（2008）以鹅掌楸属亲本及其杂种生长旺盛期的芽为材料，利用 DDRT – PCR 技术，分析了鹅掌楸属杂种及亲本基因表达的差异，并与杂种的 4 个生长性状杂种优势表现进行相关分析。研究发现，杂种和亲本之间存在显著的基因表达差异。可归纳为：双亲共沉默型、杂种特异表达型、单亲表达一致型和单亲表达沉默型 4 种类型。相关分析发现，单亲表达一致型与杂种马褂木的叶面积杂种优势呈显著正相关；单亲表达沉默型与杂种马褂木的地径和株高都呈显著负相关。进而推测基因的差异表达可能与鹅掌楸属杂种优势有关。

11.3.4　杂交马褂木生长性状与 SSR 分子标记关联分析

姚俊修（2013）从 16 个鹅掌楸属种间杂交组合中抽取 430 子代个体，在测定其树高和胸径 2 个表型性状基础上，利用 101 个 SSR 标记检测每个个体的基因型。然后，利用 Tassel 软件分析不同标记间的连锁不平衡（LD 值），发现有 40 对位点间存在较强的连锁不平衡。利用筛选后的 61 个 SSR 标记通过 Structure 2.3 软件对 16 个鹅掌楸属杂交组合进行群体结构分析。利用 Tassel 3.0 软件对鹅掌楸属杂交组合 7 年生长量性状与 101 个 SSR 位点进行关联分析，在 $P <$

0.01 显著性水平下，共有 6 个标记与树高性状相关联，7 个标记与胸径性状关联。而且，关联的标记中，除 691 号位点未与树高性状关联外，其余 6 个关联 SSR 位点与 2 个生长性状（胸径、树高）均存在极显著的相关性。

11.4　鹅掌楸属种间杂种优势预测

由于杂种优势的度量一般需待育种目标性状实现时才能准确获取。因而，周期长效率低。利用遗传学数据预测某一杂交组合可能具有的杂种优势大小在实际的育种工作中有重要意义，尤其对于生长周期长的林木。21 世纪以来，南京林业大学林木遗传育种学科从亲本遗传距离与子代杂种优势的相关性、杂种优势关联 SSR 标记筛选等角度开展鹅掌楸属杂交组合选配与子代杂种优势预测，获得了一些初步的结果。

李周岐（2000）利用 RAPD 分子标记以鹅掌楸属 7 个亲本及其 17 个全同胞家系为材料，分析了鹅掌楸属亲本 RAPD 遗传距离与子代性状表现的相关性。亲本遗传距离与子代苗高和地径均表现为二次曲线相关，复相关系数分别为 0.8235 和 0.5090，达显著性水平，说明利用遗传距离进行亲本选配和杂种优势预测是可行的，并建议将亲本间遗传距离 0.23 作为鹅掌楸属杂交亲本选配的指标。

姚俊修（2013）利用 30 个 SSR 分子标记分析了鹅掌楸属的 16 个杂交组合亲本间的遗传距离。分析发现，当亲本间遗传距离 <1.0 时，随着遗传距离增加，子代杂种优势逐渐增加。在亲本遗传距离为 1.0 左右时，子代杂种优势达最大

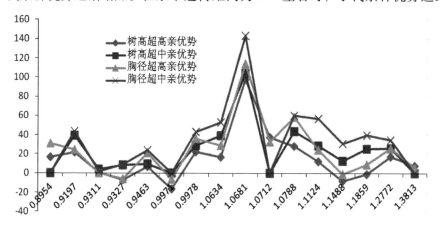

图 11-1　鹅掌楸属杂种优势随亲本间遗传距离变化趋势（景德镇试验点）（引自姚俊修，2013）

注：纵坐标为 7 年生长量杂种优势，横坐标为杂交亲本间遗传距离

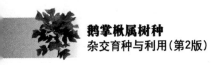

值。当遗传距离 >1.0 时，随着遗传距离增大，杂种优势反而下降（图 11-1）。为了验证上述结论，用同一批 SSR 分子标记对另一批鹅掌楸属杂交组合材料进行分析，所得结论与此相似。两个试验点子代杂种优势均在亲本遗传距离为 1.0 左右时表现为最大值，说明可将亲本遗传距离 1.0 作为鹅掌楸属杂交育种亲本选配的依据。

　　杂种优势的形成机理非常复杂，从基因组到外部表现，必须经过从 DNA 到 mRNA 再到蛋白质的基因作用途径才能最终对性状表达起作用，在这一过程中，基因表达与调控起了重要作用。植物杂种优势机理研究结果的不一致性意味着影响杂种优势的因素多样，其遗传学基础非常复杂。如在采用基因差异表达分析方法对同一种植物不同的植物材料进行杂种优势相关基因筛选时发现，很难筛选出相同的差异表达基因，说明仅借助基因差异表达技术不一定能寻找到与杂种优势有关的关键基因。需与 QTL 作图、关联分析、代谢通路分析等其他方法一起综合考量。当前，从基因调控网络的角度分析植物杂种优势机理，是该领域研究最新发展趋势。此外，新一代测序技术的出现将使越来越多物种全基因组测序得以实施，尤其对于无参考基因组背景的森林树种。相信随着该技术平台的不断发展，将极大促进杂种优势遗传机理研究进程。

　　具体到鹅掌楸属树种杂种优势遗传机理的探索，笔者认为，今后可在以下 3 个方面着手：①可通过构建高密度的鹅掌楸属树种连锁遗传图谱并进行 QTL 定位，寻找与育种目标性状有关或与 QTL 相连锁的分子标记，确定控制该性状杂种优势的主效 QTL，精细定位杂种优势相关的 QTL 位点，在解释 QTL 遗传效应和互作模式基础上，进一步探讨杂种优势与亲本遗传距离及杂合度的相关性。②通过扩大 DNA 分子标记数量，利用关联分析方法进一步筛选与生长性状相关的分子标记。然后，通过查找与其相对应的 EST 序列，设计引物利用 Race 技术获得基因全长。在此基础上，对相关基因的功能进行验证。③利用转录组测序、基因表达谱等技术手段分析亲本及杂种子代的基因差异表达模式，比较杂种和亲本间在转录、翻译和代谢表达谱上的差异，在此基础上进一步探讨鹅掌楸属树种杂种优势的形成机理。

　　鹅掌楸属树种种间杂种优势明显，其子代杂种优势主要表现在生长量、适应性及观赏性等方面。与杂交马褂木的选育及推广应用取得的巨大成就相比，鹅掌楸属树种种间杂种优势遗传机理研究有待进一步发展。近 20 年来，国内学者主要从形态学、生理学、DNA 分子标记信息等角度探索鹅掌楸属树种杂种优势机理，仍有许多问题有待于进一步研究探索。相信随着基因组学、功能基因组学及蛋白质组学等领域的快速发展，鹅掌楸属树种种间杂种优势的遗传机理必将获得新的突破。

参 考 文 献

巩振辉. 植物育种学[M]. 北京：中国农业出版社，2008.

李火根，施季森. 杂交鹅掌楸良种选育与种苗繁育[J]. 林业科技开发，2009，23(3)：1 – 5.

李明爽，傅洪拓，等. 杂种优势预测研究进展[J]. 中国农学通报，2008，24(1)：117 – 122.

李勇超，宋书锋，李建民. 杂种优势的分子机理研究进展[J]. 湖北农业科学，2009，48(6)：1501 – 1504.

李周岐. 鹅掌楸属种间杂种优势研究[D]. 南京：南京林业大学，2000.

孙传清，倪中福. 作物杂种优势及超亲变异遗传机理，10000 个科学难题[M]. 北京：科学出版社，2011，63 – 64.

田曾元，王懿波，等. 利用 RAPD 进行玉米自交系种质类群划分的研究[J]. 华北农学报，2001，16(2)：31 – 37.

王晓阳. 利用 SSR 分子标记探测鹅掌楸杂种优势[D]. 南京：南京林业大学，2009.

王晓阳，李火根. 鹅掌楸杂种优势的 SSR 分析[J]. 林业科学，2011，47(4)：57 – 62.

王章奎，倪中福，等. 小麦杂交种及其亲本拔节期根系基因差异表达与杂种优势关系的初步研究[J]. 中国农业科学，2003，36(5)：473 – 479.

熊立仲. 基因表达水平上水稻杂种优势的分子生物学基础研究[D]. 武汉：华中农业大学，1999.

徐进，李帅，李火根，等. 鹅掌楸属植物生长旺盛期叶芽基因差异表达与杂种优势关系的分析[J]. 分子植物育种，2008，6(6)：1111 – 1116.

许晨璐，孙晓梅，张守攻. 基因差异表达与杂种优势形成机制探讨[J]. 遗传，2013，35(6)：714 – 726.

姚俊修. 鹅掌楸杂种优势分子机理研究[D]. 南京：南京林业大学，2013.

BRUCE A B. The mendelian theory of heredity and the augmentation of vigor[J]. Science, 1910, 32: 627 – 628.

CHEN Z J. Genomic and epigenetic insights into the molecular bases of heterosis[J]. Nat Rev Genet, 2013, 14(7): 471 – 82.

EAST E M. Heterosis[J]. Genetics, 1936, 21: 375 – 397.

EAST E M. Inbreeding in corn[J]. Reports of the Connecticut Agricultural Experiment Station for Years 1907 – 1908. 1908, 419 – 428.

ROMAGNOLI S, MADDALONI M, LIVINI C, et al. Relationship between gene expression and hybrid vigor in primary root tips of young maize (Zea mays L.) plantlets [J]. Theor. Appl. Genet., 1990, 80: 767 – 775.

SHULL G H. The composition of a field of maize[J]. Am Breed Assoc Rep, 1908, 4: 196 – 301.

SRIVASTAVA H K. Heterosis and intergenomic complementation mitochondria, chloroplast, and nucleus. In: Frankel R (ed), heterosis, reappraisal of theory and practice[M]. Springer Berlin Heidelberg New York, 1983, 260 – 286.

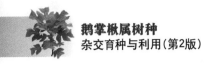
STUBER C W, LINCOLN S E, *et al*. Identification of genetic factors contributing to heterosis in a hybrid from two elite maize inbred lines using molecular markers[J]. Genetics, 1992, 132: 823 – 839.

XIAO J H, LI J M, *et al*. Dominance is the major genetic basis of heterosis in rice as revealed by QTL analysis using molecular markers[J]. Genetics, 1995, 140: 745 – 754.

XIAO J H, LI J M, *et al*. Genetic diversity and its relationship to hybrid performance and heterosis in rice as revealed by PCR – based markers [J]. Theor. Appl. Genet. , 1996, 92: 637 – 643.

YOUNG J B, VIRMANI S S. Effects of cytoplasm on heterosis and combining ability for agronomic traits[J]. Euphytica, 1990, 48: 177 – 188.

YU S B, LI J X, *et al*. Importance of epistasis as the genetic basis of heterosis in an elite rice hybrid [J]. Proc Natl Acad Sci. USA, 1997, 94: 9226 – 9231

ZHANG H Y, HE H, *et al*. A genomewide transcription analysis reveals a close correlation of promoter INDEL polymorphism and heterotic gene expression in rice hybrids[J]. Mol Plant, 2008, 1(5): 720 – 731.

ZHANG Q F, ZHOU Z Q, YANG G P, *et al*. Molecular marker heterozygosity and hybrid performance in indica and japonicarice[J]. Theor. Appl. Genet. , 1996, 93: 1218 – 1224.

第 12 章

鹅掌楸属树种杂交育种策略

林木育种策略就是林木遗传育种学家对某一树种的改良或某个地区的林木改良提出总体改良思路和改良方案。其核心问题是如何处理育种材料的选择与利用、繁殖与推广、育种工作的短期安排与长远计划、育种投入与育种效益的关系等问题。

林木与农作物相比，其改良的过程虽然较长，但改良带来的社会效益和经济效益仍十分明显，这已是大家所公认的。由于林木改良的长期性和持效性，更需要育种学家制订科学的育种策略和育种方案，以使林木改良工作能沿着正确轨道持续发展，避免因工作中的盲目性和短期观念所带来的损失。

为了做好该项工作，必须掌握树种的生物学特性、资源状况以及已有的改良基础；了解和预测社会需求以及良种应用的途径和条件；明确改良目标；掌握社会经济条件，估计经济对改良工作投入的可能性与投入程度等。只有掌握了上述信息，才有考虑制订育种方案的基础并制订出合理的育种策略。

本章就鹅掌楸属杂交育种策略问题进行了讨论。根据鹅掌楸属树种的特点与改良现状，以杂交育种为中心探讨了该属树种的遗传改良问题。

12.1　鹅掌楸属树种杂交育种基础条件分析

12.1.1　杂交亲本树种遗传资源基础条件

鹅掌属现仅存 2 个种，一种是分布于中国的马褂木，另一种是分布于北美洲的北美鹅掌楸。马褂木主要分布在我国长江流域的中山或亚高山的山区，分布范围广阔，从西南和西部的云南、广西、四川、重庆、贵州、陕西，中部的

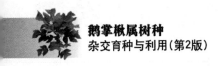

湖南、湖北，一直到东部的福建、江西、安徽、浙江均有分布。分布区北纬横跨 11°（22°~ 23°），东经纵跨 17°（103°~ 120°），包括 12 个省（自治区、直辖市）。从分布气候区来看，由亚热带南部分布到亚热带北部。成星散岛状分布格局，残存的原始种群含量规模很小，多数群体含量在 20 株以下，达 100 株以上的群体很少（郝日明 等，1995）。群体的生育力很低，天然更新困难（方炎明等，1994）。

另一方面通过群体等位酶分析表明，马褂木种内存在着丰富的遗传多样性，其中遗传变异总量的 20% 存在于群体间，80% 存在于群体内，且西部的群体变异水平高于东部群体（朱晓琴 等，1995，1997）。

综上所述，①马褂木分布区域广，种内存在着丰富的变异，西部种群变异高于东部种群。②马褂木成小群体岛状分布，群体间有相当程度的分化，处于遗传不平衡状态。③马褂木种群含量小，天然更新差及生育能力低，处于濒危状态，属于濒危树种。因此，加强遗传资源保护，促进基因交流，扩大种群变异，应成为该树种遗传育种研究的主要内容。

北美鹅掌楸分布区更大，从北纬 27°分布至北纬 42°，横跨纬度 15°；从西经 77°，分布至西经 94°，跨越经度 17°，包括美国东部的 20 个州及加拿大的安大略省。我们在 20 世纪 70 年代末，曾引种过加拿大安大略省的北美鹅掌楸于浙江省安吉县龙山林场，生长与适应都表现良好。加拿大安大略省及其美国北部的北美鹅掌楸北方种源，不仅是杂交育种的好材料，而且我国华北地区也值得引进利用。美国南部墨西哥湾沿海省份的北美鹅掌楸南部种源也值得引种利用，理论上讲南部北美鹅掌楸种源应该比较速生的。据 Lotti、Thomas（1995）、R. C. Kellison（1970）对美国北卡罗来纳州的种源试验进行报道，发现北卡罗来纳州东北部的沿海种源生长量明显超过北卡罗来纳州西北部的山地种源，而且山区的种源与沿海平原地区种源在叶部形态上也有很大区别。北美鹅掌楸是属连续性分布构成美国森林的重要树种，遗传资源十分丰富。若有计划有目的地引进一些特定地区的种源，对进一步开展鹅掌楸属杂交育种实现种质创新是十分有意义的。

根据等位酶分析和种源试验结果表明，种内存在着极其丰富的变异。由北向南存在着渐变群变异，特别是分布在山区的群体变异更丰富。Parks 等（1994）根据形态观察及等位酶资料，将北美鹅掌楸划分为 7 个类群（见第 3 章 3.2.2）。同时，根据杂交试验结果，北美鹅掌楸种内杂交也具有明显的杂种优势（Carpenter，1950）。

上述说明，北美鹅掌楸分布区比马褂木大，分布区的北部纬度也较高，遗传资源和种内变异更丰富，适应能力更强。与马褂木相比，北美鹅掌楸更高大，寿命更长。因此，开展洲际分布同属的这 2 个树种之间的杂交具有良好的分类学和遗传学基础。

12.1.2 亲本树种现有杂交育种工作基础

12.1.2.1 杂交可配性与杂种表现基本掌握

1963 年，叶培忠教授首次开展了马褂木与北美鹅掌楸的杂交试验(南京林产工业学院林学系树木育种教研组，1973)。1970 年，美国也进行了种间杂交试验，取得了同样的结果(Santamour，1972)。上述杂交实验都证明，鹅掌楸属种间杂交具有可配性。在自由授粉情况下，有胚种子只占 1%~10%，而经过人工杂交授粉，有胚种子比率可提高到 75% 左右。经过杂种与亲本树种初步对比试验表明，杂种具有明显生长优势，树高生长增加 42.3%，根颈部位粗生长增加 13.7%。由此说明，鹅掌楸属种间杂交育种具有非常良好的潜在前景。

12.1.2.2 通过杂种的多地域试种，掌握了杂种适应性与生长表现

1976 年，在叶培忠教授的带领下，全教研组职工参加人工杂制种和培育了一批杂交苗木，于 1977—1980 年先后在浙江、福建、江西、安徽、湖南、湖北、山东、北京、西安等地进行试种，并在学校树木园和实习林场建立了杂种与亲本种的对比试验林。1980 年以后，马褂木杂种又陆续被各地引去试种。

各地试种证明，杂交马褂木种具有良好的适应能力和明显的生长优势，深受各地群体的喜爱。

12.1.2.3 形成了配套杂交技术体系

从花粉技术、授粉技术、授粉检测技术、杂种真实性鉴定技术等方面都进行了系统地研究，形成了配套杂交技术体系。

12.1.2.4 杂种优势的生理学和遗传学基础得到了初步阐明

对杂交马褂木的杂种优势机理进行了较系统地研究，内容包括杂种的光合面积、光合时间、光合速率、叶部解剖学特点、保护酶体系、内源激素分布等因素与杂种生长优势和适应性优势关系的试验分析。研究结果表明杂种叶面积的增加、光合时间的延长、内源激素水平、保护酶体系的完善及叶部解剖学特点都为杂交马褂木的生长优势和适应性优势奠定了良好的基础。这些试验结果也为杂种马褂木的推广应用提供了科学依据。

12.1.2.5 初步进行了杂交交配系统分析

杂交交配系统初步研究表明，正交、反交以及以北美鹅掌楸为轮回杂交亲本的回交和 F_1 代优良个体间的杂交均能获得明显的杂种优势。同时组合家系间和家系内选择都具有很大潜力(详见第 5 章)。

12. 1. 2. 6　选育推广了一批杂种材料，奠定了规模化推广应用的基础

选育出一批优良家系和优良无性系并建立了采穗圃。早期试种在各地杂种现已开花结果。为今后开展回交代育种和杂种的扩繁推广打下了良好基础。

12. 1. 2. 7　我国北美鹅掌楸遗传资源已有一定基础

20 世纪 30 年代，我国青岛、南京、庐山、杭州、昆明等地引种了第一批北美鹅掌楸，但数量有限。南京明孝陵陵园内有一株北美鹅掌楸大树，树高20m 多，胸径达 90cm，现已列入南京市的古树名录而被保护。

20 世纪 80 年代，在林业部种苗总站的支持下，中国林科院顾万春先生负责引进了一批北美鹅掌楸种源，并布置了多点试验。这批材料已进入开花结实年龄，为进一步扩大北美鹅掌楸的杂交亲本资源提供了良好条件。

2003 年，我国又引进一大批北美鹅掌楸种子约 2000kg，预计可培育出苗木2000 多万株，当这批资源开花结实时，我国进行鹅掌楸属的杂交育种有了更好的条件。

12. 2　鹅掌楸属树种杂交育种程序

12. 2. 1　育种目标的确定

从杂交马褂木成年植株的表现看，树体高大，干形通直圆满，自然整枝良好；叶形奇特，花朵艳丽，树形美观；适应性强，病虫害极少，枯枝落叶含 N、K 量高，肥效好，不产生有害污染物；生长迅速，材质优良，适宜家具用材和制浆造纸；但该种树种为肉质根，不耐水湿。能在山地造林栽培。

根据杂交马褂木的应用特点，确定育种目标：

①园林观赏绿化树种。要求树形美观，树冠大，花大艳丽；童龄短，进入开花年龄早；无性繁殖能力强；具有一定的抗烟尘能力。

②胶合板、纸浆用材的工艺树种。通过南京林业大学下蜀实验林场 24 年生杂交马褂木材性主要指标测试和胶合板工艺初步试验表明，杂交马褂木木材是家具用材、装饰材、胶合板用材及制浆造纸用材的优良材种(详见第 20 章及相关参考文献)。

根据栽培地区气候生态条件特点，确定育种目标：

①北方型杂交马褂木品系。利用马褂木和北美鹅掌楸的北部种源进行杂交，创造耐寒性、抗旱能力强的品种。

②南方型杂交马褂木品系。利用马褂木和北美鹅掌楸的南方种源进行杂交，创造特别速生的杂交马褂木品种。

12.2.2　育种群体的组成

根据上述亲本树种遗传资源的分布特点和群体遗传分化现状，提出如下育种群体组成的基本原则：①利用多群体材料，促进基因交流，扩大遗传变异，为选择创造广阔的遗传基础。②选择各群体中优良遗传型，集中组合优良基因型，提高优良基因频率，为创造新品种提供物质条件。

初步设想的做法如下：

①马褂木育种群体组成。据郝日明等调查，全国共有 84 个分布点，群体含量很少，绝大多数群体株数在 20 株以下，只有 4 个群体株数超过 100 株。因此，初步设想大群体每个群体中选出优良单株 10～20 株，小群体每群体选出优株 1～2 株，组成约 200 株的马褂木育种群体，而且分成 3 组，即西南育种群体组、中西部育种群体组和东部育种群体组。

②北美鹅掌楸育种群体组成。从早期引种及种源试验林中选取优株 100～150 株，在种源清楚的条件下选出的优株，分别组成山区台地育种群体、沿海平原育种群体和墨西湾沿海育种群体。当近几年引种的幼林开花结果时再增选优株 50～100 株，以充实该群体。

③F_1 代育种群体组成。从不同时期杂交育成 10 年生以上的 F_1 代杂交马褂木中，选取 50～100 株，组成 F_1 代育种群体，用于回交亲本和生产 F_2 代生产群体的亲本材料。

12.2.3　杂交交配类型的选用

根据初步研究结果，从马褂木与北美鹅掌楸的不同杂交后代表现来看，正交、反交、回交和 F_1 代个体之间的交配都有明显的杂种优势。目前，以马褂木×北美鹅掌楸正交杂交交配类型为主，创造条件开发反交类型(北美鹅掌楸×马褂木)和以北美鹅掌楸为轮回亲本的回交类型[(马褂木×北美鹅掌楸)×北美鹅掌楸]，充分利用 F_1 代育种群体建立自由授粉杂交种子园，生产 F_2 代杂种以满足生产上需要。

12.2.4　繁殖方法的运用

杂交马褂木繁殖方法的运用原则是有性杂交制种与无性繁苗相结合；以常规方法为主，辅以组培试管育苗；有计划地布局定点苗木培育，以实现杂交马褂木良种苗木繁育规模化和产业化。初步设想如图 12-1。

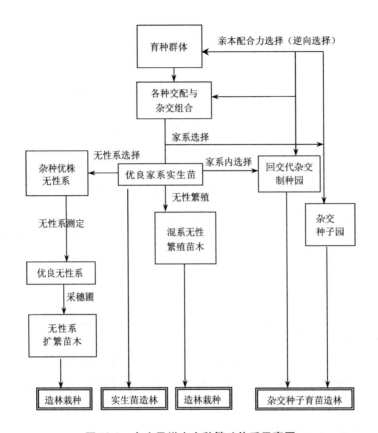

图 12-1　杂交马褂木良种繁殖体系示意图

12.2.5　分区域育种的考虑

根据中国马褂木分布区和种群遗传变异状况，现初步考虑将其划分为 4 个育种区：

①东部育种区：包括福建、浙江、江西、安徽 4 省。马褂木主要分布于黄山、大别山、天目山、九龙山、百祖山、武夷山、庐山等。

②中西部育种区：包括广西、湖南、贵州、湖北、四川、重庆及陕西的秦岭南坡。马褂木主要分布于武陵山、大娄山、苗岭等山系。

③云南育种区：包括云南、广西。马褂木主要分布于哀牢山系。

④北方栽培区的育种：主要是华北地区，树种资源与南方相比较为贫乏，冬季较为干旱寒冷。因此，针对该地区特点选育抗寒性强、较耐干旱的杂交马褂木品种特别有意义。

马褂木优树资源收集保存与利用可按育种目标为单元进行。首先种群间交

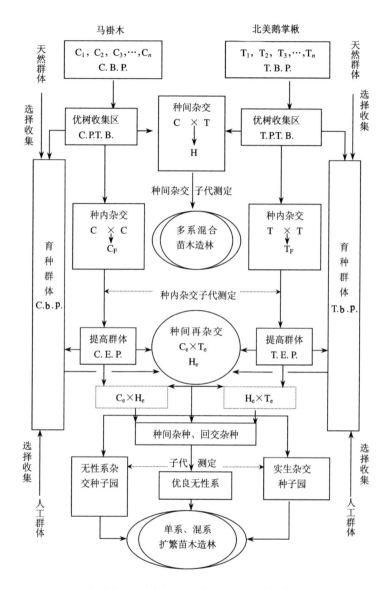

图 12-2　鹅掌楸属树种杂交育种策略示意图

注：①C 代表马褂木，T 代表北美鹅掌楸，H 代表杂交马褂木；②C.B.P. 代表马褂木基础群体（*L. chinense* basic population），T.B.P. 代表北美鹅掌楸基础群体（*L. tulipifera* basic population）；③C.P.T.B 代表马褂木优树收集区（*L. chinense* plus tree bank），T.P.T.B. 代表北美鹅掌楸优树收集区（*L. tulipifera* plus tree bank）；④C_F 代表马褂木种内杂种（*L. chinense* × *L. chinense*），T_F 代表北美鹅掌楸种内杂种（*L. tulipifera* × *L. tulipifera*）；⑤C.E.P. 代表马褂木提高群体（*L. chinense* enriched population），T.E.P. 代表北美鹅掌楸提高群体（*L. tulipifera* enriched population）；⑥C_e 代表马褂木提高个体（*L. chinense* enriched individual），T_e 代表北美鹅掌楸提高个体（*L. tulipifera* enriched individual），H_e 代表提高的种间杂种（enriched hybrids）；⑦C.b.p. 代表马褂木育种群体（*L. chinense* breeding population），T.b.p. 代表北美鹅掌楸育种群体（*L. tulipifera* breeding population）。

配，扩大基因交流，创造新的种质。在此基础上，总结经验与规律，进行育种材料分析，开展杂交交配与开发利用。

12.2.6 育种经费筹集渠道

争取私营企业支持与国家资助相结合；实施研、学、产相结合和实现良种苗木规模化、产业化生产，并力争部分经费自给。

综上所述，鹅掌楸属树种的杂交育种策略原则是：多群体亲本选择利用；种间交配与种内交配相结合，种内交配促进种间交配；有性制种与无性扩繁、无性系选择利用相结合，多途径繁育良种；不断选择收集育种材料，丰富育种群体基础（图12-2）。

林木杂交育种策略就是关于林木杂交改良问题的总体思路与方案。其核心是科学地运用选择与交配手段处理育种材料，有效地繁殖与推广选育成功的良种材料，使林木改良工作能持续有效地发展下去。因此，掌握杂交亲本树种资源遗传多样性、生物学特性及过去已做过的选育工作的情况是制定杂交育种策略的生物学基础。而掌握社会需求信息，明确改良目标，预估改良的投入与改良效果是制定杂交育种策略的经济学社会学基础。

本章讨论了鹅掌楸属树种杂交育种程序中育种目标、育种群体、杂交交配类型、繁殖方法、分区育种及育种经费等问题。最后提出了鹅掌楸属树种杂交育种策略示意图。当然，这是一个初步设想，有待在实践来中进一步修订、补充和完善。

杂交马褂木生长快，干形通直圆满，材质好；适应性强，病虫害少；叶形奇特，花色艳丽，观赏价值高；应用广，具有自主知识产权。杂交马褂木是人工杂交选育成的园林观赏绿化和工业用材新型树种，具有广阔的应用前景。我们相信通过各方面努力，一定会像欧美杨一样在我国林业生产上充当重要的角色。

参 考 文 献

陈金慧，施季森. 鹅掌楸组培苗的生根及移植技术[J]. 林业科技开发，2002，16（5）：21－22.

陈金慧，施季森，诸葛强，等. 杂交鹅掌楸体细胞胚胎发生研究[J]. 林业科学，2003，39（4）：49－54.

陈天华，彭方仁，王章荣，等. 世界林木遗传改良研究述评[J]. 南京林业大学学报，1995，19（2）：79－85.

樊汝汶，尤录祥. 北美鹅掌楸（*Liriodendron tulipifera*）和中国鹅掌楸（*L. chinense*）种间杂交的胚胎学[J]. 南京林业大学学报，1996，20（1）：1－5.

黄敏仁，陈道明. 杂种马褂木的同工酶分析[J]. 南京林产工业学院学报，1979，3（1，2）：

156 - 158.

季孔庶, 王章荣. 鹅掌楸属树种物候观测和杂种家系苗光合日变化[J]. 南京林业大学学报, 2002, 26(6): 28 - 32.

季孔庶, 王章荣. 鹅掌楸属植物研究进展及其繁育策略[J]. 世界林业研究, 2001, 14(1): 8 - 14.

季孔庶, 王章荣. 杂种鹅掌楸的产业化前景与发展策略[J]. 林业科技开发, 2002, 16(1): 3 - 6.

李周岐, 王章荣. RAPD 标记在鹅掌楸属中的遗传研究[J]. 林业科学, 2002, 38(1): 150 - 153.

李周岐, 王章荣. 鹅掌楸属种间 F_1 与亲本花果数量性状的遗传变异分析[J]. 林业科学研究, 2000, 13(3): 290 - 294.

李周岐, 王章荣. 鹅掌楸属种间杂交技术[J]. 南京林业大学学报, 2000, 24(4): 21 - 25.

李周岐, 王章荣. 鹅掌楸属种间杂交可配性与杂种优势的早期表现[J]. 南京林业大学学报, 2001, 25(2): 32 - 38.

李周岐, 王章荣. 鹅掌楸属种间杂种苗期生长性状的亲本配合力分析[J]. 西北林学院学报, 2001, 16(3): 7 - 10.

李周岐, 王章荣. 鹅掌楸属种间杂种苗期生长性状的遗传变异与优良遗传型选择[J]. 西北林学院学报, 2001, 16(2): 5 - 9.

李周岐, 王章荣. 林木杂交育种研究新进展[J]. 西北林学院学报, 2001, 16(4): 93 - 94.

李周岐, 王章荣. 用 RAPD 标记检测鹅掌楸属种间杂交的花粉污染[J]. 植物学报, 2001, 43(12): 1271 - 1274.

李周岐, 王章荣. 用 RAPD 标记进行鹅掌楸杂种识别和亲本选配[J]. 林业科学, 2002, 38(5): 170 - 174.

李周岐, 王章荣. 杂种马褂木无性系随系机扩增多态 DNA 指纹图谱的构建[J]. 东北林业大学学报, 2001, 29(4): 5 - 8.

李周岐, 王章荣. 中国马褂木 (*Liriodendron chinense*) 的研究现状[J]. 林业科技开发, 2000, 14(6): 3 - 6.

刘洪谔, 沈湘林, 曾玉亮. 中国鹅掌楸、美国鹅掌楸及其杂种在形态和生长性状上的遗传变异[J]. 浙江林业科技, 1991, (5): 18.

马常耕. 从世界杨树杂交育种的发展和成就看我国杨树育种研究[J]. 世界林业研究, 1994, (3): 23 - 30.

[美]B. J. 佐贝尔, 等. 实用林木改良[M]. 王章荣, 等译. 哈尔滨: 东北林业大学出版社, 1990.

南京林产工业学院林学系育种组. 亚美杂种马褂木的育成[J]. 林业科技通讯, 1973, 10 - 11.

南京林产工业学院. 树木遗传育种学[M]. 北京: 科学出版社, 1980, 122 - 157.

王明庥. 林木遗传育种学[M]. 北京: 中国林业出版社, 2002, 180 - 198.

王章荣. 鹅掌楸属 (*Liriodendron*) 杂交育种回顾与展望[J]. 南京林业大学学报, 2003, 27(3): 76 - 78.

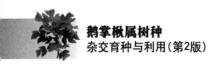
王章荣. 中国马褂木遗传资源的保存与杂交育种前景[J]. 林业科技通讯, 1997, (9): 8-10.

武慧贞. 杂种马褂木的引种试验[J]. 湖北林业科技, 1990, (3): 16-18.

徐进, 王章荣. 杂种鹅掌楸及其亲本花部形态和花粉活力的遗传变异[J]. 植物资源与环境学报, 2001, 10(2): 31-34.

叶建国. 鹅掌楸种间杂交的初步试验. 林木引种驯化与森林可持续经营[M]. 北京: 中国环境科学出版社, 1998, 238-242.

叶金山, 季孔庶, 王章荣. 杂种马褂木无性系插条生根能力的遗传变异[J]. 南京林业大学学报, 1998, 22(2): 71-74.

叶金山, 王章荣. 鹅掌楸属种间 F_1 杂种与亲本的叶下表皮微形态研究[J]. 林业科学, 1998, 34(3): 47-50.

叶金山, 王章荣. 水分胁迫对杂种马褂木与双亲重要生理性状的影响[J]. 林业科学, 2002, 38(3): 20-26.

叶金山, 王章荣. 杂种马褂木杂种优势的遗传分析[J]. 林业科学, 2002, 38(4): 67-71.

尹增芳, 樊汝汶. 中国鹅掌楸与北美鹅掌楸种间杂交的胚胎学研究[J]. 林业科学研究, 1995, 8(6): 605-610.

尹增芳, 樊汝汶, 尤录祥. 鹅掌楸花粉保存条件的比较研究[J]. 江苏林业科技, 1997, 24(2): 5-8.

尤录祥, 樊汝汶, 叶建国. 人工辅助授粉对鹅掌楸结实率的影响[J]. 江苏林业科技, 1995, 22(3): 12-14.

张往祥, 李群, 曹福亮. 杂交马褂木叶片发育过程中资源利用效率的变化格局[J]. 植物资源与环境学报, 2002, 11(4): 9-14.

张武兆, 马山林, 邢纪达, 等. 杂种马褂木没家系生长动态及杂种优势对比试验[J]. 林业科技开发, 1997, (2): 32-33.

张晓平, 方炎明. 杂种鹅掌楸插穗不定根发生与发育的解剖学观察[J]. 植物资源与环境学报, 2003, 12(1): 10-15.

赵书喜. 杂交马褂木的引种与杂种优势利用[J]. 湖南林业科技, 1989, (2): 20-21.

周坚, 樊汝汶. 鹅掌楸属两种植物花粉品质和花粉管生长的研究[J]. 林业科学, 1994, 30(5): 405-411.

周坚, 樊汝汶. 中国鹅掌楸传粉生物学研究[J]. 植物学通讯, 1999, 16(1): 75-79.

LI Z Q, WANG Z R. Relationship between heterosis and endogenous plant hormones in *Liriodendron* [J]. Acta Botanica Sin-ica, 2002, 44(6): 698-701.

SANTAMOUR F S. Interspecific hybrids in *Liriodendron* and their Chemical Vertification[J]. For. Sci., 1972, (18): 233-236.

WANG Z R. Genetic resources of *Liriodendron chinense* (Hemsl.) Sarg. and the prospects of hy-bidizatin. Proceedings of the XI World Forestry Congress[C]. Antalya, Turkey, 13-22 October, 1997.

WANG Z R, JI K S. Hyrid breeding and heterosis utilization of *Liriodendron*. Symposium on Hybrid Breeding and Genetics[C]. Noosa, Australia, 9-14 April, 2000.

下 篇
杂交种繁殖与推广利用

第 13 章

鹅掌楸属树种杂交制种及其
杂种家系苗期测定

　　鹅掌楸属树种现仅存 2 种，一种为分布于我国长江流域及越南北部的马褂木（*Liriodendron chinense*），另一种为广泛分布于美国东部至加拿大东南部的北美鹅掌楸（*L. tulipifera*）。两者虽地理相隔遥远，但种间可配性高，杂种优势明显（李周岐和王章荣，2001）。与亲本相比，杂种表现出明显的优势，其生长迅速，干形良好，花叶奇特，是珍贵的工业用材及高档家具用材树种，也是优良的园林绿化树种。经过半个多世纪的试验研究，证实了杂交马褂木具有生长快、材质佳、观赏性好、适应性强等优点，已逐渐在我国长江流域广大平原和丘陵山区的珍贵用材林建设及园林绿化中得到推广应用。

　　选择优良杂交组合进行人工杂交制种，是杂交马褂木良种繁育的主要途径之一。其内容包括杂交组合确定，杂交亲本选择、花粉收集与处理、授粉技术、聚合果采收、杂种苗木培育等环节。

13.1　杂交组合确定

　　根据鹅掌楸属杂交育种目标，选用合适的杂交亲本是杂交育种工作成功与否的关键。杂交组合选配直接影响到杂交育种的效果。如果亲本选配不好，则大大降低杂交育种效率，使预期育种目标难以实现；同时，还会给林业生产带来较大的损失，因此，必须慎重对待。

　　鹅掌楸属杂交可采用多种形式的杂交组合。如果以马褂木为母本，北美鹅掌楸为父本，该杂交组合可写为：马褂木×北美鹅掌楸；反之，以北美鹅掌楸为母本，马褂木为父本，杂交组合写为：北美鹅掌楸×马褂木，如第一种方式称为"正交"，那么，第二种方式称为"反交"。第一代杂交获得的杂种一代，用

F_1表示；从F_1群体中选择优良个体再次交配($F_1 \times F_1$)，即可获得杂种第二代，记为F_2，以此类推。将杂种F_1与杂交亲本之一(父本或母本)再次交配称为回交(backcross，BC)，回交第一代记为BC_1，回交第二代记为BC_2，以此类推。回交是为了增强子代某一亲本(父本或母本)的优良性状。

如果希望杂种F_1不仅经济性状好，还应具有较高的遗传多样性，以适应多变的环境条件，则可采用多父本混合授粉交配设计，如 $C \times (T_1 + T_2 + T_3 + \cdots)$，或 $T \times (C_1 + C_2 + C_3 + \cdots)$，其中，C 代表马褂木，T 代表北美鹅掌楸。

采用哪一种杂交组合，要依据前期的工作基础与相关信息，同时还要根据当地鹅掌楸属树种育种资源具体情况而定。根据张晓飞等(2011)对不同交配类型鹅掌楸属树种间杂交子代测定结果，种间杂交子代生长杂种优势明显，且正反交组合子代无明显差异；而回交组合子代杂种优势大大降低。因此，建议优先采用种间杂交。一般情况下，可根据前期杂交子代测定结果，选择表现最为优良的种间杂交组合开展杂交制种工作。

如果当地没有前期工作基础，也没有任何可参考的相关信息，一切要从头开始，那么，在确定杂交组合时，最稳妥的做法是尽可能设计更多的杂交组合，获得杂种子代后，根据苗期测定或林期早期测定结果进行筛选，确定较优良的几个杂交组合进行制种，采用边测定、边应用推广的育种策略。在设计杂交组合时，可参考以下 3 个原则。

①父母本性状互补，遗传差异大。性状互补指的是父本的缺点就是母本的优点，反过来也如此。亲本双方可以有共同的优点，但不能有共同的缺点。理论上，亲本间的遗传差异越大，杂种子代中变异类型越多，从中选出优良类型的几率也越大。

②选配不同生态型的亲本。这主要从扩大杂交马褂木的栽培范围方面考虑。马褂木的自然分布为我国南方的亚高山地区，耐寒性相对较差，而北美鹅掌楸的北方种源位于美国东北部，耐寒性较强。可以北美鹅掌楸的北方种源作为杂交亲本，在杂种子代中选择生长快、耐寒性强的材料向北推广种植。

③以综合性状优良、结实率高的亲本作母本。一般应以具有较多优良性状的亲本作母本，以充分利用细胞质基因控制的有利性状。同时，还应考虑亲本的雌、雄繁殖适合度。用雌性繁殖适合度高的亲本作母本，有利于提高授粉结实率。

总之，根据杂交育种目标，在广泛收集国内外鹅掌楸属树种优良种质资源的基础上，选择典型性状突出、性状互补的个体作为杂交亲本，可以获得较理想的效果。

13.2　杂交母树选择

杂交组合确定后，接下来就是选择杂交母树，即确定采哪株树的花粉和在哪株树上授粉。

杂交母树（父本或母本）要求生长量大、长势旺盛、树干通直圆满、树冠发育良好、无病虫害，在同一林分中属优势木或亚优势木。同时，还应考虑制种量，即父本花粉有保障，母本开花量较大，结实率高。其次，还应考虑杂交授粉施工是否便利，杂交效率与制种成本，交通、工作条件是否便利。此外，考虑到杂交制种工作要延续多年，还应注意杂交母树是否具有良好的保护措施。

13.3　杂交规模

需要做多大规模的杂交授粉工作主要根据社会对杂交马褂木种苗的需求大小、杂交授粉果实采收率、种子发芽率，以及现有鹅掌楸属树种杂交亲本材料情况确定。根据多年试验测定结果，其杂交授粉果实采收率为 70% 左右（表 13-1）；杂交马褂木种子发芽率平均为 15%~20%（冯源恒 等，2011；表 13-2）；每一聚合果含翅状小坚果 110 枚左右（李周岐和王章荣，2000a）。据此，如杂交马褂木苗木需求量为 100 万株，则需杂交授粉量为 1000000/（20% × 110 × 70%）= 64935，约 6.5 万朵花。

一株 15 年生左右的马褂木大树，通过立木搭架可授粉数量最多 500 朵，因此，如杂交马褂木种苗需求量大，则需有足够的杂交母树。上述例子中，要获得 100 万株杂交马褂木苗木，至少需要有 130 株杂交母本。将优良杂交组合的母本通过嫁接形成无性系，待无性系分株大量开花结实时就可实施规模化杂交，以满足生产上对杂交马褂木种苗的巨量需求。

13.4　杂交操作技术

13.4.1　花粉采集、储藏与生活力测定

鹅掌楸属树种为虫媒传粉（周坚和樊汝汶，1999；黄双全 等，1999，2000）。因此，杂交授粉时要避免花粉污染，及时采集父本花粉、适时授粉是关键。

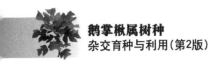
13.4.1.1 花粉采集

采集父本的花苞带回室内收集花粉。在这一环节中,关键是确定采什么样的花苞,即采哪一发育阶段的花苞。采早了,花苞未成熟,花粉出不来;采晚了,昆虫已经光临,有可能存在其他花粉污染。因此,应把握一点,即采集即将开放的花苞。即将开放的鹅掌楸花苞具有以下特征:花苞的花被片长、大,花苞明显鼓起,但花被片还未张开,此时,用手环握花苞可明显感觉花苞变软。将这类花苞连同小枝一起剪下,置于水桶中保湿带回,在此过程中应防止花枝失水,花朵凋萎。注意,切忌采花被片已微微张开的花苞,因为有些传粉昆虫在花被片将开未开时已经钻入花中,完成传粉(李火根 等,2007),因此,这类花苞可能含有非目的花粉。

采回的花枝作适当修剪,剪去大部分叶片,插入玻璃瓶内水培(图 13-1)。一般在室温下水培 1 ~ 2d,花朵张开,花药开裂,花粉散落。在这一过程要随时注意观察,在花粉即将散落时(用手指轻轻触碰花药,指头上沾有一层花粉),将花小心取出,用小号毛笔刷轻轻刷下花粉,可用亚硫酸纸承接花粉。然后,将刷下的花粉过筛去杂,收集于玻璃小瓶内,在瓶上贴好标签备用。

图 13-1 花枝水培收集花粉

13.4.1.2 花粉储藏

鹅掌楸属树种的花粉含水率较高,常温下呼吸作用强烈,很容易丧失生命力。因此,马褂木杂交授粉时应尽可能采用新鲜花粉。但有时杂交组合的父本与母本花期不同步,有时马褂木与北美鹅掌楸的花期会相差 1 周左右(李火根 等,2007),此时,可将父本的花粉采集后低温(4℃)储藏,待母本树开花时再行授粉。

花粉储藏过程中,最关键是控制温度与水分含量。低温、干燥条件下,花粉呼吸作用大大降低,从而保持花粉具有较高的生活力。将收集的花粉用亚硫酸纸包裹好,置于干燥皿内,干燥皿底部平铺有硅胶,然后,将干燥皿置于4℃冷库或冰箱中保存。在 4℃ 条件下贮藏 2d,马褂木花粉生活力仍可保持在60% 以上(王贝,2010)。

13.4.1.3　花粉生活力测定

为了保证杂交成功，掌握授粉效果，授粉前应对每批花粉进行花粉活力测定，尤其是对于经过贮藏的花粉。

采用固体培养基(10% 蔗糖 + 50mg/L 硼酸 + 1% 琼脂)(徐进和王章荣，2001)，将花粉均匀地撒在培养基上，25℃条件下恒温培养 2.5h。用解剖针挑取少量花粉制片，在显微镜下观察花粉管萌发情况。每种花粉重复观察 3 次，每个处理重复 3 次，每次随机观察 3 个视野，每视野观察不少于 30 个花粉。以花粉管长度大于花粉粒直径 1/2 以上者为萌发标准，统计花粉萌发率。

如果花粉萌发率低于 20%，则该批花粉不适合用来杂交授粉，需重新收集父本花粉。

13.4.2　杂交授粉

鹅掌楸属树种 4 月中旬至 5 月中旬开花，聚合果 10 月中下旬成熟，从花开至果熟需经历半年左右时间，因此，切枝杂交显然不行，一般都采用树上杂交。鹅掌楸属树种树体高大，而且花枝多位于树冠的上部和外围，因此，除非仅需少量的杂种种子，这时采用梯子攀爬就可完成，其他情况一般都要围绕整个树冠进行立木搭架。搭架的材料可用毛竹或者钢材，依据项目预算、使用年限及周边社会条件而定。

如用毛竹搭架，则最多可使用 3 年。第 2 年、第 3 年杂交授粉前，需对树架进行检查，必要时进行加固。3 年后重新搭架。

鹅掌楸属树种的花为两性花，雌雄同花，属虫媒花。花期较长，从 4 月中旬至 5 月中旬延续约 1 个月，盛花期在 5 月 1 日前后各 1 周。同时，鹅掌楸属树种的花具有雌雄异熟(即雌蕊先熟)的特点。在正常情况下，鹅掌楸属树种的花中，每一个离心皮雌蕊子房内发育形成 2 枚胚珠，但实际上，经过受精而发育成熟的翅果中，绝大多数仅有 1 个胚，极少数含 2 个胚。在 1 株树上有成百上千朵花，开放时间有先有后，一般来说，树冠阳面和树冠顶部的花先开。

从严格意义上说，鹅掌楸属树种杂交授粉包括去雄、授粉、套袋隔离 3 个步骤。

去雄、套袋隔离：在花苞成熟、昆虫还未钻入之前，应进行去雄和套袋隔离。具体操作方法为：将还未开放的花被片轻轻剥开，用镊子剔除花中的雄蕊，然后，将花被片还原复位，再套上用亚硫酸纸制成的隔离袋。去雄时要轻柔，不要损伤雌蕊群。

授粉：杂交授粉的关键是掌握鹅掌楸属树种雌蕊的可授期。鹅掌楸属树种的可授期可维持 1~2d(尤录祥和樊汝汶，1993)。可授期的长短受外界条件的

影响，干燥、高温天气促使雌花提前萎缩，可授期缩短，适当的低温可以延长可授期。当花被片伸长，花苞逐步鼓起，花被片尚未完全分离开放，这时雌蕊柱头上分泌出黏液（又称传粉滴），表示雌蕊群已成熟，可以授粉（图13-2）。中午前后（10：00～14：00）是鹅掌楸属树种授粉的最佳时期。一般采用细毛笔刷蘸着花粉均匀涂抹在雌蕊群上，但也有直接用雄蕊涂抹雌蕊群（图13-3）。授粉后重新套上隔离袋，挂好标签，以区分杂交组合类型；同时，做好书面记录，归档保存。

图 13-2　柱头分泌黏液　　　　　图 13-3　毛笔蘸花粉给雌花授粉

　　为了提高工作效率，也可将去雄、套袋隔离与授粉 3 个环节并在一起做。另外，鉴于马褂木花粉污染率不高，如果对杂种子代要求不是很严格（例如，为生产上提供杂种种子），为了简化杂交工作，节省成本，也可不套袋（李周岐和王章荣，2000b）。

13.4.3　授粉后管理

　　授粉 4～5d 后，授过粉的雌蕊柱头很快枯萎、发黑，此时，应及时将隔离袋摘除，否则会影响授粉花朵的发育。另外，由于隔离袋容易招风，易引起提前落花落果。

　　每年杂交授粉对杂交母树的营养状况要求很高，因此，可适当对杂交母树进行追肥。其做法是，以母树主干为中心，以 1m 左右为半径环形开沟，沟深 15～20cm，每株母树施复合肥 3～5 kg（根据母树营养面积大小）。

　　做好杂草控制、病虫害防治工作。此外，还需注意动物及人类活动对杂交母树的损伤。必要时，还应在杂交地点树立警示牌，防治孩童攀爬树架，避免造成人身伤害。

13.5 聚合果采收与处理

鹅掌楸属树种的聚合果一般于 10 月中下旬成熟。10 月中旬后，随着聚合果失水干燥，聚合果由基部向顶部逐渐由黄变褐，至聚合果完全张开，翅状小坚果彼此分离，在空中飞撒悠悠落地，此时，含饱满胚的小坚果完全撒落，仅余基部无胚的小坚果及果柄残留树上。因此，聚合果采收应在聚合果张开前进行。为了减少果实撒落造成的损失，可在聚合果完全由绿变黄时即刻采收。虽然如此，由于鹅掌楸属树种的开花至果实成熟需历经半年，在这 5~6 个月时间内，各种因素均会导致果实败育或提前落果，造成较大损失。表 13-1 为南京林业大学鹅掌楸遗传改良课题组记录的 2008—2011 年鹅掌楸属种间杂交授粉采收率，平均为 68.1%。

表 13-1　鹅掌楸种间杂交授粉的采收率(2008—2011 年)

年　份	授粉花朵数(朵)	采收聚合果数(个)	采收率(%)
2008	1546	1215	78.6
2009	2160	1605	74.3
2010	2100	1121	53.4
2011	1986	1362	68.6
总计	7792	5303	68.1

具体的采收方法很简单，一般采用人工树上采收。采种时应注意不能将不同的杂交组合混在一起，挂号标签。此外，采种作业务必注意安全，上树后应将安全带系于主干或大枝上。

采种袋一般用尼龙网格袋或布袋，这种采种袋通气透水，且易于晾晒。采回的聚合果可以让其自然风干，也可在阳光下晾晒。聚合果完全干燥后，小坚果会彼此分离。此时，用力碾压可将翅果分开。清除果柄、果轴等杂物后，将翅果收集贮藏。贮藏方法可以干藏，也可混合湿沙放在冷库中冷藏。播种前种子经低温层积沙藏处理 60~80d，有助于解除种子休眠，提高种子发芽率和整齐度(郭永清 等，2006)。

13.6 杂种苗木培育与苗期测定

杂种种子来之不易，应珍稀得到的每一粒杂交种子。在种子催芽处理、播种育苗及苗期管理等环节中，应做到认真细致、精心照料，使每一粒种子都能

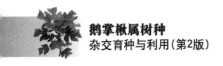

成长为苗。

选择地势较平坦、土层深厚、土壤肥沃、地下水位不高、排水良好的地块作为杂交马褂木的播种圃。冬季深翻，使土壤冻融，春季播种前细致整地，要求土壤绵细、上松下实。苗床高 20～25cm，宽约 1.5m。采用条播，以 20～30cm 行距开沟，将种子撒播在播种沟中，上盖火烧土，覆土厚度以见不到种子为宜。与自由授粉种子相比，马褂木控制授粉（即人工种间杂交）种子饱满度较高。根据南京林业大学鹅掌楸遗传改良课题组 2006 年对马褂木、北美鹅掌楸的自由授粉种子及种间杂交种子的场圃发芽率测定结果，马褂木、北美鹅掌楸自由授粉子代的场圃发芽率仅为 4.7% 和 6.9%，而以马褂木、北美鹅掌楸为母本进行种间杂交，其杂种子代的场圃发芽率平均可达 16.9% 和 20.1%（表 6-2）。因此，杂交马褂木的播种量以 30～45kg/hm² 为宜。

表 13-2　鹅掌楸属树种不同类型种子的场圃发芽率（2006 年测定数据）

树种	子代类型	测定的家系数目	平均千粒翅果重（g）	平均场圃发芽率	
				每千克翅果出苗数	发芽率（%）
马褂木	自由授粉子代	10	17.5	2684	4.7
	种间杂交子代	9	19.6	8629	16.9
北美鹅掌楸	自由授粉子代	27	29.9	2317	6.9
	种间杂交子代	26	33.7	5970	20.1

注：上述试验所用种子来自于 2005 年于江苏句容下蜀林场马褂木试验林杂交子代，种子晾晒干燥后，测定每组合种子总质量及千粒翅果重。种子未经低温层积催芽处理，而于 2006 年 1 月播种于南京林业大学校园苗圃，2006 年 5 月下旬统计各组合的场圃出苗数，进而换算成场圃发芽率。

播种时间一般在 2 月底 3 月初，但也可在冬季春节前播种。冬季播种比春季播种苗木出芽早、出苗整齐，因为种子在土壤中经过了低温催芽，同时省去人工低温层积催芽处理环节。

为保持土壤温度、湿度、防止土壤板结、促进幼苗出土，苗床上应覆盖稻草、茅草等。覆盖材料应固定在苗床，防止被风吹走、吹散。当幼苗出土达到 60%～70% 时，要及时揭除覆盖物。撒覆盖物最好在多云、阴天或傍晚进行，以防强阳光灼伤幼苗。注意撒除覆盖物时不要损伤幼苗。及时松土除草和水分管理。

也可将经过冷藏层积处理后的翅果进行沙床催芽、芽苗移栽、大田育苗。采用这种方法的种子利用率高，且苗木生长均匀、整齐。

如果杂交组合很多，需进行杂交组合比较与筛选，则必须进行苗期试验。将各家系苗木安排在有重复的试验中。如单行或多行小区，4～6 次重复。苗期测定的重点在于生长势、适应性与抗逆性。在苗木生长期间或生长期结束，按试验目的要求预先设计好调查测定项目内容，进行认真的观察调查。在苗期测定的基础上继续建立包括亲本为对照的杂种试验林，进行较为长期的造林对比试验。或苗期试验结束后，可淘汰部分表现不良的组合及个体，为生产单位提供杂种优势明显、生长健壮的优良种苗。

参 考 文 献

冯源恒，李火根，王龙强，等．鹅掌楸属树种繁殖性能的遗传分析[J]．林业科学，2011，47（9）：43 – 49.

郭永清，沈永宝，喻方圆，等．北美鹅掌楸种子破眠技术研究[J]．浙江林业科技，2006，26(6)：38 – 40.

黄双全，郭友好，潘明清，等．鹅掌楸的花部综合特征与虫媒传粉[J]．植物学报，1999，41（3）：241 – 248.

李火根，曹晓明，杨建．2 种鹅掌楸的开花习性与传粉媒介[J]．浙江林学院学报，2007，24（4）：401 – 405.

李火根，施季森．杂交鹅掌楸良种选育与种苗繁育[J]．林业科技开发，2009，23(3)：1 – 5.

李周岐，王章荣．鹅掌楸属种间杂交技术[J]．南京林业大学学报，2000b，24(4)：21 – 25.

李周岐，王章荣．鹅掌楸属种间杂交可配性与杂种优势的早期表现[J]．南京林业大学学报，2001，25(2)：34 – 38.

李周岐，王章荣．鹅掌楸属种间杂种 F_1 与亲本花果数量性状的遗传变异分析[J]．林业科学研究，2000a，13(3)：290 – 294.

王贝．鹅掌楸属树种配子选择的细胞学研究[D]．南京：南京林业大学，2010.

徐进，王章荣．杂种鹅掌楸及其亲本花部形态和花粉活力的遗传变异[J]．植物资源与环境学报，2001，10(2)：31 – 34.

尤录祥，樊汝汶．北美鹅掌楸混合芽的发生和分化[J]．南京林业大学学报，1993，17(1)：49 – 53.

张晓飞，李火根，尤录祥，等．鹅掌楸不同交配组合子代苗期生长变异及遗传稳定性分析[J]．浙江农林大学学报，2011，28(1)：103 – 108.

周坚，樊汝汶．中国鹅掌楸传粉生物学研究[J]．植物学通报，1999，16(1)：75 – 79.

第 14 章
鹅掌楸属树种种子播种育苗

鹅掌楸属杂交种子播种育苗分两种情况：一种是优良杂交组合种子生产性播种育苗，另一种是杂交家系种子的子代测定播种育苗。前者的播种育苗方法基本上与马褂木或北美鹅掌楸的种子播种育苗相类似。然而，由于优良杂交组合的杂交种子来之不易，成本较高，较为珍贵。所以，在育苗技术上要求做得更细，尽量提高种子的利用率与产苗量，从而达到降低杂交苗木的培育成本。对于杂交家系种子的子代测定播种育苗情况不同，需根据杂交交配设计与子代测定田间试验设计，从杂交授粉开始，到杂交种子采收、贮藏、播种，都需按杂交组合（家系）为单元分别处置。在播种育苗与造林时都需按子代测定田间试验设计要求来布置。

鹅掌楸属树种种子播种育苗技术中，种子采收、处理与贮藏，种子播种前预处理，苗圃地选择，大田育苗的整地作床与播种技术，育苗田间管理等各技术环节有其共同点，分述如下。

14.1 种子采收、处理与贮藏

种子于 10 月成熟。种子成熟时整个聚合果为黄褐色。在南京地区，一般国庆节后即可马上进行采种。采种方法，目前采用上树徒手用枝剪或高枝剪连果枝一起把整个聚合果剪下。采下聚合果需用合适的盛器摊开晾干。聚合果中水分逐渐蒸发后，带翅种子会分离散开。这时把果轴等杂物去除干净后，把小翅果收集装入布袋或其他容器干藏。若杂交制种分杂交组合进行，则聚合果采收也应分杂交组合，分别采收、分别处理、分别收藏，并做好标记、登记工作。

14.2　种子播种前预处理

鹅掌楸属树种的种子有休眠特性。播种前需经过低温冷藏预处理，以打破休眠。否则播种后发芽迟，而且参差不齐，出苗持续时间较长。处理的方法：把种子用湿润细沙按种子：湿沙比例 1:1 或 1:1.5~2.0 拌和，装袋或装桶存放在冷藏室或冷库内，在 1~4℃ 条件下层积冷藏 40~50d，或采用 0~12℃ 变温冷藏。通过这种处理，种子播种后出苗早、出苗整齐，便于苗木管理。干藏的种子，播前一定要用开始温度 50~55℃ 的温水浸泡一昼夜，然后播种。

14.3　圃地选择

圃地一定要选择灌溉方便、排水顺畅地段。要求土壤物理结构良好，最好是砂质壤土。土壤含有一定肥力，避免贫瘠土壤作苗圃。对于鹅掌楸树种来说，特别要注意排水良好的条件，不能有积水，地下水位 60cm 以下。若苗床多天积水，必然会造成苗木成片死亡。

14.4　整地作床

播种前需对苗圃土壤进行耕翻、施基肥、作苗床及土壤消毒等工作。为了改善土壤物理结构，使土壤疏松通气、土粒细碎，最好于冬季进行深耕一次。深耕深度达 30~40cm。结合深耕施基肥。基肥以有机肥为主，常用的有人粪尿、家畜肥、饼肥、堆沤肥等。圃地施基肥后立即进行土壤深耕。

春播时，在施基肥土地深耕的基础上，需进行浅耕耙地，开沟作床。南方一般作成高床。苗床宽 1.0~1.5m，床高约 25~30cm，步道（排水沟）约 30~40cm。作成苗床后，要进一步耙平床面，使土壤细碎疏松。整地作床时，要注意拣除杂草、树根、树枝、碎砖及石块等。

为了预防病虫害发生，常采用对苗床土壤进行消毒。如用 30% 的苏化 911（基硫化砷）粉剂，约用量 2g/m^2。或用敌克松、硫酸亚铁（黑矾）进行土壤消毒。

14.5　播种技术

播种技术涉及单位面积播种量、单位面积或单位播种沟出苗量、产苗量等。对于鹅掌楸属树种的种子来说，首先需掌握种子千粒重和有胚种子的比率，由此可推算种子发芽率。根据种子千粒重、发芽率和预期单位面积产苗量,就可初步确定种子播种量。单位面积产苗量,一般是每 $667m^2$ 产苗 6000~10000 株。

鹅掌楸属树种自由传粉授粉形成的种子,一般发芽率很低。特别是少数几株散生的母树植株,其种子的发芽率更低。种子发芽率常在 3% 以下,甚至有的不到 1%。但面积较大的成片林木群体,则种子发芽率一般可达 10% 以上。如果进行人工授粉,则有胚种子的比率可明显提高,种子发芽率也明显提高,最高的能达到 50% 以上。所以,人工杂交授粉的马褂木种子其发芽率是比较高的。鹅掌楸属树种种子的千粒重约为 20~30g,每千克约有小翅果(种子)30000粒。掌握了有胚种子的比率和种子发芽率,根据预期每亩产苗量,种子播种量就可确定了。

种子播种方法,一般采用条播。在床面上每隔 25~30cm 开一条沟,沟宽约5cm,沟深约 5cm,种子撒播在沟的中间部位。种子播下后,覆盖 0.6~1.0cm的细土,用手压一压,使其与土壤密接。然后覆上火土灰。最后覆盖稻草,并拉压绳子,固定好稻草(图 14-1)。通过覆盖稻草,可保持土壤湿度,起到保墒功能,同时也可避免鸟兽危害。不覆稻草,也可改成覆盖地膜。一般于 3 月初播种,约经 20~30d,种子发芽出苗于 5 月中上旬结束。出苗时需注意观察,当出苗率达 25% 左右进行第 1 次揭草;出苗率达 50% 左右,第 2 次揭草;出苗率80% 左右,揭去苗床上的全部稻草(图 14-2)。

图 14-1 苗床条播,播后覆草　　**图 14-2 根据出苗情况覆草逐步揭除**

杂交授粉的种子比较珍贵,同时数量可能不多。因此,可采用在温室或土温床条件下用沙床播种催芽或沙盘催芽。待小苗长到 5~6cm 高、有 5~6 片真叶,将幼苗移植于容器或圃地苗床。移栽时选用阴天或近傍晚时进行。按行距20~30cm、株距 10~15cm 移栽。移栽结束即刻浇水,并搭好遮阳棚,避免日晒风吹而造成苗木失水死亡。经过 7d 或 10d,苗木成活,去掉遮阳棚,让苗木获得充分光照。采用这种方法育苗,既节省种子,又能使苗木生长空间均匀、苗木生长较为整齐。特别是杂交种子,更加需要精心播种与细致管理。

14.6 播后管理

在野外苗圃育苗条件下，种子播下苗床后，要注意天气变化，经常检查苗床土壤湿润情况。如遇干旱，土壤干燥，需及时喷水灌溉。否则，不仅会推迟出苗时间，而且会影响种子发芽率和出苗率。

随着气温回升增高，应经常检查、观察种子发芽出苗情况。当种子有少量发芽时，需分 2~3 次逐步地将覆盖物揭去，以利于种子发芽出苗。

出苗后，苗木健壮成长，特别要重视干旱时及时给苗木喷水灌溉。有条件适当施 2~3 次追肥，并做好经常性的除草松土等管理工作。

有的苗行可能出现出苗过多，苗木密度太大。出现这种情况，可以采取移栽苗木办法，把过密苗木移栽到另外苗床培育，免得苗木浪费。

苗期也可能出现个别苗木植株有病虫危害。害虫主要有避债蛾和尺蠖。经常检查观察，发现后人工捕捉清除。也可喷布敌敌畏乳剂 800~1000 倍药液防治。若发生褐斑病危害，可喷 40% 多菌灵胶悬剂 1000 倍药液控制防治。

14.7 苗木出圃

1 年生实生苗，一般苗木高度可达 40~100cm 高，根颈部位粗度 1cm 左右。可用于山地造林。若用于园林绿化，则需通过移栽继续培育。根据培育大苗的规格要求或培育年限，确定不同的株行距。例如，培育 2 年生苗，可采用株行距 30cm×20cm；培育 3 年生苗，株行距 50cm×100cm；4 年生苗，株行距 150cm×100cm；等等。

14.8 杂种苗木培育

鹅掌楸属杂种种子来之不易，应珍惜得来的每一粒杂交种子。在种子催芽处理、播种育苗及苗期管理等环节中，应做到认真细致、精心照料，争取使每一粒种子都能成苗。

杂交种子与自由授粉种子相比，鹅掌楸属控制授粉（即人工种间杂交）种子饱满度较高。根据南京林业大学鹅掌楸遗传改良课题组 2006 年对马褂木、北美鹅掌楸的自由授粉种子及种间杂交种子的场圃发芽率测定结果，马褂木、北美鹅掌楸自由授粉子代的场圃发芽率仅为 4.7% 和 6.9%，而以马褂木、北美鹅掌楸为母本进行种间杂交，其杂种子代的场圃发芽率平均可达 16.9% 和 20.1%

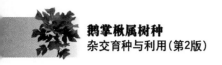

(表13-2)。因此,杂交马褂木的播种量以每亩2~3kg为宜。

杂交家系种子的子代测定播种育苗,要求将采收的杂交组合种子经过冷藏层积处理,进行沙床或容器催芽幼苗移栽,大田圃地育苗(图14-3)。这种方法的种子利用率高,且苗木生长均匀、整齐。杂交家系苗木尽可能做到苗期测定,将各家系苗木安排在有重复的试验中。如单行或多行小区,4~6次重复(图14-4)。苗期测定的重点在于生长势、适应性与抗逆性。在苗木生长期间或生长期结束,按试验目的要求预先设计好调查测定项目内容,进行认真的观察调查。苗期试验结束后,可适当淘汰部分表现较差的组合及个体,为生产单位提供苗期杂种优势较为明显、生长健壮试验苗木,从而减少试验规模,节省试验成本。

林木种子播种育苗是林木育苗的基本方法。鹅掌楸属树种的播种育苗有以下几点需特别注意。

①正确掌握合适的播种量。我国马褂木天然群体采集的种子的有胚种子比例较低,种子发芽率很低,通常只有1%~3%。人工母树林种子发芽率较高,可达10%左右。而人工授粉的杂交种子发芽率更高,可达20%~30%,甚至更高。北美鹅掌楸的进口种子纯度很高,发芽率也很高,可达50%以上。因此,在播种前需对种子进行X光有胚种子比率检验和种子发芽率测定,以做到正确掌握合适的播种量。

图14-3　按不同杂交组合沙盘播种催芽,幼苗移栽圃地

②鹅掌楸属树种种子有后熟特性,在播种前需进行低温湿润层积处理。经过低温湿润层积处理的种子发芽出苗早、出苗齐,发芽率高。若不经过这种处理,有的种子可能会拖到第二、第三年发芽。

③对杂交种子播种育苗要求做到特别精细。应采用沙盘、沙床催芽,小苗移栽,容器育苗。杂交种子来之不易,每粒种子都应充分利用。这样也便于结合田间试验设计布置试验,也有利于苗木栽植造林成活率的提高。

④苗圃地一定要求排灌方便,避免积水。

图14-4　杂种家系苗期测定

参 考 文 献

程忠生，毛根松，徐东斌．马褂木种子发芽试验简报[J]．浙江林业科技，1997，17(3)：
　　20 – 26．

方炎明，曹航南，尤录祥．鹅掌楸苗期动态生命表[J]．应用生态学报，1999，10(1)：
　　7 – 10．

付国勇，刘金理，叶火宝，等．马褂木优质苗木培育技术[J]．林业科技通讯，2000，5：41．

郝日明，刘友良，蒋汝平．移植处理对鹅掌楸苗期生长的影响[J]．江苏林业科技，1998，25
　　(3)：59 – 60．

焦云德，赵鲲，丁米田，等．马褂木大棚及容器育苗技术[J]．河南林业科技，2003，23
　　(4)：48

李锡泉，罗东湖，董春英，等．马褂木属地理种源试验苗期初步研究[J]．湖南林业科技，
　　1997，24(1)：4 – 7．

马桂莲，戴云喜．马褂木育苗技术[J]．林业实用技术．2003，11：26 – 27．

腾道明．鹅掌楸育苗技术[J]．北方园艺，2001，138(3)：62 – 63．

王济成，吕晓雪，张志成，等．杂交马褂木大苗培育与管理技术[J]．林业科技开发，2005，
　　19(3)：55 – 57．

王顺庆，马刚．鹅掌楸苗期生存分析[J]．西北民族学院学报，2001，22(1)：37 – 43．

王玉松，汤丽青．杂交马褂木大苗培育技术研究[J]．江苏林业科技，2003，30(6)：34 – 36．

吴江市鹅掌楸引种繁殖试验课题组．鹅掌楸引种繁殖试验[J]．江苏林业科技，1992，(3)：
　　11 – 12．

钟国斌．鹅掌楸育苗繁殖[J]．安徽林业，2001，2：19．

第 15 章
杂交马褂木扦插育苗

杂交马褂木的苗木培育除有性繁殖外，还可通过无性繁殖的方法，如扦插育苗、嫁接育苗以及体胚发生组培试管育苗等。本章将介绍扦插繁殖的育苗技术。

15.1 采穗圃建立

插穗从哪里来？能否保证提供优质插穗？这是扦插育苗的首要问题。如果育苗面积不大，可以从外地购买取得插穗。如果育苗面积大，成规模化育苗，就必须建立采穗圃，以保证有足够稳定的高质量的穗条供应。

15.1.1 采穗母株选择

当前，杂交马褂木育苗繁殖尚未达到优良无性系品种化的程度。因此，建立采穗圃的材料必须选择杂交优良组合中优良单株的材料；或是从现有杂交马褂木苗木群体中按一定标准选择优良单株材料。优株的年龄 1 ~ 4 年生均可。

15.1.2 母株定植株行距

采用 1 ~ 2 年生优株建圃，定植株行距可小一些，可采用大、小行株行距办法，大行距 2m、小行距 0.8m、株距 1m。这样，可保证建圃早期就有较高的产穗量。3 ~ 4 年生优株建圃，株行距可适当大一些，行距 2 ~ 3m，株距 1 ~ 2m(图 15-1)。

15.1.3 幼化处理

根据扦插育苗实践经验及试验结果表明，杂交马褂木扦插生根率存在明显的年龄效应。4 年生以内母株穗条扦插的生根率比较高，但 4 年生以后植株树

冠上穗条生根能力就有了明显的
下降。因此，4 年生以上的采穗
母株必须进行幼化处理。其方法
是在植株根颈基干部位离地面
10～30cm 处锯断，促使根颈基干
部位产生不定芽，萌发穗条。这
种植株根颈部位的萌枝从阶段发
育来说，与植株树冠部位的枝条
相比较幼化，扦插生根率就比较
高，图 15-2 与图 15-3 为根系发达
的扦插苗。

图 15-1　杂交马褂木无性系采穗圃

图 15-2　杂交马褂木无性系嫩枝扦插苗

图 15-3　杂交马褂木硬枝扦插苗

15.1.4　采穗母株管理

　　重点是肥水管理。定植时应施足基肥，平时施 P、K 为主的追肥。干旱季
节应根据需要及时灌溉喷水，以确保培养出粗壮发育充实的穗条。冬季，对采
穗母株进行清理，剪除所有余下的细小萌枝。

15.2　扦插圃建立

　　扦插圃可分为 3 种类型：①室外一般性扦插圃；②室外自动半自动喷雾扦

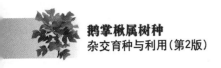
插圃;③室内(温室或塑料大棚)喷雾扦插圃。其建立如下。

15.2.1 室外一般性扦插圃

室外一般性扦插圃成本低,根据当地情况扦插床可以就地取材自己动手建立。扦插过程中各技术环节细心掌握,其扦插成活率可达80%以上,符合生产上要求。例如,金国庆等的实验结果,杂交马褂木硬枝扦插的生根率可达80%;嫩枝扦插生根率高达91%。其做法是:整地作床,床宽1.1m,步道0.4m。土壤消毒。床面铺上12~15cm厚的细河沙为扦插基质。采用2~4年生优株大苗上的枝条为扦插穗条。穗条采用激素处理。扦插好后,在插床上方搭设小拱棚,铺盖白色塑料薄膜保湿,并在拱棚上方搭建遮阳棚,盖上75%遮光度的黑色遮阳网。在插床边步道上每间隔一定距离安装水管,每2m安接微型小喷头,以备必要时喷水灌溉。

15.2.2 室外自动半自动喷雾扦插圃

室外自动半自动喷雾扦插圃是在插床上方安装有喷雾的喷头(图15-4),与进水管、电子阀、水泵、蓄水池、电子叶等构成一个自动喷灌系统,根据插床植物对水分的需求会自动喷水灌溉,以维持插床上方空间与插床中基质的一定湿度,而避免插穗失水丧失生根能力或扦插成活植株的死亡。喷雾扦插,一般来说扦插成活率较高,但也成本较高,投入较大。插床的扦插基质一般为蛭石、珍珠岩或两者按一定比例(如1:1)的混合物。喷雾插床宽1.0~1.2m,并要求能排水、通气。因此,底部需填大片石块,其上再铺小石块和细小石子,再用砖铺平,上面铺填扦插基质。插床周围用砖砌成墙,墙底部开有排水、通气孔道,周边筑有较深的排水沟。

图15-4 杂交马褂木无性系喷雾扦插

15.2.3　室内喷雾扦插圃

室内喷雾扦插圃是在玻璃温室或塑料大棚内建立喷雾插床进行扦插繁殖。这种扦插圃，投资较大，一般应用于经济价值较高、珍稀的名贵树种、花卉植物及有繁殖价值的难生根树种的扦插繁殖。应用于杂交马褂木扦插繁殖效果良好。

15.3　扦插季节与种类

扦插季节主要有春扦与夏扦两个季节，也就是硬枝扦插（春插）与嫩枝扦插（夏插）两类。硬枝扦插就是利用完全木质化的穗条在春天扦插。插穗粗度要求达到 0.6 ~ 1.0cm，最好为 0.8 ~ 1.0cm；长度约 8cm，必须含有 2 ~ 3 个发育良好的侧芽。穗条的下切口要求离下端芽下方 0.5 ~ 1.0cm；上切口离穗条上方芽约 2 ~ 3cm。嫩枝扦插就是利用未完全木质化即半木质化的穗条在生长季节进行扦插，6 ~ 9 月均可进行扦插，但以 6 月为最佳扦插时间。这时江南一带基本上处于雨季，空气湿度较大，高温季节尚未来到，若有穗条供应，这时是嫩枝扦插的好时机。穗条粗度要求 0.4 ~ 08cm，长度 8cm 以上，并含有 3 个腋芽。春扦，从扦穗下地到生根成活的时间较长，至少约需 60d 才能生根，在这段时间既要防止穗条失水干枯，又要防止穗条霉烂。夏扦，扦穗生根所需时间较短，一般需 20 ~ 30d。但在生长季节，气温较高，水分蒸发较快，而穗条幼嫩，未木质化，特别需要做好水分管理，防止穗条失水。

15.4　插穗激素处理

杂交马褂木是属于扦插生根比较困难的树种，因此，扦插时，事先需将穗条用促根剂（植物激素）处理。根据现有试验报道与实践经验，较为有效的促根剂有 2 号 ATP 生根粉、6 号生根粉（GGR6）、吲哚丁酸（IBA）与萘乙酸（NAA）组合等。例如，采用 50mg/L 2 号生根粉 +500mg/L 多菌灵配液浸泡 30min 有良好效果；再如，据余发新等试验结果，采用 400mg/kg NAA + 300mg/kg IBA + 1000mg/kg 多菌灵 +300mg/kg 辅助物质配液，浸泡 30min，效果也良好。

促根剂的主要成分有 IBA、NAA 及其组合。同时，由于杂交马褂木硬枝扦插生根所需的时间较长，在这一过程中，插穗易受病菌侵染而腐烂。因此，防腐灭菌也很重要。除了插床、扦插基质保洁灭菌外，对插穗施用灭菌防腐剂也很重要。加少量维生素 B_1 也有辅助作用。杂交马褂木扦插生根基本属于皮孔生根，因此，采用浸泡处理促进生根的效果更好。

15.5 扦插操作

15.5.1 插穗制备

扦插繁殖育苗，应根据育苗的规模建立相应规模的采穗圃。若没有采穗圃，则要选好采穗母树。母树年龄在 5 年生以下，生长旺盛、干形通直、冠形端正。春天扦插的硬枝穗条，是上一年萌发的完全木质化的枝条。生长发育良好，侧芽饱满充实。粗度、长度及其剪切要求如前面所述。夏、秋天扦插的绿色嫩枝穗条，是当年萌发生成的半木质化的幼嫩枝条。嫩枝穗条的基本规格如前所述(图 15-5)。按照规格要求剪切好扦穗后，用配制好的促根剂进行处理，准备扦插。

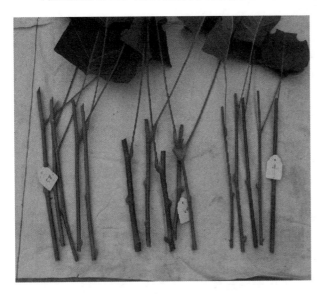

图 15-5　杂交马褂木无性系嫩枝插穗

15.5.2 插床准备

如前所述，扦插圃有 3 种类型。对于杂交马褂木的扦插育苗来说，当前主要采用室外一般性扦插圃或喷雾扦插圃。插床宽度一般为 1m 或 1.2m，以便于在插床两边扦插操作。插床长度可灵活，常为 10～15m。插床做好后，填铺扦插基质，厚度 15～20cm，并耙平做好扦插准备。

15.5.3 扦插操作

扦插时，如果是珍珠岩、蛭石、砻糠灰等松软基质，特别是硬枝扦插时，插穗可以直接插入基质。如果基质是细沙、细土等质地较致密的基质，特别是嫩枝扦插时，需用插棒先在基质中插个孔，然后将插穗插入基质中。插入的深度，硬枝扦插一般把整个插穗插入基质中，上切口芽与基质表面基本齐平；嫩枝扦插一般将插穗的 2/3 的长度插入基质中，即约有 2 个节插入基质中。扦插的密度，硬枝扦插密度较大，每平方米约插 200～300 根；嫩枝扦插因带有叶片，插穗也较长，扦插密度稀一些，每平方米扦插约 150 根。插好后马上喷水，而且需喷灌透，这时床面下沉，促使基质与插穗紧贴。没有喷雾设备的插床，这时就需马上支好拱架，铺盖塑料薄膜拱棚保湿。

15.6 扦插圃管理

插穗扦插后，首先要防止穗条失水干枯和腐烂。除注意水分管理外，温度、光照管理也很重要，调控各种因素，以促进插穗的生根活动正常进行。

15.6.1 水分管理

插穗插下后应立即喷灌水分，水量灌足，床面下沉，促使穗条与基质进一步密接，防止留有空隙。以后应经常观察插穗表现情况和基质中湿度状况，及时调整供水次数与数量。如果有自动喷雾装置，水分管理就更方便，而且对提高扦插生根率非常有效。对喷雾装置的使用需专人管理，经常观察，提高效果。同时，还要注意排水，防止过分潮湿，以免插穗引起腐烂。

15.6.2 遮阴通风

遮阴不仅能抑制床面水分蒸发，而且能抑制插穗过度蒸腾，防止枯萎，从而提高扦插成活率。特别是夏季嫩枝扦插，最容易受高温干旱的影响，因此遮阴显得更为重要。在塑料棚内或温室内扦插时，通过遮阴可减少强烈阳光照射，降低温度，避免出现异常高温。一般可采用 60%～70% 的遮光率。夏季嫩枝扦插开始生根时间较短，20d 左右就开始生根了，这时遮阳棚逐步揭除。

在塑料棚、温室内扦插，需注意通风。通过喷水、通风等措施降低温度，避免高温伤害与插穗腐烂。温度最好控制在 20～25℃，这一温度范围对插穗生根最有利。温度不能高于 30℃或低于 15℃。

15.6.3 消毒防病

遇到降水过多出现插床过湿，特别容易引起插穗腐烂，需加强排水。但多数引起插穗腐烂是插床受到病菌污染，且蔓延迅速，应及时采取防除措施。一旦发现腐烂征兆，可喷洒抗生素等农药。

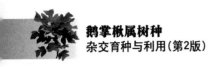
15.6.4　凋落物清除

插床需经常保持清洁干净。发现有枯死的插穗、叶片等其他凋落物应及时清除干净。不然容易滋繁病菌。

15.7　换床移植

插穗在插床上扦插，主要解决生根问题。插穗生了根，形成扦插苗。为了培育成上山造林或绿化栽种的扦插苗，必须通过换床移栽，扩大株行距，加强肥水管理，促使苗木根系发达，地上部分发育健壮。

换床移植时，应尽量减少根系的损伤。白色根阶段，根系幼嫩，很容易碰断损伤。随着扦插苗培育时间延长，根系呈锈褐色或锈黄色，这时说明根系发育比较成熟，木质化程度较高，这时候换床移植比较安全。春季的硬枝扦插，从插下到插穗发根所需时间较长，约需3个月。因此，春季硬枝扦插的扦插苗，需到6~7月才可换床移植。夏、秋季嫩枝扦插生根的扦插苗，因插穗从插下到发根的时间较短，一般扦插后3个月左右就可换床移植。

移植的株行距需根据培育苗木的规格与时间而定。若用于上山造林，移植培育1~1.5年的时间。具体说，今年春季硬枝扦插苗，于今年6、7月移植，明年冬季即可上山造林。今年夏、秋嫩枝扦插苗，今年深秋或明年春天移植，或留床保护到明年春天移植，培育到明年冬季苗木生长期结束时即可上山造林。在上述情况下，移植株行距密度可大一些。行距可设定30~50cm，株距可设定20~30cm。若培育园林绿化大苗，则移植株行距就更大。根据培育大苗的规格要求，行距可设定1~2m，株距可设定为0.5~1.5m不等。培育3~4年，米径（或胸径）一般可达6~10cm，能满足园林绿化工程的需求。

移植扦插苗的其他管理措施，如除草、灌溉、施肥等，同播种苗木管理。

扦插育苗是杂交马褂木扩大繁殖的重要育苗方法之一。扦穗脱离母株生根再生成新的植株是一个复杂的生理生命过程。一方面涉及母株的生根再生能力的遗传性以及采穗母株的年龄、采穗部位、穗条发育状况，另一方面涉及扦穗生根再生的环境条件(温度、湿度、光照、空气等)。为了尽可能地创造扦穗生根再生条件，也可采用更多办法，如改善扦床环境与扦插基质，采用水分供给喷雾管理与覆盖遮光，暖房控温与激素处理等。杂交马褂木基本上是属于难生根树种。采用喷雾扦插，生根率一般40%、50%~70%、80%不等。母株遗传型之间生根率差别也很大，有少数母株扦穗即使不用激素处理生根率也能达到80%~90%。所以，要提高杂交马褂木的扦穗生根率和扦插效果，需采用综合措施，选择生根率较高的优良无性系母株，从扦床设施、基质配制到水分管理、激素处理多方面努力。从而降低扦插育苗成本，实现扦插育苗实用化。在杂交马褂木扦穗扦插生根系统中，采用阶段发育幼化的、发育充实的扦穗和透气保湿的扦插基质是获得扦插良好效果的基础；做好水分精细管理与适当的激素处理是取得扦插良好效果的关键。

参 考 文 献

曹朝银，郑志霞，孟海进. 杂交马褂木春夏两季扦插特征比较[J]. 河北林业科技，2006，(3)：9－10.

郭鑫. 杂交鹅掌楸硬枝扦插繁殖技术与生根机理研究[D]. 南京：南京林业大学，2011.

黄颜梅，何兴炳，胡焱彬，等. 杂交马褂木扦插育苗技术的研究[J]. 四川林业科技，2005，26(3)：85－87.

季孔庶. 杂交鹅掌楸的无性繁殖[J]. 南京林业大学学报，2005，29(1)：83－87.

金国庆，秦国峰，储德裕，等. 杂种马褂木扦插繁殖技术的研究[J]. 林业科学研究，2006，19(3)：370－375.

潘刚. 杂种鹅掌楸扦插繁殖技术的研究[D]. 南京：南京林业大学，2002.

温志军，周志方，王江美，等. 杂交马褂木全光照喷雾嫩枝扦插试验[J]. 林业科技开发，2005，19(4)：75－76.

叶金山，季孔庶，王章荣. 杂交马褂木无性系插条生根能力的遗传变异[J]. 南京林业大学学报，1998，22(2)：71－74.

尹增芳，方炎明，沐香香，等. 杂种马褂木插穗扦插生根过程的解剖学观察[J]. 南京林业大学学报，1998，22(1)：27－30.

余发新，刘腾云，朱祺，等. 杂种马褂木扦插繁殖技术研究Ⅱ. 插穗粗细及环境条件与生根的关系[J]. 江西科学，2006，24(1)：23－25.

余发新，潘惠新，刘腾云，等. 杂种马褂木扦插繁殖技术研究Ⅰ. 穗条产量及促根剂配方试验[J]. 江西科学，2005，23(6)：715－716.

俞良亮. 鹅掌楸扦插繁殖与植物生长物质的关系及苗期生长研究[D]. 南京：南京林业大学，2005.

张晓平，方炎明. 杂种鹅掌楸不同季节扦插特征比较[J]. 浙江林学院学报，2003，20(3)：249－253.

第 16 章
杂交马褂木嫁接育苗

嫁接繁殖育苗是杂交马褂木育苗的主要育苗方法与重要育苗途径之一。杂交马褂木嫁接育苗，一般是以马褂木1年生实生苗为砧木，选用杂交马褂木优株或优良无性系采穗圃的采穗母株的1年生枝条为接穗，通过嫁接繁殖，培育造林苗木和园林绿化苗木的一种方法。多年多地苗圃育苗与嫁接杂交马褂木栽种的实践证明，以中国马褂木为砧木嫁接的杂交马褂木植株，生长发育良好，也未发现有后期不亲和的情况。同时，选择成年优株，采集树冠中阶段发育成熟的1年生枝条为接穗，通过嫁接繁殖，可用嫁接无性系建立种子园。因此，嫁接繁殖是繁育杂交马褂木的重要途径之一。本章重点介绍砧木苗培育、嫁接季节与种类、嫁接方法及接株管理等内容。

16.1 砧木苗培育

嫁接繁殖，选好砧木树种是关键。杂交马褂木嫁接繁殖的砧木树种是采用马褂木。因为亲缘关系近，不存在嫁接不亲和问题。许多实践表明，以马褂木为砧木，嫁接植株愈合良好，根系发达，生长健壮，树冠端正，也未发现后期不亲和情况，而且砧木育苗种子来源容易解决。当前解决砧木苗木有两条途径。一是购买种子，自己育苗；二是从外地购买苗木。一般来说，自己育苗最好，安全可靠，成本也较低。

关于砧木苗培育技术，可参照第14章。这里主要强调以下两点：

①砧木苗要求粗壮、均匀，根系发达。一般采用1年生的马褂木实生苗作砧木。要求根颈部位粗度达0.8cm以上。有2年生的实生苗也可用作嫁接砧木。

②砧木苗的株行距需适当大一些。行距可用40~50cm，株距可采用20cm。

这样砧木占有空间较大，不仅培育砧木粗壮，而且嫁接时也便于操作，嫁接成活后接株生长也旺盛。

16.2　嫁接季节与种类

杂交马褂木嫁接通常采用春天的枝接和夏、秋天的芽接。采用春天枝接，当年的嫁接苗就可出圃。如果砧木粗壮，密度适中，嫁接方法得当，当年的嫁接苗苗高可达 1m 左右。夏、秋天芽接，芽接苗需第二年再继续培育一年才能出圃。如果自己苗圃培育砧木苗在秋天芽接，那么这种芽接苗与第二年春天枝接苗培育时间一样，到了年底时间都可出圃。杂交马褂木嫁接是比较容易的，嫁接成活率都比较高。安排什么季节嫁接？采用什么方法嫁接？主要根据砧木准备情况、穗条来源以及嫁接工作安排等情况而定。

16.3　嫁接方法

前面已经提及，杂交马褂木嫁接可分枝接与芽接两大类。就具体嫁接方法来说，枝接有劈接、切接、插皮接和舌接等；芽接又可分为单芽贴接、"丁"字形芽接等。

16.3.1　枝接

枝接就是以枝条为接穗的嫁接方法。嫁接时间是在树木开始萌动前或在萌动期间进行。因接穗切削与砧木开口方法形状的不同又可分为以下几种枝接方法。

16.3.1.1　切接

在离地面约 5cm 处，将砧木的枝干剪断。选择比较平滑的一侧，用刀将砧木切口面修平，在下切的边侧切去少许。再在皮层内侧略带木质部的部位用刀垂直切下，深达 2～3cm。再把选定的穗条剪成含有 2～3 个芽的接穗，长度约 5～10cm。在接穗的下端，用刀成 30°削成斜切面，长度约 2～3cm。在斜切面的反面略刮削去少许皮层，并立即将接穗插入砧木的切口中。注意接穗斜切面向内，靠紧木质部，使两者的形成层对准。最后用塑料薄膜条或制作麻绳的麻类植物纤维绑扎紧，不露空隙，并壅上细土保湿，以减少蒸发失水。约 1 个月后，接株可以愈合生长(图 16-1、图 16-2)。接穗与砧木完全愈合后，应及时抹除砧木上的萌芽，促使接株正常成长。

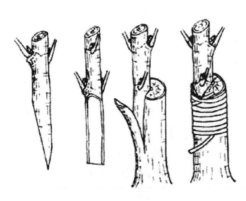

图 16-1　切接法操作过程示意图　　　　图 16-2　切接愈合成活接株

16.3.1.2　劈接

基本方法与切接法相仿。先在砧木离地面约 5cm 处剪断苗干,然后在砧木横切面的中央部位用嫁接刀垂直切下,深度约 2~3cm。再将选好的穗条剪取带有 2~3 个芽的接穗,长约 5~10cm。在接穗的下端两侧成 60°削成斜面,成楔形。立即把削好的接穗插入砧木切口中,并使两者的形成层部位对齐。如接穗较小,必须求得接穗削切面的某一侧的形成层与砧木切口的一侧形成层对齐密接,接穗插好后,绑扎壅土,做好保湿(图 16-3、图 16-4)。

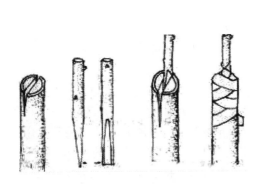

图 16-3　劈接法示意图　　　　　图 16-4　劈接愈合成活的接株

16.3.1.3　舌接

当接穗与砧木的粗度接近较为一致时,可以采用舌接法嫁接(图 16-5)。先在砧木离地 5~8cm 处剪断。靠近上端剪口约 3cm 处下刀向上削成马耳形,在马耳形削面上方 1/3 处用刀垂直切下,深约 1.5cm。选取穗条也削成马耳形,并在马耳形削面下方 1/3 处也同样切一刀。接穗含有 2~3 个芽,在适当部位剪断。把接穗马耳形削面对准砧木的马耳形削面，并使 2 个削面的切口对准互相嵌入，两削面完全对齐密合为止(图 16-5)。若接穗粗度小一点，则将接穗的马耳形削面与砧木的马耳形削面一边对齐即可。该嫁接法接穗与砧木切口接触面大，愈合较好。

16. 3. 1. 4　皮下接(撬皮接)

皮下接适用于当春季砧木已开始发芽长叶、树液流动或是在其他生长季节，树皮易于剥离期间进行。同时，要求砧木比较粗大。嫁接时，在砧木离地面约 5cm 处剪断，然后在树皮较平滑的一边用刀从剪口向下切一刀，深达木质部，长约 3cm，并用刀顺切口挑开树皮。接穗长 5~10cm，带有 2~3 个芽。下部削成约 3cm 的马耳形削面，并在背面两侧用刀刮去外皮层，稍露绿色。随之将接穗马耳形切口朝内插入砧木的切口中，使彼此密接，绑扎壅土(图 16-6)。

16. 3. 2　芽接

芽接是以发育成熟的叶芽为接穗，一般在树液流动的生长期进行，并且常在秋、夏两季进行。芽接法节约穗条材料，接后愈合时间短，愈合情况好，嫁接工效较高。其具体嫁接方法有单芽贴接和"丁"字形芽接等。

16. 3. 2. 1　单芽贴接

从良种采穗圃母株或优株上选剪发育壮实的穗条，随即摘除叶片，保留一段叶柄，用干净潮湿毛巾或湿布包裹保湿，以备取芽，并尽可能地及时嫁接。嫁接时，用芽接刀从穗条上取下带柄芽片，芽片长约 2cm，成盾牌形，稍带木质部。在砧木近地面苗干的光滑部位，用芽接刀切削与芽片形状、大小相当的一片皮层，深达木质部，然后贴上芽片，用嫁接绷带包扎好，仅让叶柄、叶芽外露(图 16-7 至图 16-9)。接后 2~3 周即可愈合。这时若芽片保持绿色，芽仍丰满，叶柄一碰

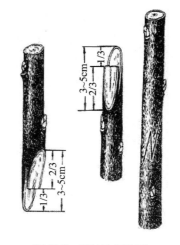

图 16-5　舌接法示意图

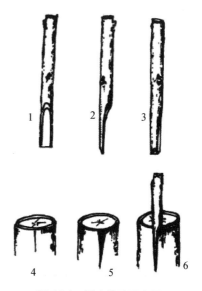

图 16-6　插皮接法示意图

注：1、2、3 为接穗削法；4、5、6 为贴木
　　开口与接穗插入

图 16-7　单芽贴接砧木开口

图 16-8　单芽贴接接穗取芽

图 16-9　芽片放入砧木
接口包扎

脱落或是已脱落，说明已嫁接愈合成活。反之，若发现芽变黑，叶柄萎而不掉，则说明芽接失败。但仍可抓住时机，及时再次补接。经检查，嫁接完全愈合成活后，及时松绑。夏季芽接成活后，还应及时将芽接口上方砧木枝干折断，促进接芽萌发抽条。待新条长至15cm左右时，从接口上方剪去砧木部分，让其独立长成嫁接苗木。若是秋季芽接，则剪砧促萌工作需到第二年春季进行。

　　单芽贴接法除了在树木生长季节进行外，也可在树木的非生长季节枝芽萌动前的休眠期进行。嫁接操作可在室内进行。在室内起苗砧木可用夹架凳固定，嫁接操作非常方便。嫁接穗条冬季剪采回室内湿沙埋藏待用或直接从采穗圃母株上随采随接。接好后直接按预定株行距栽入苗床。也可暂时埋栽室内一段时间。接株栽入苗床后，管理非常重要。一方面要注意及时抗旱灌水、清除杂草，另一方面要检查愈合成活情况，砧木嫁接口以下部位的萌条需及时清除。接活后接芽萌发的萌条长到20～30cm高时，需将接口上方的砧木部分剪除。秋天进行接株松绑。

16.3.2.2　"丁"字形芽接

　　取芽方法见图16-10。"丁"字形芽接法主要在砧木近地面基干上切开一个"丁"字形的接口。具体操作是用芽接刀在基干上横切一刀，再在横切口下方约2～3cm处由下向上划一垂直切口，深达木质部，构成"丁"字形。然后用芽接刀刀片或刀柄骨片挑开切口，插入芽片，并切除芽片上部超出砧木切口多余部分，轻轻按合接口，用绑带绑扎(图16-10)。检查成活、

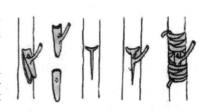
图 16-10　"丁"字形芽接法操作
过程示意图

剪砧等工作与 16. 3. 2. 1 相同。

无论枝接或芽接方法，都可采用离地砧木在室内集中嫁接。接好后将接株集中于一处用湿沙选向阳避风处或温室内进行假植。待接株伤口愈合，15d 或 20d 后，在室外气温较温暖时再移植于圃地。

16.4　接株管理

为了保证嫁接顺利愈合成活和接株正常生长，接后还需做好一系列管理工作。其中最主要的有以下几项。

16.4.1　及时清除砧木萌芽、萌条

枝接以后，砧木的大部分枝干剪去，留下嫁接部位及其根桩。这种情况下，接口以下部位很容易产生萌芽。如发现萌芽，必须及时摘除。若不及时摘除，必然会影响嫁接愈合成活或成活后接株的生长，甚至出现接活植株回枯而嫁接失败。

16.4.2　适时折断、剪除芽接砧木枝干

芽接是属于不剪砧嫁接方法。芽接愈合成活后，接芽以上部位的砧木枝干仍留存着。若夏季芽接，当年就要剪除；若秋季芽接，于翌年剪除。剪除的方法，可以分 2 次进行。第 1 次在离接芽约 15cm 处折断或剪除，留下这段残干作接穗萌条的绑捆固定的支柱。第 2 次当接穗萌条长到 30～40cm，发育充实，完全木质化后，在萌条上方约 1cm 处剪除残干，让切口愈合，接芽萌条长成独立接株。

16.4.3　适时松绑

嫁接愈合成活后，随着接株的增粗生长，嫁接时的绑扎物(塑料带等)若不适时松绑，则在接合处会缢进去，严重影响接株的生长。即使长大，也易风折。但是松绑也不宜太早，否则影响成活。松绑的适当时机是当嫁接成活，接穗新梢开始生长时。松绑的方法是用刀片垂直绑带轻轻一划，割断即可。一旦松绑迟了，绑带被新长木质部缢住，则需用手及早摘除清净。

16.4.4　立杆扶持

杂交马褂木枝接接株生长迅速，枝干幼嫩，叶片又大，容易招风。如果在造林地就地砧木嫁接，最好在接株旁边插立一木棒或竹竿，长约 1m，用于绑捆固定新梢，防止接株风折。绑捆方法是用塑料绳将新梢与立杆(竿)成"8"字形

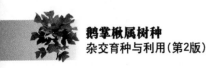

绑住。这种立杆扶持工作,特别是在风稍大一些地段更为需要。

16.4.5　其他管理工作

如除草、松土、抗旱、施肥等管理措施,按一般常规管理进行。

杂交马褂木嫁接苗通过一年时间的培育,苗高可达 1m 左右,根颈粗度可达 1cm 以上。若砧木较粗壮,管理较为集约,接株也可能达到 1.5m。因此,1年生嫁接苗可以满足上山造林。如用于园林绿化,需通过移栽培育,根据培育要求,扩大株行距,增加培育年限。

嫁接育苗是杂交马褂木非常有效的繁苗方法。其中枝接法中的切接、劈接和芽接法中的单芽贴接应用最为普遍,效果也好。砧木是采用马褂木。嫁接苗木推广栽种在长江以北地区,注意选择分布较北、海拔较高的马褂木作砧木。嫁接操作时,无论枝接或芽接,都要求部位低,离苗木根颈处 5cm 以内。同时,要求砧木较粗壮、较整齐,接穗发育充实、芽头饱满。抹芽、剪砧、解带及时,除草、水肥等管护跟上,嫁接苗出圃率高,苗木质量好且整齐。

参 考 文 献

焦江洪,禹明甫,李鸿雁,等. 杂交鹅掌楸嫁接试验初报[J]. 信阳农业高等专科学校学报,2005,15(4):67 – 68.

金国庆,秦国峰,储德裕,等. 杂种鹅掌楸低砧劈接覆土嫁接技术的研究[J]. 江西林业科技,2006,5:20 – 23.

梁凤. 杂交马褂木嫁接苗培育及造林技术[J]. 安徽林业,2008,3:31.

谭飞燕,蒋华,黄寿先. 中国马褂木无性系嫁接繁殖性状变异[J]. 广东农业科学,2013,5:45 – 47.

於朝广,殷云龙. 杂种马褂木嫁接育苗技术[J]. 江苏林业科技,2004,31(1):30 – 31.

余定松,郭洪斌. 杂交马褂木嫁接育苗[J]. 中国花卉盆景,2005,12:29.

袁金伟,孙笃玲. 杂交马褂木嫁接技术[J]. 林业科技开发,2004,18(3):66 – 67.

章义,刘杏泉,江新国,等. 杂交马褂木嫁接技术初报[J]. 江西林业科技,2004,(5):8 – 9.

赵书喜. 杂交马褂木嫁接试验[J]. 林业科技通讯,1991,8:22 – 24.

第 17 章

杂交马褂木体细胞胚胎发生
与体胚苗培育

　　植物的体细胞胚胎发生，不仅是植物发育和转基因等基础、应用基础研究的重要实验体系，而且也是加速繁育经过遗传改良材料的重要手段。尤其对于一些具有重要经济价值，种苗用量较大，而自然状态下种子来源困难，扦插、嫁接或组培困难的树种，通过体细胞胚胎发生和植株再生的途径，解决种苗的供应具有较大的优势。

　　植物的体细胞胚胎发生，是植物细胞在离体培养条件下，在各种物理和化学因素的作用下，通过细胞的脱分化和再分化实现细胞全能性表达的过程。由于它是从体细胞分化发育而来的，故称为体细胞胚或胚状体发生途径。体细胞胚胎发生是植物发育过程中的特殊现象，并在一定程度上重现了合子胚形态发生的特性，是植物细胞潜能完全表达的一种方式，是在细胞全能性理论的基础上发展而来的。早在 20 世纪初，德国著名植物学家 Haberlandt 就曾预言，植物细胞具有全能性，即每一个具有细胞核的植物细胞都有发育成完整植株的潜在能力。这一科学的预言不断被后来的科学实验所证明，植物（包括大量木本植物）的体细胞胚发生大量研究结果更是为此提供了充分的实验证据。1958 年，Reinert 和 Steard 分别从固体培养的胡萝卜愈伤组织、液体培养的胡萝卜悬浮细胞系中获得了体细胞胚，进而实现了再生植株，并观察到体胚发育的植株能正常开花结实，首次用完整的实验结果证实了植物细胞的全能性正确性。这一重大突破为植物离体培养再生植株开辟了一条崭新的途径。随后人们在植物的组织培养、单细胞悬浮培养、原生质体培养和花粉培养中都观察到了体细胞胚或花粉胚的发生。体细胞胚的产生首先需要胚性愈伤组织的形成，这个过程是在外源生长素的作用下完成的。除去外源生长素，在愈伤组织表面诱导形成突起状的体细胞原胚，然后体细胞原胚两侧产生子叶原基，最终形成具有两片子叶、

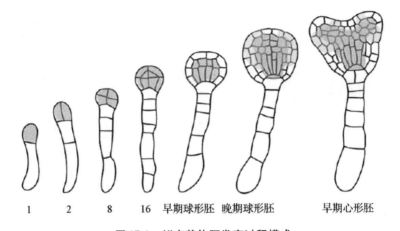

1　　2　　8　　16　早期球形胚　晚期球形胚　　　早期心形胚

图 17-1　拟南芥体胚发育过程模式

1，2，8，16. 分别为 2 细胞期、4 细胞期、8 细胞期和 16 细胞期

胚轴和胚根的成熟体细胞胚。图 17-1 为拟南芥单个体细胞发育成胚的不同阶段形态模式图。

　　林木的体胚发生技术自 1965 年首次建立以来，到 20 世纪 80 年代后期得到迅速的发展，并获得了极大的成功。全世界目前已成功诱导体胚形成的植物中，有 24 科 80 多种木本植物获得了体细胞胚。尤其是用常规无性繁殖技术很难生根的针叶树的体胚发生，取得了令人瞩目的进展。火炬松（*Pinus teada*）、挪威云杉（*Picea abies*）、北美黄杉（*Pseudotsuga menziesii*）、辐射松（*Pinus radiata*）等树种的体胚发生的苗木已应用于生产实践。据初步统计，已从冷杉属（*Abies*）、落叶松属（*Larix*）、云杉属（*Picea*）、松属（*Pinus*）、黄杉属（*Pseudotsuga*）、北美红杉属（*Sequoia*）、杉木属（*Cunninghamia*）和柳杉属（*Cryptomeria*）的至少 20 种不同的针叶树的外植体诱导成功了体细胞胚。在阔叶树种中，杨属（*Popolus*）、柳属（*Salix*）、栗属（*Castanea*）、檀香属（*Santalum*）、枫香属（*Linquidambar*）、鹅掌楸属（*Liriodendron*）、桉树属（*Eucaryptous*）、泡桐属（*Paulownia*）、七叶树属（*Aesculus*）、樱属（*Cerasus*）等树种的组织培养中观察到体胚发生或获得再生植株。其中，美国的惠豪公司（Weyerhaeuser）、国际纸业公司（International Paper）、维斯瓦库公司（Westvaco），加拿大赛尔福（CellFor）等一些公司，新西兰林业研究中心等已分别将火炬松、挪威云杉、北美黄杉和辐射松等树种的体细胞胚诱导和植株再生应用于生产实践。由美国维斯瓦库公司、国际纸业、新西兰的雄狮林业公司（Fletcher Challenge）和新西兰创新研发公司（Genesis Research and Development）共同发起于 2000 年成立的阿铂金公司（ArborGen），集中了几家公司的传统林木遗传改良专家队伍和资源，加大了传统林木育种与现代生物技术结合，不断加强与林木种苗业有关的林业生物技术的研发，不仅成功抵御了 2008 年国际性金融海啸对于美国营林业和林产业的重创，而且依靠现代生物技术发展起来的重要树种的体胚发生和植株再生技术形成的体胚种苗产业，迅速由美国扩展到新西兰、澳大利亚、巴西和智利等国家。全球购买其改良和高技术生产的种苗客户有 5000 多个，年销售优质种苗接近 2.5 亿株，成为了世界性的利用现代生物技术培育、生产和商业化销售应用高技术生产的林木种苗先行者。

利用体胚发生技术进行木本植物种苗的商业化生产，提高效率和降低生产成本是两个关键的制胜法宝。除管理问题，从技术的角度看，减少消耗，降低生产成本以及相同管理成本之下，采用更为先进的技术路线，进一步提高体细胞胚工程的生产效率，使得木本植物细胞工程生产林木种苗的技术更加有利于商业化运作是从事技术研发工作以及林木种苗企业所努力的方向。其中，研发高效的生物反应器大规模生产体细胞胚的技术体系，不仅可以提高生产效率，并且可以通过控制培养条件的全自动控制，尽可能保持体细胞胚的生长同步化，增大培养物生产体积，使培养物保持在最佳生长状态。加拿大、美国、法国、马来西亚、新西兰和澳大利亚等国家，已报道成功应用体细胞胚胎发生的生物反应器技术应用于云杉、火炬松、湿地松、咖啡、油棕和辐射松等树种的体胚苗的生产。

南京林业大学施季森、陈金慧等以杂交鹅掌楸优良杂交组合的材料为基础，通过对培养细胞微环境的调控，成功获得了体细胞胚和再生植株，建立了体胚发生和种苗再生技术平台；通过固相和液相交替培养和体胚发生生物反应器技术，大幅度提高了体胚发生频率、同步化率以及规模化生产的效率。在国内外首次实现了年产 1000 万株以上规模的优质体胚种苗的生产。并通过建立悬浮培养体系，进一步提高了培养的效率及实现了培养产物的同步化调控，创新的体细胞胚胎工程发生生物反应器技术，可使该项先进技术更加趋于熟化。通过超低温冷冻保存技术实现了胚性材料的长期保存，使得胚性材料能较长时间保持高频率的体胚发生能力。

17.1　杂交马褂木体细胞胚胎发生的过程

20 世纪 50 年代末，体细胞胚胎发生技术在胡萝卜上就取得了重大进展（F. C. Steward, 1958；J. Reinert, 1959），并使其达到商业化应用水平，现在体胚发生不再仅仅被看作是研究植物全能性和形态发生基本过程的实验室技术，而被看作是用于林木优良基因型大规模繁殖的一种方法，人们正致力于运用此项技术大规模繁殖优良林木树种。

　　杂交马褂木主要通过人工杂交的有性繁殖及扦插、嫁接等方法进行繁殖。但有性杂交制种效率低,种子量少,种子发芽率低;扦插和嫁接等无性繁殖存在着生根难或繁殖系数低等不足(季孔庶,2005),难于满足大规模造林的种苗供应需求,限制了杂交马褂木这一优良种植材料的推广应用。20世纪80年代后期到21世纪初的30多年中,先后有多篇报道,探索利用杂交马褂木、马褂木或北美鹅掌楸的春季萌动芽(陈金慧 等,2002;郝会军 等,2008)、冬芽、侧(腋)芽(蒋泽平 等,2004;胡琳,2007),种子发芽无菌苗(蒋祥娥 等,2004;陈颖 等,2009),叶片、叶柄、无菌苗茎段及其芽基部切段(田敏 等,2005;李纪元,2006),种子及冬芽(蔡桁,2005)、嫩枝(王闯 等,2010)等作为外植体进行过组织培养研究,以及获得丛芽或生根苗的报道。但始终没有取得突破性进展和能达到规模化应用的程度。陈金慧、施季森等(2003)利用固体培养基培养杂交马褂木未成熟胚成功诱导了杂交马褂木体细胞胚胎发生方面取得了重要进展;陈志(2007)、李婷婷(2010)、陈琴(2011)等利用胚性愈伤组织建立悬浮培养体系,并且实现了同步化调控,利用单细胞诱导体细胞胚胎发生,并成功进入工厂化生产育苗,在很大程度上缓解了这一供需矛盾。所以,本章仅介绍杂交马褂木的体胚发生和植株再生的技术体系及其应用。图17-2和表17-1分别说明了林木体胚发生过程和工艺流程。

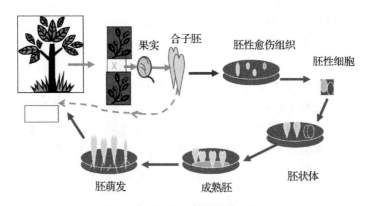

图17-2　体细胞胚胎发生示意图

表17-1　激素调节获得同步发育体细胞胚的流程

培养阶段	培养基(mg/L)		培养条件及其他
	组成的成分	状态	
Ⅰ. 胚性愈伤的诱导与增殖(胚性愈伤诱导培养基)	MS + 2, 4-D2.0 + BA0.2	固体	黑暗,25℃ ±2℃

（续）

培养阶段	培养基（mg/L）		培养条件及其他
	组成的成分	状态	
Ⅱ．悬浮系的建立与体胚诱导（诱导培养基）	MS+2，4-D2.0+BA0.2	液体	黑暗，25℃±2℃，转速为90~100 r/min 的摇床上培养
Ⅲ．体胚成熟（成熟培养基）	MS+KT0.5+ABA10.0	固体	黑暗，25℃±2℃
Ⅳ．体胚发育与萌发（生长培养基）	MS0	固体	16h（光照）/8h（黑暗），25℃±2℃，40d 左右转瓶
Ⅴ．幼苗生长（生长培养基）	1/2MS	固体	16h（光照）/8h（黑暗），25℃±2℃，40d 左右转瓶

17.1.1　外植体的选择

从理论上讲，植物体的各种器官，如根、茎、叶、花、果、种子、子房中的胚珠，雄蕊中的花丝、花药及花粉都可以产生体细胞胚。但美国佐治亚大学的 Scott Merkle 认为，森林树种的胚性培养只能来源于种子或幼苗，合子胚或种子的发育成熟程度对诱导胚状体的影响是很大的（Merkle，1996）。在许多树种的研究中表明，未成熟种子胚比成熟种子或幼苗具有更高的诱导体胚发生的潜能。大部分针叶树的体细胞胚胎发生遵循相似的发育途径。除了少数例外，胚性愈伤组织来源于成熟或未成熟合子胚（图 17-3），并且合子胚的发育程度起着至关重要的作用，云杉类树种的理想外植体是授粉后 2~4 周的幼胚。在松树当中，子叶前期的幼胚都能产生胚性组织。Krogstrup（1986）和 Attree（1990）等的研究结果表明，分别利用挪威云杉和黑云杉 7d 和 12~30d 幼苗的子叶为外植体，可以得到体细胞胚。Ruaud（1992）利用挪威云杉 1 年生植株的针叶为外植体，也实现了体细胞胚胎发生。因此，体胚发生中外植体筛选是成功的重要前提。

选择合适的外植体是成功建立高频体细胞胚胎发生体系的关键。杂交鹅掌楸体胚发生研究中选用未成熟合子胚，于花期做控制杂交授粉。在南京地区，授粉后约 8 周开始采集聚合翅果，分别取正交、反交或回交后代的未成熟胚进行体胚诱导。

采下的聚合翅果于 4℃ 条件下低温冷藏数天后取出，经表面灭菌后于无菌状态下剥去种皮，取出胚性材料接种于诱导培养基上诱导胚性材料增殖。

图 17-3　未成熟合子胚(左)及胚性愈伤组织启动分裂(右)

17.1.2　胚性愈伤组织的诱导

培养基中外源激素的配比对胚性愈伤组织的诱导及生长有很大的影响，愈伤组织的诱导需要高浓度的生长素，在体胚发生研究中经常使用2，4-D诱导胚性愈伤组织的产生。

2,4-D的浓度对胚性愈伤组织的诱导起着至关重要的作用。1～5mg/L 2,4-D浓度的培养基上都能诱导出胚性愈伤组织，但诱导率存在很大差异。当2,4-D浓度为1.0mg/L时，诱导率低，愈伤组织生长较慢，一个月以后会有褐变现象产生。当2,4-D浓度为5.0mg/L时，诱导率也较低，但愈伤组织增殖过快，到了细胞状态调整阶段以后，由于生长素的后续效应，细胞多为胞质稀薄的薄壁细胞，不利于体细胞胚胎发生。当2,4-D浓度分别为2.0mg/L、3.0mg/L时，胚性愈伤组织诱导频率较高，细胞生长状态容易调整，体细胞胚胎发生相对比较容易。

马褂木的体胚发生通常使用的是未成熟胚诱导形成的愈伤组织，也就是说将还没有成熟的杂交马褂木的幼胚作为外植体，通过在 MS 培养基上适当浓度的外源生长素和细胞分裂素以及添加物水解酪蛋白进行愈伤组织的诱导，正常在诱导25～30d后即可观察到愈伤组织的形成，由未成熟幼胚为外植体诱导产生的愈伤组织细胞多数为胚性细胞，胚性细胞经生长和分裂变成胚性细胞团，胚性细胞继续分裂形成多细胞原胚以及不同发育时期的体细胞胚。

并非所有的愈伤组织都能诱导至体胚发生。研究发现，愈伤组织有胚性与非胚性之分，在进入胚性愈伤进一步诱导之前，需要对愈伤组织发育状态进行判别。通过石蜡切片在显微镜下观察胚性细胞与非胚性细胞，发现非胚性细胞通常较大，形状不规则，细胞核小、位于细胞边缘，细胞质稀薄，细胞壁薄，细胞含水量大，往往会因为制样过程中的脱水作用而变形。组织学观察表明，非胚性细胞为薄壁组织细胞，非胚性愈伤组织团边缘的细胞通过活跃的有丝分裂活动进行快速的细胞分裂和增殖，可以转化为胚性愈伤组织细胞。而胚性细胞的一个显著特征就是核质比较大，胚性细胞体积较非胚性细胞小，细胞圆形，细胞质浓厚，细胞核大、位于细胞中央，细胞内通常积累大量的营养物质，为胚胎发生做好物质准备。见图17-4。

图 17-4　杂交马褂木未成熟胚诱导的胚性培养物(左)和胚性细胞悬浮系(右)

17.1.3　悬浮培养体系建立

悬浮培养是指细胞悬浮于培养基中生长或维持，通过振荡或转动装置使细胞始终处于分散悬浮于培养液内的培养方法。挑选胚性愈伤组织细胞进行悬浮培养，除了不加凝固剂，其他所使用的液体培养基成分与之前诱导胚性愈伤组织的固体培养基相同。悬浮培养的条件为23℃，95r/min，暗培养。1周继代一次。目的是获得细胞均一、状态优良的悬浮细胞。一般说来一个成功的悬浮细胞培养体系必须满足3个基本条件。其一，悬浮培养物分散性良好，细胞团较小，一般在30~50个细胞以下。在实际培养中很少有完全由单细胞组成的植物细胞悬浮系。其二，均一性好，细胞形状和细胞团大小大致相同，悬浮系外观为大小均一的小颗粒，培养基清澈透亮，细胞色泽呈鲜艳的乳白或淡黄色。其三，细胞生长迅速，悬浮细胞的生长量一般2~3d甚至更短时间便可增加1倍。

17.1.4　同步化发育细胞材料的获得

17.1.4.1　细胞同步化培养的控制方法

细胞的同步化发育，是指同一悬浮培养体系的所有细胞都同时通过细胞周期的某一特定时期。迄今，细胞同步化的控制方法主要有以下几种。

（1）分选法

通过细胞体积大小分级，直接将处于相同周期的细胞进行分选，然后将同一状态的细胞继代培养于同一培养体系中，从而可能保持相同培养体系中的细胞具有良好的一致性。这种方法的优点是操作简单，分选细胞维持了自然生长状态。因而不会有其他处理所带来的对细胞活力的不利影响。常规的细胞分选

也有采用密度梯度离心法的方法，分离到发育阶段较为均一的细胞培养物。

（2）饥饿法

饥饿也是调整细胞同步化的方法之一。因为在一个培养体系中，如果细胞生长的基础成分丧失，则导致细胞因饥饿而分裂受阻，从而停留在某一分裂时期。当在培养基中加入所缺乏的成分或者将饥饿细胞转入完整培养基中继代培养时，细胞分类又可重新恢复。

（3）抑制剂法

通过一些 DNA 合成抑制剂处理细胞，使细胞滞留在 DNA 合成前期，当解除抑制后，即可获得处于同一细胞周期的同步化细胞。常用的抑制剂主要有 5-氟脱氧尿苷（5-fluorodeoxyuridine，FdU）和羟基脲（hydroxyurea，HU）。通过抑制剂获得的同步化细胞基本处于同一个细胞周期，在除去抑制剂后不需进行分选直接培养，因此这是一种简单便利的方法。

（4）低温处理

冷处理也可以提高培养体系中细胞同步化的程度。有学者曾采用此途径使胡萝卜悬浮细胞较好的同步化。也有人曾采用在 6℃ 温度条件下培养红豆杉细胞的处理，也获得较明显的同步化效果；笔者在北美黄杉的体胚发育同步化培养中，将铺于培养皿中的北美黄杉胚性愈伤置于 6℃ 温度条件下暗培养 4 周，取得了 95% 以上的同步化效果。

（5）不同的激素配比

在多数植物组织培养中，外源生长素和细胞分裂素是细胞离体培养所必需的激素。两者不同浓度和比例或先后配合的应用不但可诱导细胞分裂和生长，而且能控制细胞分化和形态建成。2,4-D 对体胚发生起着重要的调控作用。而细胞分裂素对体胚的形成有一定的促进作用，许多体胚发生途径的植株再生是在添加细胞分裂素的培养基上诱导的。如澳大利亚扇子花（*Scaevola sericea*），将球形胚置于添加 0.5mg/L BA 培养基上，植株转化率可达 80.3%，而不添加的转化率只有 3.3%。ABA 则可防止裂生多胚现象，促使细胞朝单个胚方向发育成熟。此外，研究表明，我们可以通过调节 ABA 和 ZT 以及 GA 之间的激素配比，从而抑制或促进体胚成熟，达到有效的控制体细胞胚同步发育的目的。

（6）渗透压分选法

渗透剂在林木体胚发生的各个阶段都发挥着重要作用。总的说来，渗透剂都是高度水合性的多羟基分子，包括单糖、多糖、己糖醇和环多醇。因为不同发育阶段的胚状体具有不同的渗透压，所以利用渗透剂调节培养基的渗透压，就可以较好地使体细胞胚发生同步化。肌醇作为一种有效的渗透剂，在后期原胚的形成中有重要作用。有实验证明，幼胚在发育过程中，渗透压有明显的变化。如向日葵球形胚的渗透压为 17.5%，心形胚为 12.5%，鱼雷胚为 8.5%，而成熟胚仅为 0.5%，因此根据渗透压可选择到较为一致的体细胞胚。

17.1.4.2　体胚发生同步调控流程

在杂交鹅掌楸研究中根据体胚的不同起始状态、发育所处的不同阶段采取了多种调控手段和培养方法相结合的办法——诸如固液相培养基结合交替使用于培养，物理分级和生理生化调控结合的方法，对杂交马褂木体胚发生体系实行了全程调控。

初始材料为悬浮培养条件下的胚性细胞，用添加 2mg/L 2,4-D 和 0.2mg/L 6-BA 并附加 500mg/L LH 的 MS 培养基作为胚性细胞诱导培养基。通过对悬浮培养细胞生活力和增长体积的测定，确定同步化处理的最佳时间为继代后 7～9d。通过调节 2,4-D 的浓度并配合 KT 的使用，达到体胚发育同步化的初级控制（成熟胚的初级同步率可达 60%左右）；接着将经过激素调控的胚性细胞进行过筛分级处理，根据细胞团大小，采取不同的后续同步化控制。其方法如下：

① 取介于 38～150μm 大小的细胞团，继续采用 18% Ficoll 密度梯度离心或多次网筛过滤后直接离心培养液的方法，去掉管状空细胞和松散的细胞团，取密实的细胞团，调整细胞团密度至 500～600 cell clusters/mL，并将调整后的细胞团转移至覆有滤纸的固体培养基上培养，添加 10～20mg/L ABA，促进体胚的成熟和抑制异常胚的产生。同时，经过筛和离心后的细胞团也可以在液体成熟培养基中继续培养 2 周左右，再进行二次过筛，取 150～280μm 的胚性细胞团转固体培养。

②介于 150～400μm 的细胞团多为胚状体或连体多胚，其中 150～280μm 的细胞团一般为较早期的球状原胚，可直接转移至覆有滤纸的固体培养基上，并加 10mg/L ABA，同时使用 60～90mg/L 蔗糖，提高培养基渗透压，从而加速体胚的成熟。介于 280～400μm 的细胞团多为较大的胚状体或连体多胚，该层细胞可如上直接转至固体培养，也可以在液体环境下使用低浓度的 2,4-D，诱导产生更多次生胚，然后转固体培养。

③大于 400μm 的细胞团体胚发生方式多由愈伤团产生，在悬浮系中所占比重较大，可以转固体，如②所述方法调节体胚后期同步化发育，也可以转回诱导培养基继续增殖，实现循环培养。

④由①描述的技术体系，从杂种马褂木的胚性细胞团转移至固体培养到形成再生植株仅需 7～8 周，中途不用更换培养基，成苗后用 3/4 MS 培养基进行壮苗；而②、③描述的状态条件下，各阶段完成发育所需时间较长，约为 11～13 周，其间需更换新鲜培养基，且后期需采用渗透压调节的方法，逐步降渗，同时降低 ABA 含量至 5mg/L 左右，促进体胚的正常萌发。

⑤以上筛选分级的细胞团在转固体培养后，均可进入4℃左右冷藏培养处理，以进一步提高体胚发育的同步性。冷藏处理时期最好在球形胚形成前后，处理时间不宜过长，即不能超过2周。需要注意的是，冷藏时间超过2周培养物易形成膨大的畸形胚；由②、③描述的2种培养条件还可以在高密度的条件下进行营养饥饿处理，室温培养条件下，延长继代培养周期至70~80d，然后降低细胞密度，更换新鲜培养基培养。

⑥经上述同步化控制后，杂交马褂木体胚发育的过程中，控制在球形胚发育同步率可达90%左右；进入心形及鱼雷形胚的同步化率急剧下降，在室温条件下约为40%，经冷藏又会使同步化比率上升至60%；成熟胚的发育同步率和再生植株转化率可达70%~80%。

杂交马褂木体胚发生同步调控流程如图17-5所示。

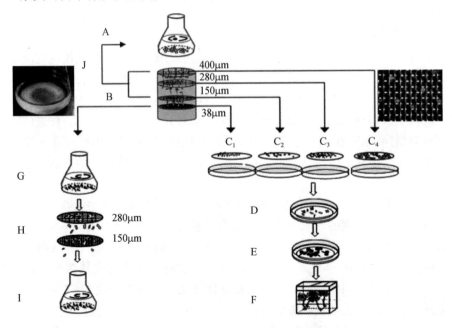

图17-5　杂交马褂木体胚发生同步化调控流程图

A. 液体增殖培养基培养的胚性悬浮细胞系　B. 将悬浮培养物经孔径为400μm、280μm、150μm、38μm各层网筛，收集各层细胞　C. 将各层培养物铺于直径7cm的滤纸上，然后置于半固体成熟培养基上培养。C_1. 细胞团颗粒介于38~150μm，C_2. 介于150~280μm，C_3. 介于280~400μm，C_4. 细胞团颗粒直径大于400μm　D. 不同层次经2~5周后获得同步的成熟胚　E. 将成熟胚转移至不覆滤纸的生长培养基上促进萌发生长　F. 将萌发的小植株转至植株生长培养基上，并换大容器培养，统计再生植株转化率　G. 收集38~150μm的胚性细胞于液体诱导培养基中培养10~15d　H. 再次过筛，收集150~280μm的球形胚状体　I. 将收集到的球形胚状体转入液体成熟培养基中培养，2周后得到同步的成熟胚　J. 将大于150μm的各层重新置于液体增殖培养基中完成循环培养

17.1.5　体细胞胚的成熟及萌发

　　所获得的单细胞悬浮培养物接种于 MS 培养基上，并添加了适当浓度的 ABA 及活性炭(Ac)以及水解乳蛋白(LH)的固体培养基上进行体细胞胚胎的诱导。体胚诱导条件是23℃，暗培养，一般 20d 即可观察到早期球型胚，35d 左右即可观察到成熟子叶胚甚至会有再生植株出现(图 17-6)。

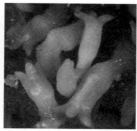

图 17-6　体细胞胚的发育及成熟

17.2　杂交马褂木的体细胞发生影响因素

　　植物体胚发生技术被认为是 21 世纪最具发展潜力的生物技术之一，但是大多数体胚发生系统都存在发生频率低、同步化程度不高以及产生一些畸形胚等问题，这在很大程度上限制了体胚发生和人工种子技术在生产上的应用。

17.2.1　愈伤组织的状态

　　愈伤组织的质量对于悬浮系的建立以及后期体胚的诱导至关重要，一般要求愈伤组织松散性好、增殖快、再生能力强，其外观一定是色泽呈鲜艳的乳白色或淡黄色，呈细小颗粒状，疏松易散。

17.2.2　悬浮培养的细胞浓度及培养条件

　　悬浮培养中接种初期的细胞密度过低往往会使延迟期加长，悬浮细胞的起始密度一般在 $0.5 \times 10^5 \sim 2.5 \times 10^5$ 个细胞/mL，低于这一密度则使细胞生长延迟(图 17-7)。细胞悬浮培养的继代周期对细胞生长影响也很大。为了保持悬浮细胞一直处于一个相对稳定的良好状态下，一般每隔 1~2 周甚至更短的时间就要继代 1 次。如果继代周期过长则会使细胞老化，最终死亡。摇床振荡频率的大小对细胞生活力和生长均有影响，转速过高会造成细胞的破裂，过低则培养的材料与养分接触不充分，导致生长状态不好，甚至死亡。

培养条件的选择,特别是光照培养条件的选择,对杂交马褂木的体胚发生也十分重要,胚性愈伤诱导阶段在黑暗条件下进行,一旦诱导出胚性愈伤组织,立即转移至光照条件下培养能够有效抑制胚性愈伤的生长速度;培养条件对杂交马褂木体细胞胚的增殖影响极为显著,光照条件下培养是体细胞胚增殖的一个重要条件,光照条件下形成的体细胞胚不仅数量多,而且发育正常;而在黑暗条件下,几乎不能形成新的体细胞胚,而且已经形成的体细胞胚也不能正常发育,多形成黄化苗、畸形苗。

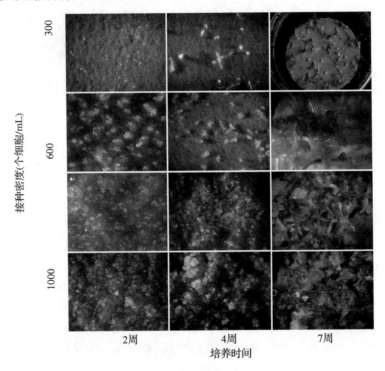

图 17-7　接种密度对体细胞胚发育的影响

17.2.3　培养基的选择及成分

杂交鹅掌楸属于双子叶植物,一般选用 MS 作为基本培养基。培养基中的碳源成分、激素种类和浓度、其他附加成分均对悬浮细胞的生长有着重要的作用。如作为碳源使用的糖类,可以使用多种糖,但糖的种类不同对细胞数量、干重等均有明显的影响,只有葡萄糖的影响最好,细胞数量最多,干重最大,细胞团最小。而细胞的培养条件适当与否对细胞培养影响也很大。在实际试验中,要根据细胞具体状态对培养基的组分进行调节。

选择适合各个不同发育阶段的基本培养基，不断调整 MS 培养基当中大量元素的含量，从而满足不同发育时期对于氮源的需求。除了在愈伤组织诱导阶段采用 1/2 MS 培养基外，其他阶段均采用 MS 培养基，以满足体胚发生过程当中细胞对于营养的大量需求，另外 MS 培养基中高浓度的无机盐含量，也间接起着调节培养基渗透压的作用。

在试验中使用 2mg/L 2,4-D，此时外植体脱分化形成愈伤组织，进而诱导形成胚性细胞；第二阶段体细胞胚胎的形成和发育，必须及时降低 2,4-D 的浓度或完全除去。NAA(6mg/L) 也能诱导杂交鹅掌楸的愈伤组织产生，但是不能够实现体细胞胚胎发生。

胚性愈伤组织状态调整及固体培养条件下体细胞胚的诱导中，可以使用一定浓度的细胞分裂素。细胞分裂素 ZT 能够中和愈伤组织诱导阶段高浓度生长素的后续效应，诱导体细胞胚胎发生，要注意 ZT 的使用时间及用量，当愈伤组织调整到比较致密阶段以后，要及时转入含 ZT 的培养基当中，但是高浓度的 ZT 会抑制体细胞胚胎发生，并且会导致细胞积累大量的叶绿素从而使得细胞老化死亡。

脱落酸 ABA 在体胚诱导及发育中起着重要作用。同步化调控后获得的单细胞，在合适浓度的 ABA 作用下，可以形成体细胞胚。在体胚发育过程中，使用生理浓度的 ABA，胚发育不正常的情况(子叶合生、早熟发芽等)会受到抑制。

另外，赤霉素 GA 能够有效促进再生植株茎的伸长生长。在试验当中加入适量的活性炭，不仅有效促进幼苗的生长，更有效促进须根的形成。

17.2.4　细胞的同步化程度

由于植物细胞在悬浮培养中的游离性较差，细胞容易团聚并进入不同程度的分化状态，因此，要达到完全同步化对于植物细胞培养来讲是十分困难的。这种差异使悬浮细胞的分裂、代谢以及生理生化状态等更趋复杂化。所以人们一直希望通过一定的技术途径，使同一培养体系中的细胞能保持相对一致的细胞学和生理学状态。需要指出的是，无论何种细胞同步化处理，对细胞本身或多或少都有一定的伤害。如果处理的细胞没有足够的生活力，不仅不能获得理想的同步化效果，还可能造成细胞的大量死亡。因此，在进行细胞同步化处理之前，细胞必须进行充分的活化培养。用于试验的细胞系最好处于对数生长期，以保证试验的准确性和有效性。

李婷婷(2008)在已经建立的杂交马褂木胚性细胞悬浮系基础上，利用生长激素调节机理，逐步降低 2,4-D 浓度，附加 0.5mg/L KT 诱导出较为均一的胚性细胞团，然后采用机械过筛的方法将胚性细胞团分级培养，并根据细胞团大

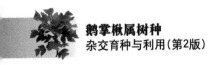

小和体胚发生方式的不同，选用不同的后续同步化控制方法。包括使用 Ficoll 密度梯度离心筛选胚性细胞；采用二次培养、二次过筛的方法提高体胚发生频率和同步化程度；固体培养基覆滤纸支撑培养提高体胚发生率；调整密度控制球形胚向鱼雷形胚转化；蔗糖调节渗透压分选及高浓度 ABA 调控体胚成熟等一整套技术体系。此外，对冷藏和营养饥饿方法对同步化控制的作用也进行了探索。经上述同步化调控后，在球形胚阶段的经分级筛选的杂交鹅掌楸体胚发育同步率达 90% 左右；而在心形及鱼雷形胚阶段的分级处理同步化率在室温条件下为 40% 左右，经过适当时间的冷藏会使同步化的比率有所提高；由球形胚阶段的材料发育而来的成熟体胚向再生植株转化率可达 70%~80%。

17.2.5　体胚发生频率的提高

首先通过固体液体交替培养方式，提高了体胚发生频率。培养初期阶段采用固体培养基诱导胚性愈伤组织，然后至液体培养基进行胚性愈伤组织的大量扩增，扩增后的材料再次置于固体培养基上，通过固体—液体的交替培养，各种培养条件的改变能够诱导杂交马褂木实现高频体胚发生(龙伟，2003)。研究发现新型植物激素、植物磺肽素(PSK)在杂交马褂木体胚发生中能够起促进作用，利用实验室已建立的杂交马褂木体胚发生体系，在体胚发育各个阶段进行了全程调控，建立了杂交马褂木 PSK 调控体胚发生体系，实现了体胚高频发生(徐春光，2010)。

实现杂交马褂木体细胞胚胎发生体系的立体空间改造，大幅度提高体细胞胚胎发生的效率。陈志(2007)通过对影响悬浮培养的一些物理因素如摇床转速、细胞起始密度等的研究，建立了良好的杂交马褂木胚性细胞悬浮系。研究表明，当摇床转速为 100r/min，细胞起始密度为 $1 \times 10^3 \sim 3 \times 10^3$ 个/mL 时，可建立一个均匀性、分散性较好和细胞增殖较快的杂交马褂木胚性细胞悬浮系。悬浮细胞系的继代周期以 2~4 周为宜。培养效果最好的悬浮物是直径介于 150~280μm 的细胞团，其干重占总悬浮物干重的 65%。

17.2.6　胚性材料的长期保存

在林木体细胞胚胎发生和植株再生体系中，培养材料中的胚性细胞是否能较长时间保持旺盛的分裂和植株再生能力也是林木体胚产业化的重要瓶颈。目前解决的重要技术途径是超低温的冷冻处理和储藏，以及高效恢复培养技术体系。通过比较不同方法发现，将胚性材料通过预培养进行预处理，然后通过玻璃化冻存法和程序性降温仪冷冻保存方法进行冷冻处理，投入液氮进行保存，对保存后的材料进行解冻并恢复培养，从而建立一整套胚性材料长期保持高频增殖能力的保存方法。

龙伟(2009)将胚性材料通过 0.2~0.5mol/L 山梨醇预培养进行预处理，将培养材料放于 0℃冰浴条件下，通过试验发现在低渗条件下即 50% PVS2 保护剂存在的情况下过渡脱水 10min，然后转到 100% PVS 高渗条件下脱水 30min，然后投入液氮保存，能够较好保存胚性愈伤组织的胚胎发生能力。在复苏过程中，将装有试验材料的冷冻盒从液氮中取出，迅速将冷冻管置于不同温度梯度水浴中，快速化冻 2min。吸去冷冻保护剂，向冷冻管加入 1mL 的清洗培养基(即预培养基, 0.6mol/L 山梨醇的愈伤增殖培养基)，停留 2min，结果发现复苏温度在 37℃时，复苏细胞的活力达到最高点(图 17-8)。因此，可以把该温度确定为杂种马褂木胚性培养材料冷冻复苏后进行解冻的最适温度。这样通过超低温冷冻和复苏技术，建立了一整套胚性材料长期保持高频增殖能力的保存方法。解决了在适宜育苗的季节里使得低温保存的体胚，以较高的能力复苏萌发出苗等技术问题。

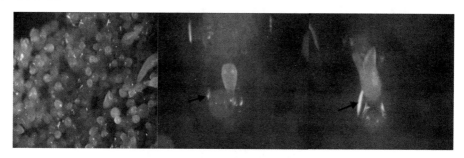

图 17-8　恢复培养后胚性细胞的体胚发生

17.2.7　杂交马褂木营养器官的体细胞胚胎发生

龙伟、崔燕华等初步建立了利用营养器官为外植体的杂交马褂木体胚发生体系，包括 2 年生冬枝、1 年生幼嫩枝条及叶片、叶柄等。以植物细胞全能性作为理论依据，根据已有的杂交马褂木未成熟胚体细胞胚胎发生体系为指导，进行了营养器官体细胞胚胎发生的研究。分析并了解了营养器官基因型、培养基激素配比、培养条件，渗透压等对体细胞胚胎发生的影响，确定了各个培养阶段的培养基成分和培养条件，初步实现了杂交马褂木营养器官的体胚发生(崔艳华，2010，硕士论文)，研究成果申请并获得专利一项(200710131251.3)。以 3/4 MS 为基本培养基，添加 2.0mg/L 浓度的 2, 4-D, 0.3mg/L 的 6-BA 诱导愈伤组织较好，分别以 KT 浓度 0.5mg/L、IAA 浓度 0.2mg/L、6-BA 浓度 0.5mg/L、ZT 浓度 4.0mg/L 和 IAA 浓度 1.0mg/L，可诱导较致密的胚性愈伤。在诱导体胚发生过程中，ABA 可以给体胚的生长制造一种胁迫环境，从而抑制畸形胚的产生。

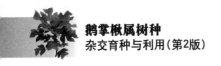
17.3　杂交马褂木体胚苗培育

陈金慧（2006）以建立的杂交马褂木体细胞胚胎发生体系为研究材料，进行长期继代培养的胚性细胞系的增殖能力及再生植株遗传稳定性研究。结果表明：建立的体细胞胚胎再生体系经过 3 年甚至 6 年的继代培养，能够保持旺盛的体胚发生能力；染色体计数发现多数细胞系的再生植株遗传稳定性较好，为二倍体再生植株，仅在一个细胞无性系中发现所有再生植株均为四倍体（图 17-9）。

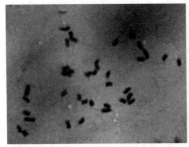
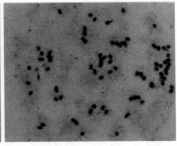

图 17-9　体胚发生植株染色体检测$[2n=38(A)，4n=76(B，C，D)]$

张运根（2010）将杂交马褂木体胚发生再生植株引种到福建将乐国有林场，并对体细胞胚胎发生杂种马褂木引种试验林进行了调查分析。结果表明，试验林总体生长良好，生长迅速，在排除造林初期根系恢复及生态适应过程的影响的情况下，年均抽高可达 0.95m。体细胞胚胎发生杂种马褂木适应性强，但对水分反应敏感，生长期内降水不足将明显影响其生长。体细胞胚胎发生杂种马褂木在福建可顺利越冬，生长不会受到冻害影响，但应选择降水充足、排水良好的林地造林（图 17-10）。

1　　　　　　　　　　　　2

图 17-10　杂交马褂木体胚再生植株苗圃定植
1. 体胚苗移栽在苗圃培育　2. 体胚苗造林（4 年生林相）

方禄明(2009)在福建省将乐国有林场，通过连续 3 年对引自南京林业大学培育的体细胞胚胎发生杂交马褂木密度试验幼林进行观测研究，结果表明体细胞胚胎发生杂交马褂木适生性强，3 年生林分保存率达到 99% 以上。林分生长良好，3 年生时平均树高、胸径分别为 2.26m 和 2.3cm，具有良好的推广应用前景。不同造林密度对体细胞胚胎发生杂交马褂木幼林生长总体而言有着显著影响，这种影响在林分生后开始得以体现生时影响达到极显著水平。

以上研究结果表明杂交马褂木体胚发生再生植株能够保持杂交马褂木的杂种优势，适合大规模推广种植。

林木体细胞胚胎发生技术由于其效率高、速度快、具有两极性，在培养过程中不需要另外诱导生根等特点，成为木本植物优良材料快速无性繁殖的重要手段。在杂交马褂木的研究中，以长期遗传改良累积的遗传增益为基础，依据植物细胞的全能性、胚性干细胞基因型与培养微环境(培养基)互作原理，通过对胚性细胞培养微环境(培养基和培养微域环境)的严格调控，成功获得了多个不同优良杂交组合(或优良无性系)的体细胞胚及其再生植株，建立了体细胞发生技术平台；再用固相和液相交替培养以及生物反应器技术，提高体胚发生的频率、同步化率以及规模生产效率。能够以较合理的成本和较小的资源占用，迅速实现优质种苗的产业化。从而为突破优质速生丰产人工林发展中优良种苗供应瓶颈，在短期内提供大量的优质林木种苗，为我国实现森林资源总量和质量的双增长，提供了现代生物技术的强有力支撑。

参 考 文 献

陈金慧，施季森. 鹅掌楸组织培养中的生根及组培苗移栽管理研究[J]. 林业科技开发，2002，16(5)：21 - 22.

陈金慧，施季森，甘习华，等. 杂交鹅掌楸体细胞胚胎发生的扫描电镜观察[J]. 南京林业大学学报，2005，29(1)：75 - 79.

陈金慧，施季森，甘习华，等. 杂交鹅掌楸体细胞胚胎发生中的 ATP 酶活性定位[J]. 西北植物学报，2006，26(1)：69 - 73.

陈金慧，施季森，赵治芬，等. 杂交鹅掌楸体胚系统的遗传稳定性研究[J]. 南京林业大学学报，2006，30(6)：99 - 101.

陈金慧，施季森，诸葛强，等. 杂交鹅掌楸体细胞胚胎发生研究[J]. 林业科学，2003，39(4)：49 - 54.

陈金慧，施季森，诸葛强. 杂交鹅掌楸的不定芽诱导及植株再生[J]. 植物生理学通讯，2002，38(5)：459.

陈金慧，张艳娟，李婷婷，等. 杂交鹅掌楸体胚发生过程的起源及发育过程[J]. 南京林业大学学报：自然科学版，2012，36(1)：16 - 20.

陈琴. 杂交鹅掌楸体胚发生过程元素分析及蛋白组研究[D]. 南京:南京林业大学,2010.

陈志,陈金慧,边黎明,等. 杂交鹅掌楸胚性细胞悬浮系的建立[J]. 分子植物育种,2007,5(1):137-140.

陈志. 杂种马褂木遗传转化体系的建立[D]. 南京:南京林业大学,2007.

崔凯荣,戴若兰. 植物体细胞胚发生的分子生物学[M]. 北京:科学出版社,2000.

崔燕华. 杂交鹅掌楸营养器官体细胞胚胎发生研究[D]. 南京:南京林业大学,2010.

杜克久,郑均宝,徐振华. 741杨器官、体细胞胚胎发生的细胞组织学及生理学的研究[J]. 林业科学,1998,34(6):99-104.

郭勇,崔堂兵,谢秀祯. 植物细胞培养技术与应用[M]. 北京:化学工业出版社,2004.

郭钟琛. 植物体细胞胚胎发生和人工种子[M]. 北京:科学出版社,1990,1-9.

胡适宜. 被子植物生殖生物学[M]. 北京:高等教育出版社,2005,12.

李婷婷,施季森,陈金慧,等. 悬浮培养条件下体细胞胚发育的同步化调控[J]. 分子植物育种,2007,5(3):436-442.

李婷婷. 杂种马褂木体胚发生悬浮系建立及同步化发育的调控研究[D]. 南京:南京林业大学,2008.

廖宇赓. 台湾云杉(*Picea morrisonicola* Hay.)体胚发生与植株再生[J]. 中华林学(季刊),1999,32(2):161-170.

龙伟. 杂交鹅掌楸胚性悬浮细胞超低温冷冻保存研究[D]. 南京:南京林业大学,2009.

潘瑞炽. 植物生理学[M]. 北京:高等教育出版社,2004,6:167-204.

沈慧娟. 木本植物组织培养技术[M]. 北京:中国农业科学出版社,1992.

孙敬三,朱至清. 植物细胞工程试验技术[M]. 北京:化学工业出版社,2006.

汪小雄,卢龙斗,郝怀庆,等. 松杉类植物体细胞胚发育机理的研究进展[J]. 西北植物学报,2006,(9):1965-1972.

吴淳. 杂种马褂木体胚发生改良及分子生物学技术平台初步建立[D]. 南京:南京林业大学,2008.

徐春光. 植物磺肽素(PSK)对杂交鹅掌楸细胞培养的影响研究[D]. 南京:南京林业大学,2010.

张自立,俞新大. 植物细胞和体细胞遗传学技术与原理[M]. 北京:高等教育出版社,1990.

赵艳. 杂交鹅掌楸悬浮培养体细胞的微丝骨架变化[D]. 南京:南京林业大学,2010.

朱至清. 植物细胞工程[M]. 北京:化学工业出版社,2003.

FUJIRMURA T, KORMAMINE A. The serial observation of embryogenesis in a carrot cell suspension culture[J]. New Phytologist, 1980,(86):213-218.

HADFI K, SPETH V, NEUHAU G. Auxin-induced developmental patterns in *Brassica juncea* embryos[J]. Development, 1998,(125):879-88.

KROGSTRUP P. Embryo-like structures from cotyledons and ripe embryos of Norway spruce(*Picea abies*)[J]. Canadian Journal of Forest Research, 1986,(16):664-668.

MICHLER C H, BAUER E O. High frequency somatic embryogenesis from leaf tissue of *Populus* spp. [J]. Plant Sci. (Limerick), 1991, 77 (1): 111 – 118.

Mo L, EGERTSDOTTER U, von Arnold S. Secretion of specific extracellular proteins by somatic embryos of *Picea abies* is dependent on embryo morphology [J]. Annals of Botany, 1996, (77): 143 – 152.

MORDHORST A P, TOONEN M A, DEVRIES S C. Plant embryogenesis [J]. Critical Review in Plant Sciences, 1997, (16): 535 – 576.

REINERT J. Uber die Kontrolle der Morphogenese und die Induktion von Adventive – embryonen an Gewebekulturen aus Karotten [J]. Plant, 1959, 53: 318 – 333.

RINKENBERGER J L, KORSMEYER S J. Errors of homeostasis and deregulated apoptosis [J]. Current Opinions in Genetics and Development, 1997, (7): 589 – 596.

STEWARD FC, *et al.* Growth and Organized development of cultured cells [J]. II Organization in cultures grown from freely suspended cells. American J. of Botany, 1958, 45: 705 – 708.

STREHLOW D, Gilbert W. A fate map for the first cleavage of zebrafish [J]. Nature, 1993, (361): 451 – 453.

ZIMMERMAN J L. Somatic embryogenesis: a model for early development in high plants [J]. The Plant Cell, 1993, (5): 1411 – 1423.

第18章
杂交马褂木的城镇园林绿化应用

18.1 园林树木的选择要求

　　山水、建筑和植物是园林建设中的"三要素"。植物包括乔、灌树木和花、草。而树木在园林建设中有着重要的特殊地位和作用，它不仅是大自然生态环境的主体，也是风景资源的重要内容。园林树种用于园林创作，以造成一个充满生机的幽美的绿化自然环境，繁花似锦的植物景观，为人们提供自然审美的园地。因此，园林建设能否取得成功，选择适用于风景名胜区、休闲疗养胜地、城乡园林绿地的树种是极其关键的。

　　园林树种的选择应满足目的性、适应性、经济性三条基本原则。所谓目的性原则就是选择的树种应具备充分满足栽培目的性状要求，在树形、叶色、枝干和花果的形状、色泽等方面具有良好的观赏性，在园林建设中能发挥生态价值、环境保护价值、保健休养价值、游览价值、文化娱乐价值、美学价值、社会公益价值、经济价值等。所谓适应性原则就是选择的树种应具备适应栽植地区的气候、土壤生态环境条件，树种的优良生物学性状能得到充分表现和优良的特性能得到充分发挥。所谓经济性原则就是选择的树种需考虑尽可能减少眼前栽种施工与日后长期养护成本，重视选择具有食用、药用、材用价值高的树种。综上所述，园林树木在园林建设中不仅在保护环境、改善环境、美化环境方面发挥重要作用，而且有的树种在副产品经济收入方面也有很好的效益。

　　园林绿化树种的选择在城市建设中不仅需重视它的景观意义、生态意义、经济意义，而且还需注意它的人性意义。行道树要求发芽早、落叶晚、落叶集中，且分枝点高，尽量减少飞絮撒毛等污染环境的飘飞物，就是体现了对人的关怀。在儿童游戏场所需要选用树形、色调活泼、无毒无刺的，以防止对儿童造成身体的伤害。在园林绿化树种选择中，园林化的安全、环保、保健功能有必要得到充分考虑。

18.2　杂交马褂木特性及其园林应用

杂交马褂木为落叶乔木，树体高大雄伟，圆满挺拔，生长较为迅速，是优良的园林绿化树种之一。作为园林绿化树种主要有以下优点：

（1）观赏性好，适应性强

杂交马褂木树体高大挺拔，叶形奇特，状如"马褂"；花如金盏，杯状钟形，橘红色或橙黄色，好似郁金香。开花时，花叶镶间，十分美丽，到了秋天，叶色变黄，秋意浓浓，也非常好看。所以杂交马褂木是观赏价值较高的庭园栽培、公园造景、街道或公路绿化的好树种。

杂交马褂木具有相当的耐寒、耐热能力。20 世纪 80 年代引种到北京、西安的杂交马褂木，现已长成开花结果的大树。虽然幼龄期稍有冻害，若采取保护措施，能安全越冬。在南京，夏天炎热高温，马褂木到了 7 月下旬或 8 月初就开始落叶，但杂交马褂木却绿叶葱葱，表现出勃勃的生机和旺盛的长势。

（2）病虫害少，抗性强

杂交马褂木病虫害少。只发现有极个别植株有褐斑病或鹅掌楸叶蜂等虫害，至今尚未发现成灾情况。

杂交马褂木叶片大，落叶层厚，叶片腐烂分解快，落叶归还量高，钾、镁的归还量为吸收量的 30% 以上，粗灰分、氮、磷、钙的归还量达 40% 以上。有良好改良土壤作用，若用作行道树不像悬铃木有污染环境的凋落物，是一种生态型树种。

（3）生长快，用途广

与亲本种相比，杂交马褂木具有明显的生长优势。生长量明显大于亲本种，一般达 30%～50% 以上，优良家系或优良无性系大一倍以上（见第 9 章）。在南京，一般栽培条件下，杂交种 1 年生播种苗或扦插苗苗高约 50cm，嫁接苗可达 60～80cm；2 年生苗高可达 2m 以上；3 年生苗高可达 4.0m 左右。1965 年杂交育成的马褂木，栽种在浙江富阳中国林业科学研究院亚热带林业研究所办公大楼门前，其中 1 株，现在树高约 30m，胸径近 1m。

杂交马褂木上述特点，适合广泛应用于园林绿化。例如：

（1）居民小区或公园的绿化树

居民小区房前屋后的绿化，或公园环境造景、绿地成丛栽种。特别是长江

以北地区的绿化，虽需要一些耐寒的常绿松柏、女贞、冬青搭配，但更需要能耐寒的落叶阔叶树，在冬季能使人们获得更多的阳光。杂交马褂木是非常适合的。

（2）新区景观大道立体绿化的乔木层树种

近几年来，各地新建工业园区都设计有景观大道，其绿化多采用立体多层次树种配置。选用杂交马褂木作绿化带中的乔木层配置也是非常适合的。

（3）城市街道的行道树

杂交马褂木树体大，遮阴面积大，病虫害极少，凋落物对行人无污染；而且叶形奇特，花色艳丽，观赏价值高，也是城市街道的优良绿化树种。

（4）机关和学校大院绿化树

如上所述，杂交马褂木生长迅速、树体高大，特别是具有病虫害少、观赏性高、无落毛飞絮污染环境等优点，是非常适合人群来往频繁的机关、学校单位栽种的绿化优良树种。

18.3 杂交马褂木园林应用技术要点

发挥杂交马褂木在园林绿化中的作用，在园林规划设计中能用得上、在施工中能栽种成活，必须做好以下几点。

18.3.1 按适地适树要求，选择栽植地段

园林绿化植树地段，大体包括公园绿地、四旁隙地、院宅空地、街道两旁、公路绿化带等地段。因此，栽植地段的立地条件比较复杂。根据杂交马褂木特性要求，在杂交马褂木用于园林绿化栽植的地段布局上必须注意下面几点：

①避开排水不良、易积水的地段栽种杂交马褂木；

②避免地下水位较高的地段（要求地下水位在80cm以下）栽种杂交马褂木；

③避免在土层浅薄、石砾多的地段栽种杂交马褂木。

④如果需要在地势较低或地下水位较高的地段栽种，应开挖排水沟，栽植行壅土垒高成垄，树木栽植在垄上。

18.3.2 按园林绿化需求，制订苗木规格

用于园林绿化的苗木与山地丘陵造林用苗相比苗木规格较大。因为园林绿化的环境比较多样复杂，一般人员活动频繁。采用较大规格苗木栽植，便于保护管理；栽植后能较快地长成大树，发挥绿化观赏效果。

杂交马褂木用于园林绿化的工程苗木规格可分4种。

①小规格苗木：苗木地径 3~5cm，苗高约 2.5~4.5m。

②一般规格苗木：苗木米径 5~8cm，苗高约 3.5~6.5m。

③较大规格苗木：苗木米径 8~12cm，苗高约 4.5~10m。

④特大规格苗木：苗木米径大于 12cm。

一般规格苗木，培育时间约需 3~5 年。这种规格的苗木起苗较为容易，根系损坏较少，根系与树冠容易保护完整。苗木成本、装车运输成本较低。定植后树木长势容易恢复，栽植成活率和绿化效果较好。小规格苗木，培育时间约需 2~4 年。这种小规格苗木可培育成容器苗，栽植不受季节限制。以上两种规格工程苗栽植成活率高，苗木费用及运输费用较低。栽植成活后长势好，树冠发育完整，绿化效果较好。

近几年来，杂交马褂木的较大规格和特大规格工程苗木在园林绿化中使用较多，但有的应用效果欠佳，栽植成活率、保存率较低。其原因主要是这种特大规格大苗起苗困难，一般人工起苗根系损坏严重。加上长途运输，从起苗到定植管护各环节上的保护措施与工序衔接也难以做到非常到位。因而严重影响栽植成活率和保存率。而目前对特大苗多采用断臂去头处理，栽植成活后树木长势与树形恢复缓慢，效果往往不佳。

杂交马褂木的较大规格和特大规格工程苗木培育时间至少 5 年，一般都需 5 年以上。若要培育这种特大规格苗木，必须及时调控株行距，维持植株间足够生长发育空间，让树冠有充足的空间生长发育。而且，在大苗起苗移栽前 1~3 年期间，需进行适当的树体整形修剪和切根等调控处理，以符合园林观赏的要求和有利于移植成活的要求。有条件的大型苗圃，提倡有计划地采用相应培育技术措施，培育一定量的特大规格的符合绿化需求的大苗，以满足市场需要，提高整体绿化效果。

18.3.3 栽种季节选择

最适宜的栽种季节是早春和晚秋。即在树木落叶后开始进入休眠期至土壤开始冻结前，或是在开春后当树木萌芽发叶前这两个时段。因为这两个时段树木虽有一定生命活动，但生命活动缓慢，对水分和养分的需要量与消耗量都不大。而外界气温较低，蒸发量少，又不是最寒冷的冰冻期。若能抓住这两个时期栽种，成活率都比较高。在长江以北地区，当寒流来临时或大寒冰冻期禁止起苗、运苗和栽植。

18.3.4 栽植前的准备工作

园林绿化工程一般是某项基建工程中的一部分。因此，在园林绿化工作开

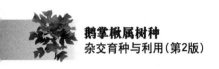

始之前，必须了解某项基建工程基本情况与基本要求，并深入现场，进行现场勘查，掌握基本情况，制订绿化施工方案。

同时，需进行一系列的现场准备工作，其中包括现场障碍物清理，地形地势整理，地面土壤整理，水、电和道路修通等。上述这些工作都必须在植树栽种前做好。

18.3.5　栽种工序与做法

18.3.5.1　定点、放线

定点、放线分为行道树栽种与成片绿地林栽种两种情况。

行道树行位严格按横断路设计的位置放线，每约10株打下一个行位桩，并以行位桩为准用皮尺或测绳按设计规定确定栽树株位，用白灰标明。在这里还应注意下面几种情况坚持五不栽：在道路急转弯的内侧应留出50m空档不栽树；交叉路口各边30m内不栽树；公路与铁路交叉口50m内不栽树；高压输电线两侧15m内不栽树；公路桥头两侧8m内不栽树。此外，遇有出入口、交通标志牌、涵洞、车站电线杆、消防栓、下水口等都应留出适当距离，并注意左右对称。

成片绿地栽树的定点、放线有2种：栽单株或多株成片。定点、放线可用平板仪定点、网格法定点、交会法定点。这里要注意整体设计安排中的搭配问题。

18.3.5.2　挖穴(刨坑)

挖穴大小有一定规格要求，例如：

苗木胸径(cm)	穴(坑)大小(直径cm×深度cm)
3.0~5.0	70×50
5.1~7.0	80×60
7.1~10.0	100×70

挖穴时，以定植点为圆心，在地面划一圆圈，从四周向下垂直挖到底，切忌挖成锅底形。挖穴土壤表层土与底层土要分开堆放，栽树时把表层土放填在根部。挖穴施工时，特别要注意不能损坏电缆、管道等。

18.3.5.3　起苗

大规格苗木需带土球起运。根球用草绳包捆。包捆有一定的方法，根球直径小于40cm者，用"单股单轴"法捆扎；根球较大者用"单股双轴"或"双股双轴"法捆绑。根球的大小一般为树木胸径的9~12倍。总之，要尽量减少树苗根系的损伤，保护苗木根系的完整健康，以确保栽植成活。

18.3.5.4　运苗

为了确保苗木栽种成活，尽量做到"随起随运随栽"。运苗时首先要检查苗木规格要求是否符合、起苗质量是否得到保证。装运大规格带土球苗木，装放时土球朝前，树梢向后。必要时还需用木架将树冠固定住。卸车时苗木下车要轻放，防止弄碎根球。运输时需用棚布保护好苗木。

18.3.5.5　栽植

栽植带土球苗木，必须先量好穴的深度与土球高度是否一致。若有差别应及时挖穴加深或填土，以保证栽植深度适宜。根球入坑放妥后，应随即将包扎的草绳切断解开取出，以利于新根再生。回土时边填边夯实，但要小心不要夯砸土球，最后用余土围成灌水埂利于灌水。浇灌水后，注意扶正树木和填培土壤等整理工作。

18.4　杂交马褂木栽植后管护

俗语说："三分种植，七分管护"。为了栽种的杂交马褂木成活、早成树、成林成景，做好管护工作是关键。其内容包括两方面：一是根据树木本身需求，及时抚养树木，如灌水、施肥、除草、修剪等；另一方面是看管围护工作。

18.4.1　立支柱

对于带土球的大规格苗木栽植后，在多风地段立支柱特别重要。栽植的树木有了支柱支撑，可以确保浇水后不会被风刮倒，并可减免被人、畜破坏。立柱材料可以是木棍、竹棍或水泥桩等。捆绑材料一般以稻草绳或麻绳为多。捆绑时先用草绳与支柱接触点的树干部位绕上几圈，以防支柱直接接触磨伤树皮。立柱的形式有多种，有双柱加横梁的，也有三脚架形的。

18.4.2　浇(灌)水

栽植后未遇上下雨，应安排 3 次浇(灌)水。第一次应安排在栽植后的当天或次日。水量不宜过大，水分浸灌坑土 30cm 左右，促使土壤缝隙填实，根球或根系与周围土壤密接结合。灌水后发现树木歪斜，及时扶正。第 1 次灌水后 3～5d，再进行第 2 次灌水，使树木根系进一步与周围土壤密接结合。如栽植后若一直晴天，距第 2 次灌水后的 7～10d 再灌 1 次足水。发现有树木斜歪，及时扶正；发现栽植坑土壤下沉，及时填土培土护根。

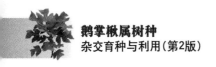

18.4.3 其他养护工作

树木栽植后，一方面及时清理施工现场，保持场地干净；另一方面注意必要的看护，防止人、畜损坏树木，以确保栽种树木成活。

杂交马褂木树体高大，观赏性能好，病虫害少，抗性强，对环境没有不良污染，是适用于广大城乡园林绿化的好树种。在安排栽种具体地段应选择排水条件良好、地下水位较高的地段。采用大规格大苗绿化时，按规范程序起苗，防止根系严重损坏。在起苗、运苗、栽植各个环节紧密衔接配合。栽后管护工作跟上，不仅栽种成活率高，而且树木长势恢复迅速。

参 考 文 献

何小弟．园林树木的栽植要领[J]．中国花卉园艺，2003，(20)：34-35.

焦云德，赵鲲，丁米田，等．马褂木大棚及容器育苗技术[J]．河南林业科技，2003，(4)：48.

李凤毅，鲍黄中．鹅掌楸大苗培育[J]．安徽林业，2004，(6)：21.

李永东，龙双红，赵秀军．提高园林绿化苗木移植成活率应注意的几个问题[J]．河北林业科技，2004，(1)：27-31.

刘务山．低丘岗地营建园林绿化大苗基地技术研究[J]．湖南林业科技，2003，31(3)：42-44.

娄利华，罗韧．控根容器培育大规格苗木新技术[J]．重庆林业科技，2005，(1)：26-27.

吴世华．影响园林苗木移植成活率的因素及对策[J]．2008，15：136.

张国育，熊治国，冯慰冬，等．园林绿化苗木的移植技术[J]．河南林业科技，2003，(3)：60-61.

朱庆．论园林绿化植物的移植与养护[J]．广东科技，2007，Ⅻ期．

第 19 章
杂交马褂木的工业用材林栽培

杂交马褂木为落叶乔木，树干通直圆满，自然整枝良好。木材基本密度为 $0.45g/cm^3$ 左右。木材结构细致均匀，色浅，无异味。纤维长宽比较大，微纤丝角较小，木材加工性能好，是优良的制浆造纸、人造板、木粉等工业原料，也是室内装饰、家具和玩具的优良用材。杂交马褂木病虫害少，适应能力强，能适应于山地、丘陵、岗地、平原等多种立地造林栽培。因此，该树种特别适用于我国南方山地、丘陵造林，作为优良工业用材树种栽培。下面就立地选择、整地、良种壮苗、密度控制、管护措施等介绍如下。

19.1 造林地选择

杂交马褂木生长快，喜欢肥沃、湿润、排水、透气性能良好土壤。一般选择山坡中部、下部或山谷沟边土层较为深厚、水湿条件较好地段栽种。杂交马褂木对立地的要求与杉木对栽培立地的要求相类似，地位指数在 16 以上最佳，地位指数在 14 以下很难达到速生丰产的目标。在中亚热带或南亚热带地区，选择低山、丘陵土层较深厚、湿润、排水良好立地造林，一般都能实现速生丰产的目标，即达到"一年成活，三年成林，十年成材，二十年、三十年成大材"的目标。

杂交马褂木根系发育要求透气性好，切忌在排水不良易积水的立地栽种。土层浅薄、干旱贫瘠立地栽种也不能达到速生丰产的目的。因此，杂交马褂木作为经济栽培，选择造林立地应该严格，不能整个山头连片造林。营造纯林应选择肥水条件好、排水良好的地段造林，勿追求大面积连成一片。中等立地也可以营造混交林。

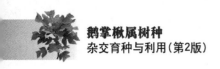

总的来说，杂交马褂木是对立地条件反应较为敏感的树种。造林地选择时应坚持"易积水、排水不良地不造；土层浅薄、干旱贫瘠地不造。选择土层较厚、排水良好地段造林。"若做到造林地选择合适，采用良好壮苗造林，抚育管护措施跟上，基本上就能实现"一年成活、三年成林、十年成材，二十年、三十年成大材"的营林目标。

19.2　造林地准备

造林地选好后，必须及时做好林地清理和整地工作。南方山地，杂灌繁茂，造林前必须做好杂灌清理。灌丛树根等清除后，进行整地挖穴工作。该项工作应争取在冬季大寒前完成。坡度不大的低山丘陵地区，可先采用拖拉机翻耕或挖掘机抽槽开沟整地，沟宽 1m × 沟深 1m。然后在槽沟中开穴造林。穴的规格一般是穴径约 40~60cm，深度约 40cm。通过这种整地措施，大大改善了土壤的物理结构，为造林后林木的生长、根系发展创造了十分有利的条件。湖北天德林业发展有限公司，在湖北京山县营造杂交马褂木就是采用这种整地措施，效果很好。坡度较大的山地，可采用块状整地，按设计的株行距在定植点挖大小 60cm×60cm、深度 40cm 的栽植穴。平原地区造林主要考虑地下水位与排水问题。要求地下水位在 60cm 以下，排水通畅，避免积水成淤。必要时可间隔一定距离开设排水沟，或起垄栽植，把树苗栽植在垄上。

19.3　造林密度

造林密度是指造林的初植密度。造林密度的确定，一方面要根据培育目标，是培育大径材，还是培育中、小径材；造林时的初植密度到最终采伐时的林分密度是否一步到位；其间是否需要间伐、间伐多少次；是否需套种作物、药材。另一方面还需考虑立地条件、集约栽培强度等情况。比如，在较好的立地条件下可以采用2m×3m、3m×3m、3m×4m 的株行距，5~7 年生时，可进行隔株移栽用作绿化大苗。或8~10 年时进行间伐 1 次。15~30 年生时可进行主代。在立地条件较好条件下，主伐时估计胸径可达 30~60cm。如果要进行套种农作物、药材植物，或是加强肥水等管理措施，栽培较为集约；或是在培育期间不考虑间伐。在这种情况下，可采用较大的株行距，如 3m×5m、4m×4m 或5m×5m 的株行距。杂交马褂木造林宜浅栽，不宜栽得过深。每年幼林抚育时，在根部可适当培土。

19.4　造林季节

　　造林时间与当地气候条件、劳动力调配、苗木状况有关。造林一般避开寒冻时段并在树木休眠期进行。长江以南地区多在 11 月中下旬至 12 月和翌年春节后的 3 月造林。天德公司杂交马褂木造林安排在 11 月下旬到 12 月中旬及翌年开春后 3 月，造林成活率较高，效果良好。长江以北地区冬季气温较低，进入 11 月后，夜间气温较低，常有霜冻或冰冻发生。这时起苗、运苗及造林过程中，对苗木保护特别重要。通常情况下是采用春季造林。现在随着育苗技术的进步，容器苗的普及，造林季节也有相应的变化。

19.5　造林苗木规格要求

　　用于营造工业用材原料林的杂交马褂木苗木，首先必须采用真正的杂交马褂木。因为市场上或是有的苗圃马褂木与杂交马褂木不分，以马褂木充当杂交马褂木。而杂交马褂木与马褂木相比具有明显的生长优势和适应优势。

　　杂交马褂木造林用苗以 1 年生苗木为主，2 年生苗亦可。扦插苗、嫁接苗或是控制授粉的优良杂交组合的杂交实生苗、体胚苗均可。1 年生苗的规格要求：苗木根颈部位粗度 1cm 或 1cm 以上；苗木高度约 1m；根系完整，发育良好；苗木皮色为紫褐色。2 年生苗木规格要求：苗木根颈粗度达 2cm 以上；苗木高度达 2m 左右；根系完整，发育良好；苗木皮色为紫褐色。

19.6　造林规范与要求

　　为了确保造林质量，提高造林成活率，促进早日成林成材，特别应遵守造林规程，做好各个技术环节的衔接。

　　首先，做好造林地选择与准备。根据杂交马褂木特性与培育目的要求，选择合适的造林立地，确保适地适树，做好立地控制工作。同时，为了确保造林质量，造林前一定要清除灌丛、杂草和树根，细致整地，按规格要求开塘挖穴。

　　其次，做好苗木质量控制。营造工业用材原料林一定要采用真正的杂交马褂木壮苗，良种壮苗是营造速生丰产林的基础。在采用良种壮苗的前提下，认真做好起苗工作。起苗操作要求细心，尽力保证苗木根系的完整，减少苗木枝干与根系损伤。在起苗、运输过程中，做好苗木的保护。起了的苗木，严防风吹日晒，采取覆盖、假植等措施，尽可能及时起运栽种。当天栽不完的苗木，

要求采取覆盖、假植等保护措施。

第三，栽植操作按程序规范进行。苗木栽植要打浆；栽植不窝根，使其根系舒展；栽植要使苗木与土壤密接，不留孔穴，深度适中；栽植完后要浇水覆草保墒。

第四，栽植工作结束，及时做好记载，建立档案。如写明苗木来源、栽植日期、栽植人员、造林地整地前情况、整地规格、栽植株行距等。

19.7　幼林抚育管理

做好抚育管护工作，是提高造林保存率和促使早成林、早成材的关键措施。其内容包括灌水抗旱、除草松土、摘除藤蔓、施肥套种等。湖北天德林业发展有限公司的做法是：造林后的头 3 年，一般套种花生、豆类、玉米等作物。通过套种兼顾对幼林的管护，一般效果不错。特别是套种花生、豆类效果最好。但套种高秆作物玉米时一定要注意：①采用 2 年生大苗造林；②玉米播种点不能离树木根部太近，需间隔一定距离，至少距林木根部 50cm，否则压抑幼林生长，严重时会造成缺株，影响造林保存率。另外，山地藤蔓生长普遍，一两年间，灌水抗旱保苗、清除树上藤蔓、除草松土等工作尤其重要。第二、三年开始，进行施肥效果显著，应加强肥水管理工作。地势较平坦、土壤较肥沃条件下提倡套种药材、蔬菜、块根作物。这是很好的措施，既有短期收益，又有管护林木的效果。如葛藤、葎草等，藤蔓上树一定要及时清除。

19.8　混交造林

杂交马褂木叶片大，落叶层厚，叶片腐烂转化快，落叶归还量高，钾、镁的归还量为吸收量的30%以上，粗灰分、氮、磷、钙的归还量达40%以上，有良好改良土壤作用，是一种生态型树种，非常适合与针叶树种混交，混交方式与混交比例可根据栽培目的要求、采伐年龄等因素而定。

杂交马褂木与亲本种马褂木、北美鹅掌楸相比，无论在生长速度上还是在适应性上都有明显的优势。该树种在阔叶树种中生长较为迅速，树干通直圆满，木材结构致密均匀，纤维较长，加工性能好，是优良的速生工业用材树种。在营林栽培上做好造林立地选择控制，采用杂交马褂木壮苗，注意林分密度适时调整，加强管保工作。那么，"一年成活，三年成林，十年成材，二十年、三十年成大材"的培育目标即可实现。

参 考 文 献

陈凤和. 杉木与杂种马褂木混交比例效果研究[J]. 安徽农学通报，14（19）：2008，
　　152 – 154.

何长. 鹅掌楸造林应把握的几项关键技术[J]. 安徽林业，2006，4：25 – 27.

黄韬，钟秋平，彭小燕. 马褂木人工林生物量及生产力的研究[J]. 林业科技通讯，2000，9：
　　12 – 15.

焦江洪，禹明甫，王华荣，等. 3 种鹅掌楸引种的比较[J]. 安徽农业科学，2007，35（1）：
　　96 – 97.

李建民，封剑文，谢芳，等. 鹅掌楸人工林的丰产特性[J]. 林业科学研究，2000，13（6）：
　　622 – 627.

廖舫林，方英才，黎玉才，等. 鹅掌楸属在山丘湖区引种试验研究[J]. 湖南林业科技，
　　1990，（3）：13 – 15.

罗兆安. 杂交鹅掌楸与杉木实生苗造林对比试验[J]. 安徽林业，2004，（5）：18 – 20.

王章荣，高捍东. 亚美马褂木在我国丘陵山区的造林示范与推广[J]. 林业科技开发，2015，
　　29（5）：1 – 4.

王志明，金梅林，刘智，等. 鹅掌楸生长发育特性及配套技术[J]. 浙江林学院学报，1995，
　　12（2）：149 – 155.

吴运辉，石立昌. 鹅掌楸不同造林密度试验初报[J]. 贵州林业科技，1998，26（2）：42 – 45.

颜立红，左海松，殷元良，等. 杂交鹅掌楸丘陵区栽培试验研究[J]. 湖南林业科技，2002，
　　29（4）：19，34.

第 20 章
杂交马褂木的推广利用及其命名

　　林木育种的最终目的是为了将选育成的良种推广应用于生产，以达到增加产量，提高品质，增强抗性和适应能力，为社会创造财富，为生态环境带来更加安全。因此，杂交品种一旦选育成功就应尽快地使其在生产上、生态建设上发挥作用。

　　为了做好该项工作，首先，应对选育为推广良种的特征和特性有系统、全面地观察、了解和掌握。例如良种(品种)应具备稳定的形态特征、生理生态特性以及栽培学特点。育种推广人员应把这方面信息告诉应用栽培者，使栽培者掌握。只有这样，才能把良种的推广应用工作做好。

　　其次，对良种的适应性表现及适宜地区范围应了解掌握。良种只能在适宜的地区、能增产的区域推广应用，不能盲目地在不适应的地区强行推广。否则，必然会造成不可弥补的损失。所以，良种推广应用前必须做好不同区域的试种工作。

　　良种的推广工作是一个非常细致的、有步骤的过程。推广前要做好必要的准备，推广后要跟踪良种的表现反应情况，使推广工作不断改进、提高和完善。

20.1　杂交马褂木推广程序与过程

　　木本植物良种选育和测定的时间较长，而且栽种的环境条件也比较复杂。为了使杂交马褂木在生产上尽早发挥作用，推广应用工作采取逐步推广逐步提高的方法。杂交马褂木的推广应用需经历以下 3 个阶段：

　　(1) 杂交马褂木生长表现与适应性的初步观测阶段

　　选育成的良种，通过苗期或幼龄期观察测试和亲本适应性对比分析，初步确定良种的应用前景和推广地域。因此，可以有计划地杂交制种一批试验材料，分期分批地开展地域试种实验，观察其适应性表现。鹅掌楸属杂交育种初期，杂交马褂木曾通过南京林业大学校友及林业研究单位在我国许多省市进行试种，其中包括北京、陕西、湖南、湖北、江西、福建、江苏、浙江、山东、安徽等地。最早杂交成功的杂交马褂木栽种在浙江富阳中国林科院亚热带林业研究所办公楼前，现在胸径近 100cm、树高达 30m 以上。1980 年前后，中国林科院引种到北京的杂交马褂木(栽种在中国林科院大院内)现胸径达 55.00cm，早已开花结果。1984 年引种在西北农林科技大学校园内的杂交马褂木现胸径也达 30cm，树高超过 10m，也已开花结实。现将杂交马褂木在各地域的生长表现列入表 20-1。

表 20-1　杂交马褂木在各地试种的表现

试种地点	树龄	胸径（cm）	树高（cm）	资料来源
中国林科院	27	54.11	16.50	黄铨测定
西北农林科技大学	18	28.00	10.50	李周岐测定
湖南汉寿	10	25.50	16.04	赵书喜，1989
湖北武汉	12	15.00	11.50	武惠贞，1990
江苏句容	15	20.19	17.22	张武兆等，1997
南京林业大学树木园	20	25.71	19.17	本组调查测定
浙江临安	16	24.43	14.38	王志明等，1995
江西南昌	27	55.10	23.80	曾志光测定

由上述试种表明，杂交马褂木有较强的适应能力和耐寒能力。虽然在西北、华北地区的气候条件下幼年期地上部分有冻梢情况，但只要注意幼年期的适当保护，都能成林开花结果。马褂木是分布于亚高山的树种，冬季寒冷，具有较强的耐低温能力。北美鹅掌楸在原产地分布范围广，分布纬度较高，特别是北方种源具有很强的耐寒能力。杂交马褂木生理生化指标测定结果也表明，杂交马褂木具有很强的适应能力和抗逆性。同时，试种结果也表明，随着栽种地点纬度的提高，生长期的缩短，总生长量和树高生长量会随着纬度提高而相应的下降。

（2）杂交马褂木优良家系及无性繁殖优良混系材料的推广利用阶段

从 20 世纪 90 年代开始，在扩大杂交亲本数量、拓宽亲本遗传基础上，杂交制种了几批杂交种家系苗木，并从中选出一批优良家系和无性系。目前，我们重点是进行优良组合的人工杂交制种和优良家系、无性系的混合扩繁。以推广优良家系和优良无性混系繁殖材料为重点，以满足当前林业生产部门和园林绿化部门的需要。

(3) 杂交马褂木的优良无性系为重点的推广应用阶段

随着育种测定工作的深入,无性系性状表现的掌握和无性系群体的扩大及扩繁配套技术的完善,在无性系与环境互作研究的基础上,推广优良家系的同时重点推广应用优良无性系。

无性系的推广应用,增产效益更加明显。但无性系的遗传基础狭窄,要求做到适地适无性系。只有这样,才能充分发挥无性系的增产潜力和无性系使用的优势。同时,由于林业栽培环境条件的多样,为了适应林业生产的现实条件,还需选择无性系组合进行推广。在无性系组合推广应用中尽力做到适地适无性系,以达到良种应用的最大效益。

为了确保杂交马褂木苗木的遗传品质,实现良种苗木繁殖培育的规模化和产业化,我们有计划地与当地私人企业协作,在湖北、福建、浙江、江苏、山东、四川等地实施杂交马褂木苗木的定点生产。

20.2 杂交马褂木形态特征及其识别

20.2.1 杂交马褂木形态特征

杂交马褂木,落叶乔木,树干树皮深褐色深纵裂,性状表现倾向父本(北美鹅掌楸)。小枝一般为紫褐色或紫色,也倾向父本。叶片基本形为马褂形,3~5裂,以3裂为主,株内间有4~5裂,叶形变异较大。但叶片的前端中央1裂片比母本(马褂木)的叶片短,较父本的叶片前端裂片长,杂种的叶片叶面积比父本、母本叶片的叶面积大。花两性,花朵较大,杯状,花被片9,外轮绿色,内轮6片全为橙黄色或橘红色,含蜜腺,十分艳丽。聚合果为父、母本的中间型,马褂木的聚合果较细长,而北美鹅掌楸的聚合果较短粗,杂种的聚合果形状介于二者中间。小翅果先端钝尖。杂种发叶早,开花较早,落叶较迟,生长期较长,开花期也较长。在南京地区开花期为4月中旬至6月初。果实成熟于10月中下旬。

杂交马褂木的上述性状,主要是以庐山种源的马褂木为母本和以南京明孝陵内的北美鹅掌楸为父本的杂交后代为依据。随着杂交父、母本育种资源的不断扩大和杂交交配类型的增多,杂交种性状的表现一定会更加丰富多样。杂交马褂木与亲本种的主要形态区别要点见表20-2、图20-1至图20-4。

表 20-2　鹅掌楸树不同种的形态区别

树种	小枝与树皮	叶	花	果
马褂木	小枝灰色或灰褐色；树皮灰色，色泽浅，裂纹不明显	叶马褂形，一般 3 裂，基部 1 对侧裂片，前端 1 裂片较长	花被片绿色，有黄色纵条纹，长 2～4cm	翅状小坚果先端钝或钝尖
北美鹅掌楸	小枝褐色或紫褐色；树皮棕褐色或暗绿色，纵裂，裂纹明显	叶鹅掌形，一般 5 裂，基部 2 对侧裂片，前端 1 裂片较短	花被片绿黄色，基部内面有橙黄色蜜腺，长 4～6cm	翅状小坚果先端尖
杂交马褂木	小枝紫色或紫褐色或青灰色；树皮基本同北美鹅掌楸	叶基本形为马褂形，3～5 裂，具父、母本中间性状，叶形变异大	花被片大部或全部橙黄色或橘红色，花色艳丽，蜜腺发达，长 3.5～5.5cm	聚合果形状介于父、母本之间，翅状小坚果先端钝尖

1　　　　　　　　　　　2　　　　　　　　　　　3

图 20-1　叶片

1. 马褂木　2. 杂交马褂木　3. 北美鹅掌楸

1　　　　　　　　　　　2　　　　　　　　　　　3

图 20-2　叶片

1. 马褂木　2. 杂交马褂木　3. 北美鹅掌楸

1　　　　　　　　　　　2　　　　　　　　　　　3

图 20-3　果实

1. 马褂木　2. 杂交马褂木　3. 北美鹅掌楸

图 20-4　树皮
1. 马褂木　2. 杂交马褂木　3. 北美鹅掌楸

20.2.2　杂交马褂木叶片解剖学特点

通过叶片细胞的电镜观察和常规解剖观察,杂种及其亲本种的区别见表20-3。

表 20-3　鹅掌楸不同种叶片解剖学区别

树种	叶片下表皮细胞	气孔密度与开口大小	中脉横切面形状	维管组织
马褂木	乳状突起明显	密度低,开口较小	倒丘形	维管束三角状环形排列
北美鹅掌楸	平坦或乳状突起不明显	比马褂木大(大1.5倍)	角状突起	维管束近圆形排列
杂交马褂木	平坦或乳状突起不明显	比父、母本树种都大(大于母本3倍)	介于父、母本间,但倾向父本	维管组织较父、母本发达

20.2.3　同工酶标记和 DNA 分子标记杂交马褂木及其亲本种的鉴别

关于杂交马褂木与亲本种马褂木和北美鹅掌楸的同工酶、DNA 分子标记识别,可参见第 8 章和相关文献。

20.2.4　杂交马褂木的物候

杂种叶片面积大,发叶早于父、母本,落叶晚于父、母本,生长期最长。杂种优势旺盛,尤其是夏季表现更加突出。

20.3　杂交马褂木资源培育与利用

20.3.1　杂交马褂木生长优势与栽培要求

在生长速度上比父、母本有明显优势,两三年生后表现更加明显,生长量上比亲本树种大 50% 以上。例如，南京林业大学育种组在南京林业大学校本部树木园进行鹅掌楸属种间杂种与亲本对比试验，20 年生做了测定，结果见表 20-4（王章荣，1997）。

表 20-4　20 年生杂交马褂木生长优势的表现

性状	杂交马褂木	马褂木	北美鹅掌楸	杂种优势率（%）
树高（m）	19.17	15.52	16.22	20.79
胸径（cm）	25.71	13.56	16.77	69.59
材积（m³）	0.460	0.107	0.170	232.13

表 20-4 数据表明，20 年生的杂交马褂木与亲本相比，高生长优势率达 20.79%，胸径生长优势率达 69.59%，材积优势率则达到 232.13%。表中的杂种优势率是以中亲值为对照得出的结果，若以马褂木杂交（母本）作为对照则优势率更大。

表 20-5 为引用廖舫林等对杂交马褂木在湖南引种栽培试验材料。

表 20-5　杂交马褂木与亲本种对比试验林　　　　　　　　　m/cm

树种	树龄	平均树高	年平均高	平均胸径	年平均胸径	备注
杂交马褂木	12	12.83	1.07	24.42	2.04	杂交马褂木与母本对比试验林
马褂木	12	12.4	1.03	20.37	1.7	
杂交马褂木	9	8.1	0.9	14.96	1.66	杂交马褂木与父母本对比试验林
北美鹅掌楸	9	8.56	0.95	14.6	1.62	
马褂木	9	7.5	0.83	10.58	1.18	

（引自廖舫林等，1990）

同样，表 20-6 为引用王志明等人在浙江进行的杂交马褂木引种栽培试验的结果。

表 20-6　16 年生杂交马褂木与亲本种的生长量与生物量的比较

树种	树龄（a）	平均胸径（cm）	平均树高（m）	平均枝下高（m）	平均冠幅（m）		平均单株地上部分生物量烘干重（kg）					平均单株叶面积（m²）
					SN	EW	叶片（%）	枝条（%）	果实（%）	主干（%）	总重量（%）	
马褂木	16	15.19	10.94	2.70	6.96	4.98	5.77 / 8.2	28.66 / 40.7	0.51 / 0.7	35.54 / 50.4	70.48 / 100.0	102.6
北美鹅掌楸	16	18.49	13.00	3.30	6.10	5.65	6.72 / 5.6	58.35 / 48.2	0.15 / 0.1	55.70 / 46.1	120.12 / 100.0	140.4
杂交马褂木	16	24.43	14.38	2.88	8.37	6.83	10.17 / 9.6	95.58 / 38.2	0.90 / 0.9	128.31 / 51.3	235.00 / 100.0	126.0

（引自王志明等，1995）

上述表中数据都说明杂交马褂木在各地引种的表现、生长优势是极其明显的。

杂交马褂木的生长特点是在栽植后的头一两年生长优势不甚明显,但第3年开始进入速生期。在南方山区丘陵,若立地条件较好,造林密度适当,胸径年生长量都在2cm以上,树高生长量达1m以上。而且速生期持续时间较长。因此,造林密度要适当,根据立地条件与经营强度可安排3~5m的造林株行距。若培育大径级材,还需经过间伐。

杂交马褂木对栽培立地要求排水良好,不能长期积水。作为速生丰产栽培,要求立地土层较厚、物理结构较好,这也是实现速生丰产的必要条件之一。

杂交马褂木树体高大挺拔,叶形奇特,花朵艳丽,观赏性好,适应性强,病虫害少,抗逆性强。因此,除了用于营造成片的用材林、生态林外,还可用于四旁绿化、庭园栽培、公路行道树栽种等。

20.3.2 杂交马褂木资源的利用

20.3.2.1 木材资源的利用

根据南京林业大学下蜀林场24年生杂交马褂木试验林木材材性和胶合板试验结果:杂交马褂木木材的导管直径很小,平均47μm;导管数66个/mm²;导管分子长647μm。木材结构细致,色浅,适于现代室内装饰和家具用材要求。可用于刨切微薄木、染色人造薄木和木线条及胶合板等用材。

通过胶合板试验结果表明,单板质量情况是:单板厚度偏差相对较杨木小,厚度较均匀,表面光洁度较杨木单板光滑,凹凸少,啃丝、刀痕等很少遇见,未发现毛刺。背面未发现明显裂痕,单板带边缘较平整,未出现曲线形。单板表面颜色均匀性不很好,有色差,局部有变深现象。三合板和五层胶合板物理力学性能测试结果,均符合Ⅰ类胶合板标准的力学性能要求。

木材基本密度为0.42~0.45g/cm³,综合纤维素含量约86%,木材纤维平均长度1489.5μm,成熟材纤维长稳定在1600~1700μm。在我国阔叶材中属长纤维树种。纤维宽度为25~30μm,平均单壁厚为5.18μm,平均壁腔比为0.625。纤维平均长宽比>45,而平均壁腔比小于1。作为纸浆材,一般要求原料的平均纤维长度>0.9mm,长宽比>35~45,壁腔比≤1,综纤维素含量70%以上。从杂交马褂木木材性质看,是属于优良纤维原料树种,适用于CTMP法制浆及抄造新闻纸和印刷书写纸等。

幼龄材向成龄材的过渡年龄为10年生左右。

由上说明:杂交马褂木木材是家具用材、装饰材、胶合板用材及制浆造纸用材的优良原料材种。

20.3.2.2　生态观赏特性的利用

　　杂交马褂木为落叶乔木树种。树体高大挺拔，生长较为迅速，病虫害极少。叶片大，形似马褂。花朵艳丽，杯状形，如同郁金香。是城乡绿化、庭园栽培的优良观赏树种。同时叶量大，凋落后易分解，有改良土壤的作用，不仅适合营造纯林，也是与松、杉混交造林的好树种。杂交马褂木的花朵含有蜜腺，也是很好的蜜源植物。

20.3.2.3　药用资源的开发利用

　　马褂木以根、树皮入药。夏秋采树皮；秋采根，晒干。宣肺消肿、除湿止咳。祛风除湿，止咳。用于风湿关节痛，风寒咳嗽。据杨国旭（2013）研究，杂交马褂木具有明显的抑制 QS 活性，同时对耐甲氧西林金黄色葡萄球菌具有抑菌作用，抑菌率为 48.86%，对耐甲氧西林金黄色葡萄球菌生长具有一定的抑制作用，抑菌率为 8.65%。而且杂交马褂木树皮提取物对耐甲氧西林金黄色葡萄球菌生物被膜形成具有抑制作用，抑制率分别为 29.62% 和 24.94%。杂交马褂木是值得进一步研究与开发的药用树种。

20.4　杂交马褂木的命名

　　20 世纪 60 年代，南京林学院叶培忠教授首次采用人工杂交的方法，将分布在亚洲的马褂木［*Liriodendron chinense*（Hemsl.）Sarg.］与分布在北美洲的北美鹅掌楸（*L. tulipifera* L.）通过人工控制授粉育成了人工杂交树种——杂交马褂木（或称杂交鹅掌楸）。学名采用杂交公式表达，即 *L. chinense*（Hemsl.）Sarg. × *L. tulipifera* L.。在一般的科技报告或文献中常常将该杂交种附属在马褂木之后，没有把它作为一个种的等级来处理。而实际上该杂交种是一个独立的物种，有其独特的形态学和生物学特性，已在中国广泛栽培与应用。2013 年，南京林业大学向其柏教授和王章荣教授根据《国际植物命名法规》对杂种名称的命名规则，对该杂交种的名称进行了新的订正，其新名称为亚美马褂木（*Liriodendron sion – americanum* P. C. Yieh ex Shang et Z. R. Wang），俗称杂交马褂木或杂交鹅掌楸。模式树栽种在南京林业大学校园内。同批栽种在浙江富阳中国林科院亚热带林业研究所办公大楼前，有的树高已达 30m 以上，胸径约 1m。杂交马褂木与亲本种在形态特征上有着明显区别（图 20-5 至图 20-6）。

图 20-5　杂交马褂木形态图

1. 花朵与叶片　2. 聚合果与小翅果
3. 小树与大树树皮

图 20-6　杂交马褂木与亲本形态比较

1. 花　2. 叶　3. 聚合果　4. 树皮
（左为马褂木，中间为杂交马褂木
右为北美鹅掌楸）

参 考 文 献

国家林业局国有林场和林木种苗工作总站. 中国木本植物种子[M]. 北京：中国林业出版社，
　　2001.

黄敏仁，陈道明. 杂种马褂木的同工酶分析[J]. 南京林产工业学院学报，1979，3(1，2)：
　　156 - 158.

黄仙爱. 杂交鹅掌楸木材加工利用研究[D]. 南京：南京林业大学，2006.

李周岐，王章荣. 鹅掌楸属种间杂种 F_1 与亲本花果数量性状的遗传分析[J]. 林业科学研究，
　　2000，13(3)：290 - 294.

李周岐，王章荣. 鹅掌楸属种间杂种苗期生长性状的遗传变异与优良遗传型选择[J]. 西北
　　林学院学报，2001，16(2)：5 - 9.

李周岐，王章荣. 杂种马褂木无性系随机扩增多态 DNA 指纹图谱的构建[J]. 东北林业大学
　　学报，2001，29(4)：5 - 8.

季孔庶，王章荣. 杂种鹅掌楸的产业化前景与发展策略[J]. 林业科技开发，2002，16(1)：
　　3 - 6.

季孔庶，王章荣，温小荣. 杂交鹅掌楸生长表现及其木材胶合板性能[J]. 南京林业大学学
　　报，2005，29(1)：71 - 74.

廖舫林，方英才，黎玉才，等. 鹅掌楸属在山丘湖区引种试验研究[J]. 湖南林业科技，
　　1990，17(3)：13 - 15.

刘洪谔，沈湘林，曾玉亮. 中国鹅掌楸、美国鹅掌楸及其杂种在形态和生长性状上的遗传变
　　异[J]. 浙江林业科技，1991，11(5)：18 - 23.

刘华钢，秦三海，刘丽敏，等. 鹅掌楸碱银配合物体外诱导肺癌 SPC – A – 1 细胞凋亡及其机制的研究[J]. 中国药理学通报，2008，24(11)：1449 – 1452.

刘延成，陈振锋，彭艳，梁宏. 鹅掌楸碱的研究进展[J]. 林产化学与工业，2011，31(4)：109 – 114.

美国农业部林务局. 美国木本植物种子手册[M]. 李霆，陈幼先，顾启传，等译. 北京：中国林业出版社，1984.

南京林产工学院《主要树木种苗图谱》编写小组. 主要树木种苗图谱[M]. 北京：农业出版社，1978.

南京林产工业学院林学系育种组. 亚美杂种马褂木的育成[J]. 林业科技通讯，1973，(12)：10 – 11.

潘彪，徐朝阳，王章荣. 杂交鹅掌楸木材解剖性质及其径向变异规律[J]. 南京林业大学学报，2005，29(1)：79 – 81.

王章荣. 中国马褂木遗传资源的保存与杂交育种前景[J]. 林业科技通讯，1997，(9)：8 – 10.

王章荣，高捍东. 亚美马褂木在我国丘陵山区的造林示范与推广[J]. 林业科技开发，2015，29(5)：1 – 4.

王志明，余美林，刘智等. 鹅掌楸生长发育特性及配套技术[J]. 浙江林学院学报，1995，12(2)：149 – 155.

吴淑芳，张留伟，蔡伟健，等. 杂交鹅掌楸材性、纤维特性及制浆性能研究[J]. 纤维素科学与技术，2011，19(4)：28 – 33.

武慧贞. 杂交马褂木引种试验[J]. 湖北林业科技，1990，(3)：16 – 18.

向其柏，王章荣. 杂交马褂木的新名称——亚美马褂木[J]. 南京林业大学学报，2012，36(2)：1 – 2.

徐进，王章荣. 杂种鹅掌楸及其亲本花部形态和花粉活力的遗传变异[J]. 植物资源与环境，2001，10(2)：31 – 34.

徐朝阳. 杂种鹅掌楸材性研究(D). 南京：南京林业大学，2004.

杨国旭. 杂交鹅掌楸植物中生物活性成分研究[D]. 南京：南京理工大学，2013.

叶金山，周守标，王章荣. 杂种鹅掌楸叶解剖结构特征的识别[J]. 林业科学，1997，6(4)：58 – 60.

曾超珍，刘志祥. 鹅掌楸抑菌物质的体外抗菌活性剂稳定性试验[J]. 湖北农业科学，2009，5 (48)：1221 – 1224.

张武兆，马山林，邢纪达. 马褂木不同家系生长动态及杂种优势对比试验[J]. 林业科技开发，1997，(2)：32 – 33.

赵书喜. 杂交马褂木的引种与杂种优势利用[J]. 湖南林业科技，1989，(2)：20 – 21.

郑万钧主编. 中国树木志(第一卷)[M]. 北京：中国林业出版社，1983.

中国树木志编委会. 中国主要树种造林技术[M]. 北京：农业出版社，1978.

GRAZIOSE R，RATHINASABAPATHY T，LATEGAN Carmen *et al*. Antiplasmodial activity of aporphine alkaloids and sesquiterpene lactones from *Liriodendron tulipifera* L. [J]. Journal of Ethnopharmacology，2011，133(1)：26 – 30.